高等职业教育"十二五"规划教材

食品质量安全管理

◎ 马长路 付 丽 童 斌 主编

U0321014

"理实**1**体化"教材

中国农业科学技术出版社

图书在版编目（CIP）数据

食品质量安全管理／马长路，付丽，童斌主编．—北京：中国
农业科学技术出版社，2014.6
ISBN 978－7－5116－1690－6

Ⅰ．①食…　Ⅱ．①马…②付…③童…　Ⅲ．①食品安全－质量
管理　Ⅳ．①TS201.6

中国版本图书馆 CIP 数据核字（2014）第 113905 号

责任编辑　　崔改泵　　涂润林
责任校对　　贾晓红

出 版 者　　中国农业科学技术出版社
　　　　　　北京市中关村南大街 12 号　　邮编：100081
电　　话　　（010）82106638（编辑室）　　（010）82106624（发行部）
　　　　　　（010）82109703（读者服务部）
传　　真　　（010）82106650
网　　址　　http://www.castp.cn
经 销 者　　各地新华书店
印 刷 者　　北京建宏印刷有限公司
开　　本　　787 mm × 1 092 mm　　1/16
印　　张　　19
字　　数　　474 千字
版　　次　　2014 年 6 月第 1 版　　2019 年 12 月第 4 次印刷
定　　价　　38.00 元

《食品质量安全管理》
编 写 人 员

主 编

马长路　北京农业职业学院（国家示范性高等职业院校）

付　丽　河南牧业经济学院

童　斌　江苏农林职业技术学院（国家示范性高等职业院校）

副 主 编

余奇飞　漳州职业技术学院（国家示范性高等职业院校）

姚文华　山东农业工程学院

李海林　苏州农业职业技术学院

马文哲　杨凌职业技术学院（国家示范性高等职业院校）

编写人员

王文光　杨凌职业技术学院（国家示范性高等职业院校）

孟泉科　三门峡职业技术学院

陈彦林　凯新认证（北京）有限公司

侯　晟　北京二商健力食品科技有限公司

汪长钢　北京农业职业学院（国家示范性高等职业院校）

李　岩　北京食安管理顾问有限公司

主 审

胡　军　北京中大华远认证中心

前　言

教育部《高等职业学校专业教学标准（试行）目录》（教职成司函〔2012〕217号）中"食品加工技术"专业、"食品营养与检测"专业、"食品贮运与营销"专业和"农畜特产品加工"专业将《食品质量安全管理》确立为职业技术必修课程（即专业核心课程），旨在培养学生食品质量安全控制与管理职业核心能力。

本教材致力于引领《食品质量安全管理》课程教学改革，按照"理实一体化"进行教材设计。具体特点有六个：一是每个项目中任务顺序编排均按照企业完成该项目的思路而设计；二是"学一学"中以完成企业真实任务需要为尺度；三是"实训"项目来自企业食品质量安全管理真实任务；四是教材培养的技能均为一线品控员或QC人员必备技能；五是任务设计均体现"理实一体化"设计理念；六是本教材具有启发性，即选用本教材教师均可依照实训设计理念，开发出具有"区域特色"的实训项目。

项目包括食品质量安全定义理解、食品法规标准理解与运用、食品质量安全数据分析工具、食品企业食品生产许可证（OS）申办技能、质量管理体系（ISO9001）认证技能、危害分析与关键控制点体系（HACCP）认证技能、食品安全管理体系（ISO2200）认证技能、环境管理体系（ISO14001）认证技能、内部审核技能等。若全国从事《食品质量安全管理》及相关课程教学的教师能按照本教材策划教学内容和实训内容组织教学一定能收到理想的教学效果。

该教材适合食品加工技术专业、食品营养与检测专业、绿色食品生产与检验专业、农畜特产品加工专业、食品质量与安全专业、农产品检测专业、食品贮运与营销专业、食品药品监督管理专业和食品营养与安全专业等。同时，适合作为食品企业中食品质量经理、食品品控员、食品检验人员等的学习资料。值得一提的是，本教材还可以作为高职院校及培训机构的内审员培训教材。

教材编写团队由三部分组成：食品企业质量安全管理一线经理；食品质量安全认证一线国家注册审核员。示范院校建立食品质量安全教学一线教师；本教材由北京农业职业学院马长路（国家注册审核员）、河南牧业经济学院付丽和江苏农林职业技术学院童斌担任主编。

编写分工：侯晟（品控部经理）编写项目一任务一；汪长钢编写项目一任务二；童斌编写项目一任务三；马长路（国家注册审核员）编写项目一任务四；孟泉科编写项目二；王文光编写项目三和项目四；陈彦林（国家注册审核员）编写项目五；付丽编写项目六、李海林编写项目七；姚文华（国家注册审核员）编写项目八；余奇飞编写项目九；马文哲编写项目十；李岩（总经理）编写项目十一。马长路负责全书统稿。北京中大华远认证中心技术部部长胡军对教材内容进行了指导和审定。

本教材在编写过程中得到了北京农业职业学院、河南牧业经济学院、江苏农林职业技术学院、漳州职业技术学院、山东农业工程学院、苏州农业职业技术学院、杨凌职业技术学院、三门峡职业技术学院、北京市禽蛋公司金健力蛋粉厂、北京新世纪检验认证有限公司、北京中大华远认证中心、北京久农农业科技研究所、凯新认证（北京）有限公司、北京食安管理顾问有限公司和北京京点途捷管理顾问有限公司的大力支持，在此表示衷心的感谢！

编写过程中，广泛参考和引用了众多专家、学者的著作，限于篇幅不能一一列出，在此一并表示谢意。

鉴于编者的知识经验有限，时间仓促，难免有错漏之处，敬请广大读者批评指正。

马长路

2014 年 3 月于北京

目　　录

项目一　学习食品质量安全管理的基本概念及意义

【知识目标】

熟悉食品质量安全和认证基本概念。

【技能目标】

能够在实际工作中运用食品质量安全和认证技能进行品控、质量管理和食品安全工作。

【项目概述】

本项目旨在让学生明确食品质量和食品安全的区别。

【项目导入案例】

某职业学院食品专业毕业生小王毕业应聘到一家新成立的糕点公司工作，岗位为品控部专员，岗位职责：一是保证糕点色泽等质量指标；二是保证糕点不能出现食品安全事件；三是申办企业糕点的食品生产许可证（QS）；四是企业 ISO22000 食品安全管理体系、ISO9001 质量管理体系认证的申办。

思考：若小王的职责有可能是您初入职场的职责，请问你必须要学习那些知识？

任务一　学习食品质量的概念

任务目标：

让学生理解质量概念和食品质量概念。

学一学

一、质量

定义：一组固有特性满足要求的程度。（摘自 GB/T 19000—2008 中有关质量术语 3.1.1）。

二、特性

定义：可区分的特征。（摘自 GB/T 19000—2008 中有关质量术语 3.5.1）。特性分为固有特性和赋予特性，如啤酒的酒精度就是固有特性，啤酒的价格就是赋予特性。

三、要求

定义：明示的、通常隐含的或必须履行的要求和期望。（摘自 GB/T 19000—2008 中有关质量术语 3.1.2）。

顾客对产品的要求随着顾客年龄等不同而不同，必须锁定目标顾客群。同时一个顾客群

1

不同时间对同一产品的要求也不同。

四、食品质量概念理解

如一块面包的质量指的是它的色泽、香味、质地等满足消费者对面包期待的程度。若满足了，消费者认为面包质量好，愿意花高价购买；若没有达到消费者期待的程度，则消费者认为质量差，不愿意购买。

当然食品质量是个相对概念，如同一块面包，对于从来没有吃过面包的贫困山区孩子来讲，通常会被认为质量很好，而对于一个在城市长大经常吃面包的孩子来讲可能会被认为质量很差。因此，食品质量的好坏有两个决定因素：特性和要求。

实训一

实训主题：调研超市中正在销售的某一食品（如面包、啤酒等）的质量特性。

专业培养技能点：深刻理解质量特性。

职业素养培养技能点：①设计调研表创意能力；②沟通能力。

实训组织：对学生进行分组，每个组参照学—学相关知识设计一份调研方案，方案包括调研食品种类、调研地点、调研人群梳理、调研报告提交方式。调研方案必须得到教师的认可后方可实施。实施后每组在班级以幻灯片形式汇报。

实训成果：调研方案、调研记录、调研报告、汇报幻灯片等。

实训评价：各组互相评论和教师评价（评价表格，主讲教师结合项目自行设计）。

实训二

实训主题：调研夏日炎炎顾客对啤酒的要求。

专业培养技能点：深刻理解顾客要求。

职业素养培养技能点：①设计调研表创意能力；②沟通能力。

实训组织：对学生进行分组，每个组参照学—学相关知识设计一份调研方案，方案包括调研食品种类、调研地点、调研人群分类（至少设计 3 类顾客）、调研报告提交方式。调研方案得到教师的认可后实施。实施后每组在班级以幻灯片形式汇报。

实训成果：调研方案、调研记录、调研报告。

实训评价：各组互相评论和教师评价（评价表格，主讲教师结合项目自行设计）。

实训三

实训主题：调研学生对《食品质量安全管理》的要求。

专业培养技能点：深刻理解质量的普适性。

职业素养培养技能点：①表达自我观点的能力；②沟通能力；③提升教师讲课的针对性和教师服务顾客的意识。

实训组织：教师设计《食品质量安全管理》课程学生要求的表格，请学生进行填写。填写后对学生进行分组，每个组统计本组同学观点后梳理讨论确定本组同学的观点，随后每组进行汇报。

实训评价：学生参与情况、学生心声等方面。

想一想

1. 食品质量对于一个企业的价值。
2. 质量的概念只适用于食品吗？
3. 请思考一个人日常的表现是否也具有质量，是否也具有特性，是否也有"消费者"。

查一查

请查询质量规划、质量战略相关网站。

任务二　学习食品安全的概念

任务目标：

让学生理解食品安全概念。

学一学

一、食品

定义：指各种供人食用或者饮用的成品和原料以及按照传统既是食品又是药品的物品，但是不包括以治疗为目的的物品。（摘自《中华人民共和国食品安全法》（中华人民共和国主席令第九号）第九十九条）

二、食品安全

定义：指食品无毒、无害，符合应当有的营养要求，对人体健康不造成任何急性、亚急性或者慢性危害。（摘自《中华人民共和国食品安全法》（中华人民共和国主席令第九号）第九十九条）

三、食品安全概念理解

如一块面包造成消费者腹泻，即该面包食品安全出了问题。但是这时该面包可能还是具有诱人的色泽和风味，造成腹泻的原因是面包被致病菌污染所致，此时致病菌为食品安全危害源，因此食品安全与食品安全危害有关。

实训

实训主题：查询食品安全事件。

专业技能点：理解食品安全性质和影响。

职业素养技能点：网络查询能力；汇报交流能力。

实训组织：对学生进行分组，每个组参照学一学相关知识，通过网络查询近5年的食品安全事件，分析其性质和社会影响，并提出中国遏制食品安全事件发展的对策，每组制作幻灯片在全班进行汇报演讲。

实训成果：汇报幻灯片和汇报效果。

实训评价：各组互相评论和教师评价（评价表格，主讲教师结合项目自行设计）。

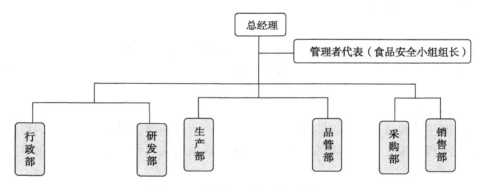

想一想

1. 食品安全对于一个企业的价值。
2. 中国食品安全事件频发的原因。

查一查

1. 国家食品药品监督管理总局（http：//www. sda. gov. cn）。
2. 北京市食品药品监督管理局（http：//www. bjda. gov. cn）。
3. 广州市食品药品监督管理局（http：//www. gzfda. gov. cn）。

任务三　学习食品加工企业治理机构及质量安全管理部门（QA）职责

任务目标：

让学生具备企业的概念，掌握企业职能部门。

学一学

一、食品加工企业治理机构及职责

现在列举一个食品加工企业治理机构，具体如图 1 - 1 所示：

```
                    ┌─────────┐
                    │  总经理  │
                    └────┬────┘
                         │        ┌──────────────────────────┐
                         ├────────┤ 管理者代表（食品安全小组组长） │
                         │        └──────────────────────────┘
    ┌───────┬───────┬───────┼───────────────┬───────┬───────┐
  ┌───┐   ┌───┐   ┌───┐           ┌───┐   ┌───┐   ┌───┐
  │行 │   │研 │   │生 │           │品 │   │采 │   │销 │
  │政 │   │发 │   │产 │           │管 │   │购 │   │售 │
  │部 │   │部 │   │部 │           │部 │   │部 │   │部 │
  └───┘   └───┘   └───┘           └───┘   └───┘   └───┘
```

图 1 - 1　食品加工企业治理机构图

二、食品加工企业治理机构职责

1. 总经理

（1）向公司传达满足顾客和法律、法规要求的重要性，提高全体员工的质量意识和食品安全意识，使这些要求得到贯彻实施。

（2）主持制定食品质量安全方针、目标，组织体系的策划，使之与组织及顾客的需求相适应，并在全体员工中得到理解与实施，进行食品质量安全意识教育，提高对保证产品质量和满足顾客要求重要性的认识，依据员工的业绩，提出奖惩建议。

（3）负责建立管理体系组织机构，任命管理者代表（食品安全小组组长），明确与管理体系有关的各类人员的职责、权限并促进相互沟通。

（4）主持管理评审，以确保管理体系的持续适宜性、充分性和有效性，并得到持续改进。

（5）提供管理体系运行所必需的资源；始终以顾客的要求为关注焦点，确保满足其要求。

（6）按岗位职能分配，确保管理体系的有效运行，完善与改进本部门的管理体系，制定与审批相应的质量文件，督导本部门员工认真贯彻落实管理体系。

（7）对从事与体系有关的管理、操作和验证工作人员，规定其职责、权限和相互关系，以明确其岗位责任。

（8）负责主持工厂的日常工作，对生产过程进行合理的调度，确保生产有序进行，管理体系有效运行。

2. 管理者代表（食品安全小组组长）

（1）确保按要求建立、实施、保持和更新食品安全管理体系。

（2）组织内部审核，并向最高管理者报告管理体系的业绩，提出对各级质量人员进行奖罚的建议和改进要求。

（3）确保在整个组织内满足顾客要求意识的形成，为食品安全小组成员安排相关的培训和教育。

（4）负责管理体系过程职责分配的组织领导与协调工作。

（5）与管理体系和食品安全有关事宜的外部沟通。

3. 行政部

（1）对最高管理者和管理者代表（食品安全小组组长）负责，在最高管理者主持下负责组织管理评审并作记录；负责制订内部审核计划，并组织实施。

（2）负责组织管理体系文件的编制、审批和管理工作。

（3）负责公司管理体系的实施、监督和考核工作，协助管理者代表（食品安全小组组长）组织贯彻食品质量安全方针、目标。

（4）负责公司员工培训的管理工作和组织实施。

（5）负责国家标准、行业标准的贯彻和企业标准的组织编制工作。

（6）负责食品质量安全管理手册的编制和管理工作。

（7）负责组织公司的数据分析工作。

（8）负责公司应急事件的处理及演习。

4. 销售部

（1）负责销售合同的评审和签订、修订工作。

（2）负责识别顾客的需求和期望，组织有关部门对顾客需求进行评审；并根据合同订单的交货要求，及时做好产品的交付工作，确保合同得到及时履行。

（3）负责产品的售前、售中和售后的服务，经常与顾客进行沟通及时解决顾客提出的问题，确保顾客满意。

（4）负责对不合格品的召回工作。

（5）负责顾客满意的监视和测量工作。

5. 采购部

（1）负责生产用原材料的采购工作，采购前许对供应商进行评价和考察，收集供方资质材料，确保生产用原材料质量符合标准要求。

（2）对供方进行评价和再评价，确定合格供方名单。

（3）从合格供方采购符合质量要求的原料。

（4）负责与供方就质量问题进行反馈和索赔。

6. 生产部

（1）负责安排生产计划并组织实施、调度和协调各部门在生产中出现的问题。

（2）负责生产过程和产品的持续改进。参与管理体系运行中的相关活动。

（3）负责全面执行生产过程的有关作业控制文件，做好本部门产品质量的管理。

（4）负责现场的文明生产和安全生产，确保适宜的生产环境。

（5）监督检查各种记录是否具备，并按规定进行记录并对其进行认真审核。

（6）监督检查作业人员严格按作业指导书及生产流程作业，负责监督检查监控纠偏、验证等过程的正确性。

（7）负责仓库的管理工作。

（8）负责实施体系所需的生产设施和工作环境并进行管理。

（9）负责组织生产设备安装、调试、维修、保养和管理工作。

（10）负责车间全面管理工作，包括：车间的生产管理、人员管理工作。

（11）负责本车间的设施、设备的维护管理工作，确保设施满足食品加工生产的需要。

（12）负责《HACCP计划》和《操作性前提方案》的贯彻和实施工作，确保各项工艺参数和产品的关键控制点得到控制，并按照要求做好生产监控记录。

（13）负责车间卫生清洁工作，确保生产车间的卫生符合规定的要求。

7. 研发部

（1）负责组织工艺文件的编制和实施。

（2）负责产品的开发和设计。

（3）负责产品工艺资料的编制及工艺技术的支持和指导。

8. 品管部

（1）负责监视和测量设备的归口管理工作，按照要求对监视和测量设备进行维护和保养，并定期进行检查、校准。

（2）负责数据分析的归口工作，运用统计技术分析产品生产、质量趋势，找出改进的信息。

（3）依据《HACCP计划》的要求，对产品的关键控制点进行监控，并做好记录。

（4）负责进厂原材料、工序半成品、成品的质量检验工作，负责对出厂产品进行质量把关，确保出厂产品质量全部合格。

三、品管部职责

品管部负责公司质量安全把关和日常管理体系运行。对外与监管部门沟通，准备与应对质量安全相关检查，如接待食品药品监督管理局的日常监督检查等，对内指导公司进行质量安全控制工作。

随着中国食品安全监管制定的完善和食品安全监管加强，品管部还负责食品生产许可证的办理，ISO9001、HACCP等体系认证工作。

四、说明

每个公司根据公司性质、公司规模、公司成熟度不同，治理机构中的部门数量、名称及每个部门的职责划分会有差异，学生可以上网查询学习其他治理机构类别。

实训

实训主题：模拟成立一个食品加工企业，设立公司治理机构，确定各部门职责。

专业技能点：治理机构在食品加工企业中的价值。

职业素养技能点：系统思维能力；汇报交流能力。

实训组织：每个同学参照学一学相关知识，根据自己的兴趣爱好成立一个食品加工企业，为公司起名，并为该公司设立治理机构，并确定每个部门的职责。每个同学制作幻灯片在全班进行汇报演讲。

实训成果：治理机构图和汇报效果等。

实训评价：各组互相评论和教师评价（评价表格，主讲教师结合项目自行设计）。

想一想

1. 食品加工企业治理机构在企业中的作用。
2. 品管部在食品企业可能还有什么名称？
3. 品管部在食品加工企业中的价值。

查一查

1. 食品伙伴网 www. foodmate. net。
2. 知名食品企业网站。

任务四　学习食品质量安全管理的意义

任务目标：

让学生理解食品质量安全管理技能在未来就业中的价值。

学一学

一、食品行业从业要求的专业技能构成

高职学生在食品行业就业的专业技能由两部分组成：

一是技术技能，如掌握如何将面粉做成味道鲜美的蛋糕，如何将麦芽酿制成爽口的啤酒。

二是质量安全管理技能，如何保证生产的蛋糕、啤酒符合国家标准，安全、好卖。

二、食品质量安全管理技能组成

食品质量安全管理技能包括：查询和运用食品法律法规的能力，查询和运用食品标准的能力，运用质量管理工具对食品质量、食品安全数据分析和查找隐患的能力，食品生产许可证（QS）申办能力，质量管理体系（ISO9001）建立、运行和迎接认证能力，危害分析与关键控制点（HACCP）体系建立、运行和迎接认证能力，食品安全管理体系（ISO22000）建立、运行和迎接认证能力，环境管理体系建立、运行和迎接认证能力，内部审核能力，与监管部门沟通和迎接食品质量安全监管能力。

三、食品质量安全管理技能价值

1. 国家层面

食品质量安全管理涉及民生问题，只有食品质量安全得到保障，我国人民才能安居乐业，中国社会才能稳定团结。

2. 企业层面

食品质量安全管理对于企业是第一要求。只有企业食品质量安全不成问题，企业才能生存盈利，不然企业只有一条关门之路。

3. 高职教育层面

只有掌握食品质量安全管理技能才能具备职业提升潜力，才能将食品技术技能发挥得淋漓尽致，才能实现自身价值。

实训一

实训主题：食品质量安全管理对于高职学生就业能力的价值。

专业技能点：食品从业专业技能构成。

职业素养技能点：表达能力；与别人共同讨论的能力。

实训组织：学生自由组合，讨论食品质量安全管理技能在未来从业中的价值和地位。各组讨论后形成结论，每组选派代表全班汇报，教师把控和点评。

实训成果：食品质量安全管理技能未来就业价值。

实训评价：各组互相评论和教师评价（评价表格，主讲教师结合项目自行设计）。

实训二

实训主题：食品质量安全管理对于食品企业的价值。

专业技能点：食品质量安全管理企业价值。

职业素养技能点：表达能力；与别人共同讨论能力。

实训组织：学生自由组合成组，讨论食品质量安全管理企业价值。每组讨论后形成结论，每组选派代表全班汇报，教师把控和点评。

实训成果：食品质量安全管理企业价值总结。

实训评价：各组互相评论和教师评价。（评价表格，主讲教师结合项目自行设计）。

想一想

1. 食品行业从业要求专业技能由哪两部分构成？
2. 食品质量安全管理技能对于高职学生就业能力的价值？
3. 食品质量安全管理技能对于食品企业的价值？

查一查

1. 国家食品药品监督管理总局（http：//www. sda. gov. cn）。
2. 北京市食品药品监督管理局（http：//www. bjda. gov. cn）。
3. 广州市食品药品监督管理局（http：//www. gzfda. gov. cn）。

【项目小结】

　　本项目讲述了食品质量、食品安全、食品企业治理机构、食品企业品管部门职责、食品质量安全管理价值等知识点。

【拓展学习】

　　食品企业除了食品质量安全管理之外还有哪些管理？提示：如财务管理或是信息管理等。请自行学习相关内容。

项目二　学习食品质量安全法规和标准

【知识目标】

熟悉我国食品安全管理的职能部门及其职能。

熟悉掌握食品安全有关的法律、法规和标准的基本内容和要求。

熟悉掌握食品安全法规和标准的主要作用。

提高学生的法律意识和运用食品相关法律、法规的能力。

熟练运用法律法规对食品违法事件进行分析。

【技能目标】

能够对食品生产企业进行相关法律法规和标准的培训。

能够对食品违法案例进行分析。

能够指导企业制定食品安全标准清单。

能够帮助企业制定法律法规清单。

【项目概述】

请指导某市酸乳生产企业，制定法律法规和食品安全标准清单。

【项目导入案例】

某酸乳生产企业让刚招聘的高职学生负责企业的法律法规和标准的日常管理工作，请问若这个高职学生是你，你知道你必须具备哪些知识吗？

任务一　学习法律法规体系和食品安全标准体系及其在食品质量安全管理中的意义

任务目标：

指导学生能够就食品法律和安全标准知识对酸乳生产企业进行培训。

学一学

一、食品安全法律法规与标准

（一）食品安全法律法规

法律法规，指中华人民共和国现行有效的法律、行政法规、司法解释、地方法规、地方规章、部门规章及其他规范性文件以及对于该法律法规的修改和补充。其中，法律有广义、狭义两种理解。广义上讲，法律泛指一切规范性文件；狭义上讲，仅指全国人大及其常委会制定的规范性文件。在与法规等一起谈时，法律是指狭义上的法律。法规则主要指行政法规、地方性法规、民族自治法规及经济特区法规等。

我国的食品法律法规体系，按食品安全法律、法规和规范效力层级的高低，可由食品安全法律、法规、行政规章和其他规范性文件组成。

1. 食品法律

食品法律由全国人民代表大会和全国人民代表大会常务委员会依据特定的立法程序指定的有关食品的规范性法律文件。

2009 年 6 月 1 日起施行的《中华人民共和国食品安全法》是我国食品法律体系中法律效力层级最高的规范性文件，是制定从属性食品安全卫生法规、规章及其他规范性文件的依据。

2. 食品行政法规

行政法规分国务院制定行政法规和地方性行政法规两类。它的法律效力仅次于法律。

食品行业管理行政法规是指国务院的部委依法制定的规范性文件，行政法规的名称为条例、规定和办法。对某一方面的行政工作做出比较全面、系统的规定，称为"条例"；对某一方面的行政工作做出部分的规定，称为"规定"；对某一项行政工作做出比较具体的规定，称为"办法"，如《乳制品质量安全管理条例》等。

地方性食品行政法规是指省、自治区、直辖市人民代表大会及其常务委员会依法制定的规范性文件，这种法规只在本辖区内有效，且不得与宪法、法律和行政法规等相抵触，并报全国人民代表大会常务委员会备案，才可生效，如《河北省食品安全监督管理规定》。

3. 食品部门规章

食品的部门规章包括国务院各行政部门制定的部门规章和地方人民政府制定的规章。如《食品添加剂卫生管理办法》《新资源食品卫生管理办法》《有机食品认证管理办法》《转基因食品卫生管理办法》等。

4. 其他规范性文件

规范性文件不属于法律、行政法规和部门规章，也不属于标准等技术规范，这类规范性文件如国务院或个别行政部门所发布的各种通知、地方政府相关行政部门制定的食品卫生许可证发放管理办法以及食品生产者采购食品及其原料的索证管理办法。这类规范性文件也是不可缺少的，同样是食品法律体系的重要组成部分。如《国务院关于进一步加强食品安全工作的决定》、《食品生产企业危害分析与关键控制点（HACCP）管理体系认证管理规定》等。

（二）食品标准

1. 标准和标准化

GB/T 20000.1—2002《标准化工作指南 第 1 部分：标准化和相关活动的通用词汇》中对标准的定义是：为了在一定范围内获得最佳秩序，经协商一致制定并由公认机构批准，共同使用的和重复使用的一种规范性文件。

2. 标准的分类

标准的制定和类型按使用范围划分有国际标准、区域标准、国家标准、专业标准、地方标准、企业标准；按内容划分有基础标准（一般包括名词术语、符号、代号等）、产品标准、辅助产品标准（面包等）、原材料标准（面粉、白砂糖）、方法标准（大肠菌群检验方法标准等）；按成熟程度划分有法定标准（GB）、推荐标准（GB/T）、试行标准、标准草案。

按《中华人民共和国标准化法》规定，我国标准分为四级：即国家标准、行业标准、地方标准和企业标准。

（1）国家标准：国家标准是指由国家的官方标准化机构或国家政府授权的有关机构批准、发布，在全国范围内统一和适用的标准。我国国家标准的代号，强制性国家标准的代号为"GB"，推荐性国家标准的代号为"GB/T"。

（2）行业标准：中华人民共和国行业标准：指中国全国性的各行业范围内统一的标准。

（3）地方标准：中华人民共和国地方标准：在某个省、自治区、直辖市范围内需要统一的标准。地方标准的代号为"DB"。

（4）企业标准：企业标准是指企业所制定的产品标准和在企业内需要协调、统一的技术要求和管理、工作要求所制定的标准。企业的产品标准，应在发布后30日内办理备案。一般按企业的隶属关系报当地标准化行政主管部门和有关行政主管部门备案。企业标准一般以"Q"作为企业标准的开头。

3. 食品安全标准

我国有两套食品安全国家标准：一套称为"食品质量标准"，法律依据是《食品质量法》，制定单位是国家质检总局；另外一套是"国家食品卫生标准"，依据的法律是《食品卫生法》，执行单位是国家卫生部。对此，《食品安全法》明确规定：国务院卫生行政部门应当对现行有效的农产品质量安全标准、食品卫生标准、食品质量标准和有关食品的行业标准中强制执行的标准予以整合，统一公布为食品安全国家标准。

（三）食品安全法律法规与标准关系

标准所涉及的是技术问题，为了健康、安全等目的，法规中也常常涉及技术问题，技术法规常常引用标准。法规所涉及的是管理问题。法规规定标准的起草、使用等责权利问题。

二、食品法律法规和标准与食品质量安全管理的关系

1. 食品法律法规与食品质量安全管理的关系

食品法律法规是食品利益相关者，如政府、监管部门、企业、消费者、媒体等进行食品工作的依据。

2. 食品标准与食品质量安全管理的关系

在食品企业中用一系列的标准来控制和指导设计、生产和使用的全过程，是食品质量管理的基本内容。

 实训一

实训主题：食品违法案例分析。

专业技能点：①学会并掌握查找我国食品法律法规。②能够对食品违法案例进行分析。

职业素养技能点：①演讲能力；②沟通能力。

实训资料：

案例1：2012年2月20日，某市工商分局对青岛和合帛品工贸有限公司进行了检查，发现现场有"崂山"绿茶正在对外销售，经查看公司营业执照经营范围中没有预包装食品。

案例2：2012年1月21日，山东省青岛市胶南工商分局执法人员对青岛丰饶商贸有限

公司检查时发现，现场部分"汇源"系列产品生产日期有更改迹象，涉嫌经营超过保质期的产品。经查明，当事人将超过保质期的汇源饮料进行了生产日期更改，将以前的生产日期去掉，以油印的方式进行统一更改。

案例3：2011年5月16日，湖南省耒阳市工商行政管理局在抽样检测中发现，某干货批发部销售的红油豆瓣样品含有国家明令禁止在食品中添加的苏丹红一号。

案例4：2011年5月4日，湖南省郴州市公安局治安管理支队查获一起利用回收食品为原料生产食品的案件，货值30 000元，经检测，该食品铝残留量和菌落总数严重超标。

实训组织：对学生进行分组，针对上述案例，查找我国相关的食品法律法规，组织小组讨论，并进行总结：

（1）其行为构成什么违法行为？

（2）工商行政机关依据哪些食品法律法规相关规定，可对其罚款。

（3）请对这种行为进行点评，谈谈你的看法。

实训成果：幻灯片。

实训评价：评价参照表2-1。

表2-1　案例分析评价表

	违法行为判断准确（8分）	处罚得当，法律条款使用正确（8分）	小组讨论热烈，成员参与度高（5分）	条理清楚，思维清晰，语言表达规范（4分）	得分
案例1					
案例2					
案例3					
案例4					
得分					

实训二

实训主题：帮助食品生产企业制定法律法规清单。

专业技能点：学会并掌握查找我国食品法律法规。

职业素养技能点：①调研能力；②沟通能力。

实训组织：对学生进行分组，每个组参照学一学相关知识，选择当地一个食品生产公司，帮助企业制定法律法规清单，并对企业进行调研时核对法律法规清单。调研结束后，每组在班级进行汇报，汇报点：调研结论和调研实训提升了自己哪些能力？

实训成果：调研报告和法律法规清单。

实训评价：评价参照表2-2。

表2-2　法律法规清单评价表

项目	得分
小组内分工明确、合理，组员间能很好沟通（20分）	
法律法规清单完整（50分）	
思维清晰，语言表达规范（10分）	
调研报告条理清楚（20分）	
得分	

想一想

1. 食品标准的作用是什么?
2. 食品质量与安全管理的意义是什么?

查一查

1. 国家食品药品监督管理总局 http：//www. sda. gov. cn。
2. 北京市食品药品监督管理局：http：//www. bjda. gov. cn。
3. 各省食品药品监督管理局。
4. 中国标准化协会：http：//www. china-cas. org/。
5. 国家标准化管理委员会：http：//www. sac. gov. cn/。
6. 食品论坛：http：//bbs. foodmate. net。

任务二　学习法律——以《中华人民共和国食品安全法》为例

任务目标：

指导学生能够就《食品安全法》对肉制品生产企业进行培训，并就相应违法案例进行分析。

学一学

《中华人民共和国食品安全法》已由中华人民共和国第十一届全国人民代表大会常务委员会第七次会议于 2009 年 2 月 28 日通过，自 2009 年 6 月 1 日起施行。《食品卫生法》同时废止。《食品安全法实施条例》于同年 7 月份发布实施。

一、《食品安全法》立法的意义

民以食为天，食以安为先。从食品卫生法到食品安全法，由卫生到安全，表明了从观念到监管模式的提升。食品卫生，主要关注食品外部环境、食物表面现象；而食品安全涉及无毒无害，侧重于食品的内在品质，触及到人体健康和生命安全的层次。

（1）保障食品安全，保证公众身体健康和生命安全。

（2）促进我国食品工业和食品贸易发展。

（3）加强社会领域立法，完善我国食品安全法律制度。

二、《食品安全法》的内容体系

《中华人民共和国食品安全法》共分 10 章 104 条，主要包括总则、食品安全风险监测和评估、食品安全标准、食品生产经营、食品检验、食品进出口、食品安全事故处理、监管管理、法律责任、附则。

第 1 章，总则。包括第 1 条至第 10 条，对从事食品生产经营活动者，各级政府、相关部门及社会团体在食品安全监督管理、舆论监督、食品安全标准和知识的普及、增强消费者食品安全意识和自我保护能力等方面的责任和职权作了相应规定。

第 2 章，食品安全风险监测和评估。包括第 11 条至第 17 条，对食品安全风险监测制度、食品安全风险评估制度、食品安全风险评估结果的建立、依据、程序等进行规定。

第 3 章，食品安全标准。包括第 18 条至第 26 条，对食品安全标准的制定程序、主要内容、执行及将标准整合为食品安全国家标准的相应的规定。

第 4 章，食品生产经营。包括第 27 条至 56 条，对食品生产经营符合食品安全标准、禁止生产经营的食品；对从事食品生产、食品流通、餐饮服务等食品生产经营实行许可制度；食品生产经营企业应当建立健全本单位的食品安全管理制度，依法从事食品生产经营活动；对食品添加剂使用的品种、范围、用量的规定；建立食品召回制度等内容进行相应的规定。

第 5 章，食品检验。包括第 57 条至第 61 条，对食品检验机构的资质认定条件、检验规范、检验程序及检验监督等内容进行相应的规定。

第 6 章，食品进出口。包括第 62 至 69 条，对进口的食品、食品添加剂以及食品相关产品应当符合我国食品安全国家标准，进出口食品的检验检疫的原则、风险预警及控制措施等进行相应的规定。

第 7 章，食品安全事故处置。包括第 70 条至第 75 条，国家食品安全事故应急预案、食品安全事故处置方案、食品安全事故的举报和处置、安全事故责任调查处理等方面进行相应的规定。

第 8 章，监督管理。包括第 76 条至第 83 条，对各级政府及本级相关部门的食品安全监督管理职责、工作权限和程序等进行相应的规定。

第 9 章，法律责任。包括第 84 条至第 98 条，对违反《食品安全法》规定的食品生产经营活动，食品检验机构及食品检验人员、食品安全监督管理部门及食品行业协会等的相应处罚原则、程序和量刑方面进行了相应的规定。

第 10 章，附则。包括第 99 条至 104 条，对《食品安全法》相关术语和实施时间进行规定，同时废止《中华人民共和国食品卫生法》。

实训一

实训主题：对肉制品企业相关人员进行《食品安全法》知识培训。

专业技能点：掌握《中华人民共和国食品安全法》。

职业素养技能点：①演讲能力；②沟通能力。

实训组织：对学生进行分组，每个组参照学—学相关知识及利用网络资源，就"肉制品企业《食品安全法》培训"这个主题制作幻灯片，在肉制品企业或班级进行汇报培训。

实训成果：幻灯片。

实训评价：评价参照表 2 – 3。

表 2 – 3 《食品安全法》知识培训评价表

项目	得分
小组内分工明确、合理，组员间能很好沟通（30 分）	
举出的案例充分（30 分）	
思维清晰，语言表达规范（20 分）	
幻灯片制作及调研报告条理清楚（20 分）	
得分	

实训二

实训主题：对社区群众进行《食品安全法》知识宣传。

专业技能点：熟练掌握《食品安全法》。

职业素养技能点：①演讲能力；②沟通能力；③服务社会能力。

实训组织：对学生进行分组，每个组自行选择一个社区，进行社区群众的《食品安全法》普及宣传。

实训成果：宣传照片、宣传资料等。

实训评价：评价参照表2-4。

表2-4 知识宣传评价表

项目	得分
小组内分工明确、合理，组员间能很好沟通（30分）	
宣传形式适合社区群众特点（30分）	
思维清晰，语言表达规范（20分）	
宣传受到群众欢迎（20分）	
得分	

实训三

实训主题：《食品安全法》知识竞赛。

专业技能点：熟练掌握《食品安全法》要点。

职业素养技能点：①记忆能力；②竞争意识。

实训组织：教师利用网络资源或自行设计《食品安全法竞赛试题》，组织学生进行知识竞赛，竞赛形式为闭卷或现场竞赛等。

实训成果：竞赛照片、竞赛试题等。

实训评价：竞赛评价由竞赛成绩决定。

想一想

1. 我国食品安全法的价值是什么？
2. 《食品安全法》适用的范围？

查一查

1. 国家食品药品监督管理总局 http：//www. sda. gov. cn。
2. 食品伙伴网 http：//www. foodmate. net。

任务三　学习行政法规——以《乳品质量安全监督管理条例》为例

任务目标:

指导学生能够就《乳品质量安全监督管理条例》对酸乳生产企业进行培训。

📖 学一学

《乳品质量安全监督管理条例》于 2008 年 10 月 6 日国务院第 28 次常务会议通过, 10 月 9 日, 时任总理温家宝签署国务院第 536 号令, 公布《乳品质量安全监督管理条例》(以下简称《条例》), 自公布之日起施行。

一、立法的意义

三鹿牌婴幼儿奶粉事件给婴幼儿的生命健康造成很大危害, 给我国乳制品行业带来了严重影响。这一事件的发生, 暴露出我国乳制品行业还存在一些比较突出的问题, 如: 生产流通秩序混乱, 一些企业诚信缺失, 市场监管存在缺位, 有关部门配合不够等。为了解决上述问题, 进一步完善乳品质量安全管理制度, 有必要制定《乳品质量安全监督管理条例》, 为确保乳品质量安全提供有效的法律制度保障。

二、《乳品质量安全监督管理条例》内容体系

《乳品质量安全监督管理条例》共分 8 章 64 条。

第 1 章, 总则。包括第 1 条至第 9 条, 对乳品的定义, 生鲜乳和乳制品应当符合乳品质量安全国家标准, 乳制品中添加物, 从事乳品生产经营活动者, 各级政府、相关部门及社会团体在乳品质量安全、安全监督管理、奶业发展规划等方面的责任和职权作了相应规定。

第 2 章, 奶畜养殖。包括第 10 条至第 18 条, 对资金和技术扶持, 设立奶畜养殖场、养殖小区应当具备的条件, 养殖场的管理, 养殖者的健康和生鲜乳冷藏等进行了规定。

第 3 章, 生鲜乳收购。包括第 19 条至第 27 条, 对相关政府部门在生鲜乳收购站布局、安全监测和价格监控, 收购站需具备的条件、收购和贮存要求, 生鲜乳质量要求做出了相应的规定。

第 4 章, 乳制品生产。包括第 28 条至第 36 条, 对乳制品生产企业应该具备的条件, 应该建立的规章制度, 日常的管理, 生产所使用的生鲜乳、辅料、添加剂, 乳制品的包装, 出厂乳制品做出了相应的规定。

第 5 章, 乳制品销售。包括第 37 条至第 45 条, 对进出口乳制品的质量标准, 销售者的责任做出了相应的规定。

第 6 章, 监督检查。包括第 46 条至第 53 条, 明确了政府各部门的监督检查职责和行使的职权, 对乳品质量安全重大事故信息的发布和乳品生产经营中的违法行为做出了规定。

第 7 章, 法律责任。包括第 54 条至第 62 条, 对违反条例规定的生鲜乳收购者、乳制品生产企业、销售者和乳品安全监督管理部门的法律责任和量刑方面进行了相应的规定。

第 8 章, 附则。包括第 63 条至 64 条, 对草原牧区放牧饲养的奶畜所产的生鲜乳收购办法做出规定, 并确定本条例的执行时间。

实训

实训主题：对婴幼儿配方奶粉企业相关人员进行《乳品质量安全监督管理条例》知识培训。

专业技能点：乳品质量安全监督管理条例基本内容。

职业素养技能点：①演讲能力；②沟通能力。

实训组织：对学生进行分组，每个组参照学一学相关知识及利用网络资源，就"婴幼儿配方奶粉企业《乳品质量安全监督管理条例》知识培训"这个主题制作幻灯片，在婴幼儿配方奶粉企业或班级进行培训汇报。

实训成果：幻灯片。

实训评价：评价参照表2－5。

表2－5　知识培训评价表

项目	得分
小组内分工明确、合理，组员间能很好沟通（30分）	
案例充分（30分）	
思维清晰，语言表达规范（20分）	
幻灯片制作及调研报告条理清楚（20分）	
得分	

想一想

1. 乳品质量安全的第一责任者是谁？
2. 乳制品生产、销售等各个环节的监督管理工作都是由政府哪些部门负责的？

查一查

1. 国家食品药品监督管理总局 http：//www. sda. gov. cn。
2. 北京市食品药品监督管理局：http：//www. bjda. gov. cn。
3. 中华人民共和国中央人民政府：http：//www. gov. cn/zwgk/2008－10/10/content_ 1116657. htm。

任务四　学习部门规章——以《食品生产许可管理办法》为例

任务目标：

指导学生能够就《食品生产许可证管理办法》对食品生产加工企业进行培训。

《食品生产许可证管理办法》已经国家质量监督检验检疫总局局务会审议通过，现予公布，自公布之日起施行2010年4月7日。

📖 学一学

《食品生产许可证管理办法》的内容体系

《食品生产许可证管理办法》分为6章共46条，包括总则、程序、证书与标识、监督检查、法律责任和附则。

第1章，总则。包括第1条至第5条，对立法宗旨、调整范围、监管主体等内容做了规定。

第2章，程序。包括第6条至第24条，对申请条件、申请及受理程序等内容做出了规定。

第3章，证书与标识。包括第25条至第29条，对证书和标识的使用和管理等内容做出了规定。

第4章，监督检查。包括第20条至第34条，对监督检查管理等内容做出了规定。

第5章，法律责任。包括第35条至第39条，法律责任、处罚措施等内容做出了规定。

第6章，附则。包括第40条至第46条，主要为食品定义等内容做出了规定。

✒️ 实训

实训主题：食品流通许可违法案例分析

专业技能点：①学会并掌握查找我国食品法律法规；②能够对食品流通许可违法案例进行分析。

职业素养技能点：①演讲能力；②沟通能力。

实训资料：

案例：嘉兴市某酱腌菜企业未取得《食品生产许可证》擅自进行酱腌菜生产。请问该企业违反了《食品生产许可管理办法》第几条？其将会受到何种处罚？若请您来指导该企业进行《食品生产许可证》申办工作，请问该企业必须具备什么条件？

实训组织：对学生进行分组，针对上述案例，查找我国相关的食品法律法规，组织小组讨论，并进行总结：

实训成果：幻灯片

实训评价：评价参照表2-1。

🔍 想一想

1. 一个五星级酒楼已经取得《餐饮服务许可证》在其酒楼内制作秘制香肠，请问其是否需要取得本办法规定的《食品生产许可证》？

2. 《食品生产许可证》的有效期是几年？

3. 《食品生产许可证》期满时应该提前几个月申请换证？

🔎 查一查

1. 国家食品药品监督管理总局 http：//www. sda. gov. cn。

2. 中华人民共和国国家卫生与计划生育委员会 http：//www. nhfpc. gov. cn/。

任务五 学习规范性文件——以《国务院办公厅关于印发 2013 年食品安全重点工作安排的通知》为例

任务目标：

指导学生能够就《国务院办公厅关于印发 2013 年食品安全重点工作安排的通知》对巧克力生产企业进行培训。

温馨提示：教师在进行此任务教学时建议查询最新国务院办公厅通知进行讲解。

📖 学一学

各省、自治区、直辖市人民政府，国务院各部委、各直属机构：

《2013 年食品安全重点工作安排》已经国务院同意，现印发给你们，请认真贯彻执行。

国务院办公厅

2013 年 4 月 7 日

2013 年食品安全重点工作安排

2012 年，各地区、各有关部门按照国务院的部署，深入开展食品安全治理整顿，强化日常监管，严惩重处食品安全违法犯罪，消除了一大批食品安全隐患，保持了食品安全形势总体稳定向好。但制约我国食品安全的突出矛盾尚未根本解决，问题仍时有发生。为进一步提高食品安全保障水平，根据《国务院关于加强食品安全工作的决定》（国发〔2012〕20 号）和国务院关于地方改革完善食品药品监督管理体制的有关精神，现就 2013 年食品安全重点工作作出如下安排：①全面排查隐患，深化治理整顿；②严惩违法犯罪，加强应急处置；③加强能力建设，夯实基层基础；④加强诚信建设，落实主体责任；⑤加强组织保障，严格责任追究。

✏️ 实训

实训主题：食品标签标示案例分析。

专业技能点：①学会并掌握查找我国食品法律法规；②能够对违法案例进行分析。

职业素养技能点：①演讲能力；②沟通能力。

实训资料：

案例 1：苏某 2011 年 7 月从沈阳某包装制品有限公司购进无 QS 标志的茶叶包装袋 5000 条销售。至案发时，还剩 2800 条未售出，货值 680 元，获利 100 元。依据规定，没收当事人无 QS 标志包装袋 2800 条，没收违法所得，并罚款 5 万元。

案例 2：朱某 2011 年 7 月从富锦某淀粉制品有限公司购进"展浩纯马铃薯粉"、"展浩生粉"、"雪鹰超级生粉"合计 140 袋，购进广西百色某淀粉有限公司生产的"福龙食用鲜木薯粉"15 袋，上述产品均未标注生产日期。至案发时，共销售 110 袋，获利 1540 元，货值 31710 元。依据规定，没收当事人未售出的违法经营产品 45 袋，没收违法所得，并罚款 158460 元。

案例 3：周某 2011 年 11 月 10 日在没取得食品流通经营许可证的情况下，从黑龙江省黑河购进无中文标签的俄罗斯巧克力等食品销售。依据规定，责令当事人改正，没收违法所得 523 元，罚款 3 万元。

案例 4：黑龙江某食品公司于 2011 年 12 月 2 日起，在其生产、分装的爆米花等食品外包装擅自标注"香港××公司监制"字样。产品主要销往 KTV，货值 2.85 万元。依据规定，责令当事人立即停止违法行为，并罚款 2 万元。

实训组织：对学生进行分组，针对上述案例，查找我国相关的食品法律法规，组织小组讨论，并进行总结：

（1）其行为构成什么违法事实？

（2）工商行政机关依据什么食品法律法规相关规定，可对其罚款。

（3）请对这种行为进行点评，谈谈你的看法。

实训成果：幻灯片

实训评价：评价参照表 2 - 1。

想一想

1. 我国与食品标签标识相关的法律法规都有哪些？

2. 我国与饲料农药兽药相关的法律法规有哪些？

查一查

1. 国家食品药品监督管理总局 http：//www. sda. gov. cn。

2. 北京市食品药品监督管理局：http：//www. bjda. gov. cn。

3. 中华人民共和国农业部：http：//www. moa. gov. cn/zwllm/zwdt/201104/t2011042 2_ 1976356. htm。

任务六　学习食品质量标准——以《GB/T 20981—2007 面包》为例

任务目标：

教会学生解读和应用食品质量标准，以《GB/T 20981—2007 面包》为例等。

学一学

面包

1　范围

本标准规定了面包的术语和定义、产品分类、技术要求、试验方法、检验规则、标签、包装、运输及贮存与展卖。

本标准适用于面包产品。

理解要点：规定了标准的适用对象及标准的结构。

2　规范性引用文件

下列文件中的条款通过本标准的引用而成为本标准的条款。凡是注日期的引用文件，其随后所有的修改单（不包括勘误的内容）或修订版均不适用于本标准，然而，鼓励根据本标准达成协议的各方研究是否可使用这些文件的最新版本。凡是不注日期的引用文件，其最新版本适用于本标准。

GB/T 601 化学试剂 标准滴定溶液的制备

GB 2760 食品添加剂使用卫生标准

GB/T 5009.3 食品中水分的测定

GB 7099 糕点、面包卫生标准

GB 7718 预包装食品标签通则

GB 14880 食品营养强化剂使用卫生标准

JJF 1070 定量包装商品净含量计量检验规则

国家质量监督检验检疫总局［2005］第75号令 定量包装商品计量监督管理办法

卫法监发［2003］180号 散装食品卫生管理规范

理解要点：规定了标准的引用文件，值得一提的是，若引用文件未标注年份，这本标准使用时应查看应用标准的最新版本；若引用标准标注了年份，则之应用标准年份的标准。在使用本《面包》标准时，应该查看引用标准，如"5.5 食品添加剂的使用应符合 GB 2760 的规定，食品营养强化剂的使用应符合 GB 14880 的规定。"因此，在面包中可以添加添加剂种类和数量，就必须要查阅 GB 2760 的最新版面——《GB 2760—2011 食品安全国家标准 食品添加剂使用标准》（本书编写时 2011 是最新版本）。

3 术语和定义

下列术语和定义适用于本标准。

3.1 面包

以小麦粉、酵母、食盐、水为主要原料，加入适量辅料，经搅拌面团、发酵、整形、醒发、烘烤或油炸等工艺制成的松软多孔的食品，以及烤制成熟前或后在面包坯表面或内部添加奶油、人造黄油、蛋白、可可、果酱等的制品。

3.2 软式面包

组织松软、气孔均匀的面包。

3.3 硬式面包

表皮硬脆、有裂纹，内部组织柔软的面包。

3.4 起酥面包

层次清晰、口感酥松的面包。

3.5 调理面包

烤制成熟前或后在面包坯表面或内部添加奶油、人造黄油、蛋白、可可、果酱等的面包。不包括加入新鲜水果、蔬菜以及肉制品的食品。

理解要点：规定了面包术语和定义，此部分非常重要，类似英语中的单词。

4 产品分类

按产品的物理性质和食用口感分为软式面包、硬式面包、起酥面包、调理面包和其他面包五类，其中 调理面包又分为热加工和冷加工两类。

理解要点：规定了面包分类，此部分为后面标准的学习打下基础。

5　技术要求

5.1　感官要求

感官要求应符合表 2 - 6 的规定。

表 2 - 6　感官要求

项目	软式面包	硬式面包	起酥面包	调理面包	其他面包
形态	完整，丰满，无黑泡或明显焦斑，形状应与品种造型相符	表皮有裂口，完整，丰满，无黑泡或明显焦斑，形状应与品种造型相符	丰满，多层，无黑泡或明显焦斑，光洁，形状应与品种造型相符	完整，丰满，无黑泡或明显焦斑，形状应与品种造型相符	符合产品应有的形态
表面色泽	金黄色、淡棕色或棕灰色，色泽均匀、正常				
组织	细腻，有弹性，气孔均匀，纹理清晰，呈海绵状，切片后不断裂	紧密，有弹性	有弹性，多孔，纹理清晰，层次分明	细腻、有弹性，气孔均匀，纹理清晰，呈海绵状	符合产品应有的组织
滋味与口感	具有发酵和烘烤后的面包香味，松软适口，无异味	耐咀嚼，无异味	表皮酥脆，内质松软，口感酥香，无异味	具有品种应有的滋味与口感，无异味	符合产品应有的滋味与口感，无异味
杂质	正常视力无可见的外来异物				

5.2　净含量偏差

预包装产品应符合国家质量监督检验检疫总局 ［2005］ 第 75 号令《定量包装商品计量监督管理办法》。

5.3　理化要求

理化要求应符合表 2 - 7 的规定。

表 2 - 7　理化要求

项目	软式面包	硬式面包	起酥面包	调理面包	其他面包
水分/% ≤	45	45	36	45	45
酸度/（°T） ≤	6				
比体积/（mL/g） ≤	7.0				

5.4　卫生要求

应符合 GB 7099 的规定。

5.5　食品添加剂和食品营养强化剂的要求

食品添加剂的使用应符合 GB 2760 的规定，食品营养强化剂的使用应符合 GB 14880 的规定。

理解要点：规定了面包标准的主体，即其必须满足的技术指标。

6　试验方法

6.1　感官检验

将样品置于清洁、干燥的白瓷盘中，用目测检查形态、色泽；然后用餐刀按四分法切开，观察组织、杂质；品尝滋味与口感，做出评价。

6.2 净含量偏差

按 JJF 1070 规定的方法测定。

6.3 水分

按 GB/T 5009.3 规定的方法测定，取样应以面包中心部位为准，调理面包的取样应取面包部分的中心部位。

6.4 酸度

6.4.1 试剂

a) 氢氧化钠标准溶液（0.1 mol/L）：按 GB/T 601 规定的方法配制与标定。

b) 酚酞指示液（1%）：称取酚酞 1 g，溶于 60 mL 乙醇（95%）中，用水稀释至100 mL。

6.4.2 仪器

碱式滴定管：25 mL。

6.4.3 分析步骤

称取面包心 25g，精确到 0.1g，加入无二氧化碳蒸馏水 60mL，用玻璃棒捣碎，移入250mL 容量瓶中，定容至刻度，摇匀。静置 10min 后再摇 2min，静置 10min，用纱布或滤纸过滤。取滤液 25mL 移入 200mL 三角瓶中，加入酚酞指示液 2~8 滴，用氢氧化钠标准溶液（0.1mol/L）滴定至微红色 30s 不退色，记录耗用氢氧化钠标准溶液的体积。同时用蒸馏水做空白试验。

6.4.4 分析结果的表述

酸度 T 按式（1）计算：

$$T = \frac{c \times (v_1 - v_2)}{m} \times 1\,000 \tag{1}$$

式中：

T——酸度，单位为酸度（°T）；

c——氢氧化钠标准溶液的实际浓度，单位为摩尔每升（mol/L）；

V_1——滴定试液时消耗氢氧化钠标准溶液的体积，单位为毫升（mL）；

V_2——空白试验消耗氢氧化钠标准溶液的体积，单位为毫升（mL）；

m——样品的质量，单位为克（g）。

6.4.5 允许差

在重复性条件下获得的两次独立测定结果的绝对差值，应不超过0.1°T。

6.5 比容

6.5.1 方法一

6.5.1.1 仪器

天平：感量0.1g。

6.5.1.2 装置

面包体积测定仪：测量范围 0~1 000mL。

6.5.1.3 分析步骤

a) 将待测面包称量，精确至0.1g。

b）当待测面包体积不大于400mL时，先把底箱盖好，打开顶箱盖子和插板，从顶箱放入填充物，至标尺零线，盖好顶盖后，反复颠倒几次，调整填充物加入量至标尺零线；测量时，先把填充物倒置于顶箱，关闭插板开关，打开底箱盖，放入待测面包，盖好底盖，拉开插板使填充物自然落下，在标尺上读出填充物的刻度，即为面包的实测体积。

c）当待测面包体积大于400mL时，先把底箱打开，放入400mL的标准模块，盖好底箱，打开顶箱盖子和插板，从顶箱放入填充物，至标尺零线，盖好顶盖后，反复颠倒几次，消除死角空隙，调整填充物加入量至标尺零线；测量时，先把填充物倒置于顶箱，关闭插板开关，打开底箱盖，取出标准模块，放入待测面包，盖好底盖，拉开插板使填充物自然落下，在标尺上读出填充物的刻度，即为面包的实测体积。

6.5.1.4　分析结果的表述

面包比容P按式（2）计算：

$$P = \frac{V}{m} \tag{2}$$

式中：

P——面包比容，单位为毫升每克（mL/g）；

V——面包体积，单位为毫升（mL）；

m——面包质量，单位为克（g）。

6.5.1.5　允许差

在重复性条件下获得的两次独立测定结果的绝对差值，应不超过0.1mL/g。

6.5.2　方法二

6.5.2.1　仪器

a）天平：感量0.1g。

b）容器：容积应不小于面包样品的体积。

6.5.2.2　分析步骤

取一个待测面包样品，称量后放入一定容积的容器中，将小颗粒填充剂（小米或油菜籽）加入容器中，完全覆盖面包样品并摇实填满，用直尺将填充剂刮平，取出面包，将填充剂倒入量筒中测量体积，容器体积减去填充剂体积得到面包体积。

6.5.2.3　分析结果的表述

面包比容计算同6.5.1.4。

6.5.2.4　允许差

在重复性条件下获得的两次独立测定结果的绝对差值，应不超过0.1mL/g。

6.6　卫生要求

按GB 7099规定的方法检验。

理解要点：规定了面包标准技术指标的检测方法，此部门适合化验员进行研究和学习。

7　检验规则

7.1　出厂或现场检验

a）预包装产品出厂前应进行出厂检验，出厂检验的项目包括：感官、净含量偏差、水分、酸度、比容。

b）现场制作产品应进行现场检验，现场检验的项目包括：感官、净含量偏差、水分、酸度和比容。其中，感官和净含量偏差应在售卖前进行检验；水分、酸度、比容应每月检验一次。

7.2　型式检验

型式检验的项目包括本标准中规定的全部项目。正常生产时应每6个月进行一次型式检验，但菌落总数和大肠菌群应每两周检验一次；此外有下列情况之一时，也应进行型式检验：

a）新产品试制鉴定时。

b）原料、生产工艺有较大改变，可能影响产品质量时。

c）产品停产半年以上，恢复生产时；

d）出厂检验结果与上一次型式检验结果有较大差异时；

e）国家质量监督部门提出要求时。

7.3　抽样方法和数量

7.3.1　同一天同一班次生产的同一品种的产品为一批。

7.3.2　预包装产品应在成品仓库内，现场制作产品（产品应冷却至环境温度）应在售卖区内随机抽取样品，抽样件数见表2-8。

表2-8　抽样件数

每批生产包装件数/件	抽样件数/件
200（含200）以下	3
201～800	4
801～1 800	5
1 801～3 200	6
3 200以上	7

7.4　判定规则

7.4.1　检验结果全部符合本标准规定时，判该批产品为合格品。

7.4.2　检验结果中微生物指标有一项不符合本标准规定时，判定该批产品为不合格品。

7.4.3　检验结果中如有两项以下（包括两项）其他指标不符合本标准规定时，可在同一批产品中双倍抽样复检，复检结果全部符合本标准规定时，判该批产品为合格品；复检结果中如仍有一项指标不合格，判定该批产品为不合格品。

理解要点：规定了面包检验规程，及检验分类、检验抽样方法和判定原则等，此部分是化验员经常忽视但又必须掌握的内容。

8　标签

8.1　预包装产品的标签应符合GB 7718的规定。

8.2　散装销售产品的标签应符合《散装食品卫生管理规范》。

理解要点：规定了面包标签的具体要求。此部分必须研究GB 7718和《散装食品卫生管理规范》，值得一提的是，这两个文件都可能被最新版本代替，因此研究是要给予关注。

9　包装

9.1　包装材料应符合相应的食品卫生标准。

9.2　包装箱应清洁、干燥、严密、无异味、无破损。

理解要点：规定了面包包装具体要求。

10　运输

10.1　运输工具及车辆应符合卫生要求，不得与有毒、有污染的物品混装、混运。

10.2　运输过程中应防止暴晒、雨淋。

10.3　装卸时应轻搬、轻放，不得重压和挤压。

理解要点：规定了面包运输的注意事项。

11　贮存与展卖

11.1　仓库内应保持清洁、通风、干燥、凉爽，有防尘、防蝇、防鼠等设施，不得与有毒、有害物品混放。

11.2　产品不应接触墙面或地面，堆放高度应以提取方便为宜。

11.3　产品应勤进勤出，先进先出，不符合要求的产品不得入库。

11.4　散装销售的产品应符合《散装食品卫生管理规范》。

理解要点：规定了面包贮存和展卖的具体要求。

实训

实训主题：对面包企业相关人员进行 GB/T 20981—2007 知识培训。

专业技能点：GB/T 20981—2007 的内容。

职业素养技能点：①演讲能力；②沟通能力。

实训组织：对学生进行分组，每个组参照学一学相关知识及利用网络资源，就"GB/T 20981—2007》培训"这个主题制作幻灯片，在面包企业或班级进行汇报培训。

实训成果：幻灯片。

实训评价：评价参照表 2 – 5。

想一想

1. 检验规则在食品标准中的作用？

2. 技术要求都包含哪些项目？

3. 标准中适用范围的作用？

查一查

1. GB/T 601 化学试剂 标准滴定溶液的制备。

2. GB 2760 食品添加剂使用卫生标准。

3. GB/T 5009.3 食品中水分的测定。

4. GB 7099 糕点、面包卫生标准。

5. GB 7718 预包装食品标签通则。

6. GB 14880 食品营养强化剂使用卫生标准。

7. JJF 1070 定量包装商品净含量计量检验规则。

8. 国家质量监督检验检疫总局［2005］第 75 号令 定量包装商品计量监督管理办法。

9. 卫法监发［2003］180 号 散装食品卫生管理规范。

任务七　学习食品卫生标准——以《GB 7099—2003 糕点、面包卫生标准》为例

任务目标：

使学生掌握和运用《GB 7099—2003 糕点、面包卫生标准》等食品卫生标准。

学一学

糕点、面包卫生标准

1　范围

本标准规定了糕点、面包的指标要求、食品添加剂、生产加工过程的卫生要求、包装、标识、贮存及运输要求和经验方法。

本标准适用于以粮食、油脂、食糖、蛋等为主要原料，添加适量的辅料，经配制、成型、熟制等工序制成的各种糕点及面包类食品。

理解要点：规定了适用范围和标准结构。

2　规范性引用文件

下列文件中的条款通过标准的引用而成为本标准的条款。凡是注日期的引用文件，其随后所有的修改单（不包括勘误的内容）或修订版均不适用于本标准，然而，鼓励根据本标准达成协议的各方研究是否可使用这些文件的最新版本。凡是不注日期的引用文件，其最新版本适用于本标准。

GB 2760　食品添加剂使用卫生标准

GB/T 4789.24 食品卫生微生物学检验、糖果、糕点、蜜饯检验

GB/T 5009.22 食品中黄曲霉毒素 B_1 的测定

GB/T 5009.56 糕点卫生标准的分析方法

GB 8957　糕点厂卫生规范

理解要点：规定了引用文件，引用文件的内容也构成本标准的一部分。

3　术语和定义

下列术语和定义适用于本标准。

3.1　热加工糕点、面包

加工过程中以加热熟制作为最终工艺的糕点、面包类食品。

3.2　冷加工糕点、面包

加工过程中在加热熟制后再添加奶油、人造黄油、蛋白、可可等辅料而不再经过加热的糕点、面包类食品。

理解要点：规定了糕点和面包术语和定义，此部分非常重要，类似英语中的单词。

4　指标要求

4.1　原料要求

应符合相应的标准和有关规定。开封或散装的奶油、黄油、蛋白等易腐原料应在低温条件下保存。

4.2　感官要求

应具有糕点、面包各自的正常色泽、气味、滋味及组织状态，不得有酸败、发霉等异味，食品内外不得有霉变、生虫及其他外来污染物。

4.3　理化指标

理化指标应符合表2－9的规定。

表2－9　理化指标

项目		指标
酸价（以脂肪计）/（KOH）（mg/g）	≤	5
过氧化值（以脂肪计）/（g/100g）	≤	0.25
总砷（以 As 计）/（mg/Kg）	≤	0.5
铅（Pb）/（mg/kg）	≤	0.5
黄曲霉毒素 B_1/（μg/kg）	≤	5

4.4　微生物指标

微生物指标应符合表2－10的规定。

表2－10　微生物指标

项目		指标	
		热加工	冷加工
菌落总数/（cfu/g）	≤	1 500	10 000
大肠菌群/（MPN/100g）	≤	30	300
霉菌计数/（cfu/g）	≤	100	150
致病菌（沙门氏菌、志贺氏菌、金黄色葡萄球菌）		不得检出	

理解要点：规定了糕点和面包原料的要求，在企业质量安全管理实践中，必须找到每个的标准或建立自己企业的验收标准。规定了糕点和面包的卫生指标，此处有别于《GB/T 20981—2007 面包》中"5 技术要求"，前者涉及产品卫生及人体健康的指标，后者涉及面包产品的特性。

5　食品添加剂

5.1　食品添加剂质量应符合相应的标准和有关规定。

5.2　食品添加剂的品种和使用量应符合 GB 2760 的规定。

理解要点：规定了糕点和面包添加剂的要求，需要查询中华人民共和国共和国国家卫生与计划生育委员会的相关规定和 GB 2760 标准。

6　生产加工过程的卫生要求

应符合 GB 8957 的规定。

理解要点：查询 GB 8957 标准进行生产加工过程的卫生控制。

7　包装

包装容器和材料应符合相应的卫生标准和有关规定。

理解要点：企业必须选取适合本公司生产需要的包装容器和材料，选取适合的相关标准或制定企业的验收准则。

8 标识

定型包装的标识要求应符合有关规定，在产品的单位包装上要标明冷加工或热加工。

理解要点：关注冷加工或热加工，因为前者食用前必须要经过热处理，二者的卫生指标控制程度不同。消费者极易误用，这也是为什么食品标准强调"标识"的原因所在。

9 贮存及运输

9.1 运输：运输产品是应避免日晒、雨淋。不得与有毒、有害、有异味或影响产品质量的物品混装运输。

9.2 贮存：产品应贮存在干燥、通风良好的场所。不得与有毒、有害、有异味、易挥发、易腐蚀的物品同处贮存。

9.3 散装产品在贮存、运输及销售过程中要做到防尘、防污染，冷工艺产品要在低温条件下贮存、运输和销售。

理解要点：规定了贮存及运输相关要求，企业质量管理实践中可能会结合本公司产品特性制定高于本部分的具体要求。

10 检验方法

10.1 感官要求

取 50g 以上样品观察其色泽、气味、滋味及组织状态是否正常，应符合感官指标 4.2 的要求。不得有异味、霉变及其他外来的污染物。

10.2 理化指标

10.2.1 酸价、过氧化值、砷、铅

按 GB/T 5009.56 规定的方法测定。

10.2.2 黄曲霉毒素 B_1

按 GB/T 5009.22 规定的方法测定。

10.3 微生物指标

按 GB/T 4789.24 规定的方法检验。

理解要点：此处对于从事糕点和面包的检验人员如何进行检测具有指导意义。

实训

实训主题：糕点、面包违法案例分析

专业技能点：①学会并掌握查找我国食品相关标准；②能够对违法案例进行分析。

职业素养技能点：①演讲能力；②沟通能力。

实训资料：

案例 1：某购物广场于 2011 年 4 月 18 日生产并销售的固体散装"肉松元宝蛋糕"经远安县疾病预防控制中心检验，送检样品中大肠菌群、霉菌不符合《GB 7099—2003 糕点、面包卫生标准》的规定，判定为不合格。远安县工商局认定，当事人违反了《流通环节食品安全监督管理办法》规定，其行为构成销售不符合食品安全标准食品的违法行为。责令当事人立即停止违法行为，没收违法所得 54 元，并处罚款 10 000 元。

案例 2：2012 年 9 月 17 日，彭某某从花坪英杰食品加工厂购进散装的精美糕点 20 袋。2012

年9月19日，景阳工商所执法人员配合中国商业联合产品质量监督检测中心执法人员依法对当事人经营副食店所销售的糕点进行抽样送检。产品经检测检出糕点的酸价（KOH）以脂肪计为31mg/g。不符合国家强制性标准《GB 7099—2003 糕点、面包卫生标准》。被判定为不合格。彭某某销售不符合国家强制性标准产品，根据《中华人民共和国食品安全法》第二十八条的规定，景阳工商所对当事人作出如下行政处罚：1. 没收不合格食品；2. 处罚款2000元。

案例3：苍南县工商局在龙港镇西河村查获一起生产销售不合格年糕案件，当场查扣涉嫌变质大米2 600kg，含二氧化硫年糕（成品）300多公斤，漂白剂焦亚硫酸钠40kg。当事人苏某现已逃逸。后经苍南县质量技术监督检测院检验，其中大米多项指标不合格，年糕中二氧化硫含量51.7 mg/kg，严重超标。

实训组织：对学生进行分组，针对上述案例，查找我国相关的食品法律法规，组织小组讨论，并进行总结：

（1）其行为构成什么违法行为？

（2）工商行政机关依据什么食品法律法规相关规定，可对其罚款。

（3）请对这种行为进行点评，谈谈你的看法。

实训成果：幻灯片

实训评价：评价参照表2-1。

想一想

1. 解读一下本任务标准中"范围"？

2. 思考食品卫生标准与食品质量标准的区别？

查一查

1. GB 2760 食品添加剂使用卫生标准。

2. GB/T 4789.24 食品卫生微生物学检验　糖果、糕点、蜜饯检验。

3. GB/T 5009.22 食品中黄曲霉毒素 B_1 的测定。

4. GB/T 5009.56 糕点卫生标准的分析方法。

5. GB 8957 糕点厂卫生规范。

任务八　学习食品安全国家标准——以《GB 19302—2010 食品安全国家标准　发酵乳》为例

任务目标：

使学生掌握和运用《GB 19302—2010 食品安全国家标准　发酵乳》等食品安全国家标准。

学一学

2009年6月1日实施的《中华人民共和国食品安全法》提出制定食品安全国家标准，该由中华人民共和国卫生行政部门——中华人民共和国国家卫生与计划生育委员会负责，目前颁布了一些食品安全国家标准，其中以乳制品的食品安全国家标准完整性和统一性最好，未来将在食品各个领域展开。因此同学们在企业食品质量安全管理实践中可能存在需要同时关注食品质量标准、食品卫生标准和食品安全标准的情况。本任务以《GB 19302—2010 食品安全国家标准 发酵乳》为例进行讲解。

一、范围

本标准适用于全脂发酵乳、脱脂发酵乳和部分脱脂发酵乳。

理解要点：规定了适用范围。

二、规范性引用文件

本标准中引用的文件对于本标准的应用是必不可少的。凡是注日期的引用文件，仅所注日期的版本适用于本标准。凡是不注日期的引用文件，其最新版本（包括所有的修改单）适用于本标准。

理解要点：规定了引用标准的版本使用方法。

三、术语和定义

1. 发酵乳（fermented milk）和酸乳（yoghurt）

发酵乳：以生牛（羊）乳或乳粉为原料，经杀菌、发酵后制成的 pH 值降低的产品。

酸乳：以生牛（羊）乳或乳粉为原料，经杀菌、接种嗜热链球菌和保加利亚乳杆菌（德氏乳杆菌保加利亚亚种）发酵制成的产品。

2. 风味发酵乳（flavored fermented milk）和风味酸乳（flavored yoghurt）

风味发酵乳：以80%以上生牛（羊）乳或乳粉为原料，添加其他原料，经杀菌、发酵后 pH 值降低，发酵前或后添加或不添加食品添加剂、营养强化剂、果蔬、谷物等制成的产品。

风味酸乳：以80%以上生牛（羊）乳或乳粉为原料，添加其他原料，经杀菌、接种嗜热链球菌和保加利亚乳杆菌（德氏乳杆菌保加利亚亚种）发酵前或后添加或不添加食品添加剂、营养强化剂、果蔬、谷物等制成的产品。

理解要点：规定了术语和定义，相当于英语中的单词，只有单词清楚了，才能进行阅读。

四、指标要求

1. 原料要求

（1）生乳：应符合 GB 19301 规定。

（2）其他原料：应符合相应安全标准和/或有关规定。

（3）发酵菌种：保加利亚乳杆菌（德氏乳杆菌保加利亚亚种）、嗜热链球菌或其他由国务院卫生行政部门批准使用的菌种。

2. 感官要求

感官要求应符合表 2–11 的规定。

表 2–11　感官要求

项目	要求		检验方法
	发酵乳	风味发酵乳	
色泽	色泽均匀一致，呈乳白色或微黄色。	具有与添加成分相符的色泽。	取适量试样置于50mL烧杯中，在自然光下观察色泽和组织状态。闻其气味，用温开水漱口，品尝滋味。
滋味、气味	具有发酵乳特有的滋味、气味。	具有与添加成分相符的滋味和气味。	
组织状态	组织细腻、均匀，允许有少量乳清析出；风味发酵乳具有添加成分特有的组织状态。		

3. 理化指标

理化指标应符合表 2 - 12 的规定。

表 2 - 12　理化指标

项目		指标		检验方法
		发酵乳	风味发酵乳	
脂肪ᵃ/（g/100g）	≥	3.1	2.5	GB 5413.3
非脂乳固体/（g/100g）	≥	8.1	—	GB 5413.39
蛋白质/（g/100g）	≥	2.9	2.3	GB 5009.5
酸度/（°T）	≥	70.0		GB 5413.34

ᵃ仅适用于全脂产品。

4. 污染物限量

污染物限量应符合 GB 2762 的规定。

5. 真菌毒素限量

真菌毒素限量应符合 GB 2761 的规定。

6. 微生物限量

微生物限量应符合表 2 - 13 的规定。

表 2 - 13　微生物限量

项目	采样方案ᵃ 及限量（若非指定，均以 CFU/g 或 CFU/mL 表示）				检验方法
	n	c	m	M	
大肠菌群	5	2	1	5	GB 4789.3 平板计数法
金黄色葡萄球菌	5	0	0/25g（mL）	—	GB 4789.10 定性检验
沙门氏菌	5	0	0/25g（mL）	—	GB 4789.4
酵母　≤	100	GB 4789.15			
霉菌　≤	30				

ᵃ样品的分析及处理按 GB 4789.1 和 GB 4789.18 执行。

7. 乳酸菌数

乳酸菌数应符合表 2 - 14 的规定。

表 2 - 14　乳酸菌数

项目	限量［CFU/g（mL）］	检验方法
乳酸菌数ᵃ　≥	1×10^{-6}	GB 4789.35

ᵃ发酵后经热处理的产品对乳酸菌数不作要求。

8. 食品添加剂和营养强化剂

（1）食品添加剂和营养强化剂质量应符合相应的安全标准和有关规定。

（2）食品添加剂和营养强化剂的使用应符合 GB 2760 和 GB 14880 的规定。

理解要点：一是原料要求关注其他原料要求，必须找出每个其他原料的标准或制定企业的验收标准。二是菌种必须符合中华人民共和国国家卫生与计划生育委员会制定的规定，如"可用于食品的菌种名单（卫办监督发〔2010〕65号）"。三是食品安全国家标准特点是将质量指标和安全指标均放在此部分，从而解决了原来食品质量标准和食品卫生标准并存导致监管部门、企业等使用不方便，甚至混乱的局面。

五、其他

（1）发酵后经热处理的产品应标识"××热处理发酵乳"、"××热处理风味发酵乳"、"××热处理酸乳/奶"或"××热处理风味酸乳/奶"。

（2）全部用乳粉生产的产品应在产品名称紧邻部位标明"复原乳"或"复原奶"；在生牛（羊）乳中添加部分乳粉生产的产品应在产品名称紧邻部位标明"含××%复原乳"或"含××%复原奶"。

注："××%"是指说添加乳粉占产品中全乳固体的质量分数。

（3）"复原乳"或"复原奶"与产品名称应标识在包装容器的同一主要展示板面；标识的"复原乳"或"复原奶"字样应醒目，其字号不小与产品名称的字号，字体高度不小于主要展示版面高度的1/5。

理解要点：规定了乳品标识问题。此部分在食品企业印制包材时必须给予关注。

实训一

实训主题：对酸乳企业相关人员进行《GB 19302—2010》发酵乳知识培训。

专业技能点：GB 19302—2010 的内容。

职业素养技能点：①演讲能力；②沟通能力；

实训组织：对学生进行分组，每个组参照学—学相关知识及利用网络资源，就"《发酵乳》（GB 19302—2010）培训"这个主题制作幻灯片，在酸乳企业或班级进行汇报培训。

实训成果：幻灯片

实训评价：评价参照表2－5。

实训二

实训主题：查找出一个开心果企业适用的所有食品质量安全法律法规。

专业技能点：食品质量安全法律法规知识。

职业素养技能点：①自学能力；②网络查询能力；③表达能力。

实训组织：对学生进行分组，每个组利用学生自己的手机终端，在课堂上参照学—学相关知识及利用网络资源，就一个开心果企业适用的所有法律法规（可能涉及法律、法规、部门规章等）进行汇总，汇总后制作幻灯片，在开心果企业或班级进行汇报培训。

实训成果：幻灯片和开心果企业适用的所有法律法规清单及文本。

实训评价：评价参照表2－5。

实训三

实训主题：查找出一个饼干企业适用的所有食品质量安全标准。

专业技能点：食品质量安全标准知识。

职业素养技能点：①自学能力；②网络查询能力；③表达能力；

实训组织：对学生进行分组，每个组利用学生自己的手机终端，在课堂上参照学一学相关知识及利用网络资源，就一个饼干企业适用的所有质量安全标准（原料标准、辅料标准、添加剂标准、包材标准、卫生规范、产品标准、检验方法标准）进行汇总，汇总后制作幻灯片，在饼干企业或班级进行汇报培训。

实训成果：幻灯片和饼干企业适用的所有法律法规清单及文本。

实训评价：评价参照表2-5。

想一想

1. 食品安全国家标准是由哪个部门制定的？
2. 食品安全国家标准与质量标准和卫生标准的区别？

查一查

GB 19301—2010 食品安全国家标准 生乳。

GB 2760—2011 食品安全国家标准 食品添加剂使用标准。

GB 14880—2012 食品安全国家标准 食品营养强化剂使用标准。

【项目小结】

本项目讲述了食品法律法规和食品标准定义和体系，并以食品法律法规体系的不同层面，食品标准的不同形式各举出一个实例进行讲解，以期达到举一反三的效果。值得一提的是，每个法规层面和每个标准类别在一个企业中可能涉及多部法律法规和多个标准，高职教师教学中和高职学生学习中应给予关注。

【拓展学习】

本项目涉及需要拓展学习的法律法规文件如下：

一、食品安全法律法规体系及举例

（一）法律：人民代表大会及其常委会制定 颁布：主席令。

1.《中华人民共和国共和国食品安全法》[中华人民共和国主席令（第9号），2009年6月1日起实施]

2.《中华人民共和国共和国动物防疫法》[中华人民共和国主席令（第71号），2008年1月1日起实施]

3.《中华人民共和国共和国进出口商品检验法》[中华人民共和国主席令（第67号），2002年10月1日起实施]

4.《中华人民共和国共和国产品质量法》[中华人民共和国主席令（第33号），2000年9月1日起实施]

5.《中华人民共和国农产品质量安全法》〔中华人民共和国主席令（第 49 号），2006年 11 月 1 日起实施〕

（二）行政法规：国务院制定 颁布：总理令。

1.《食品安全法实施条例》〔中华人民共和国国务院令第 557 号，2009 年 7 月 20 日起实施〕

2.《进出口商品检验法实施条例》〔中华人民共和国国务院令第 447 号，2005 年 12 月 1日起实施〕

3.《进出境动植物检疫法实施条例》〔中华人民共和国国务院令第 206 号，1996 年 12月 2 日起实施〕

4.《兽药管理条例》（中华人民共和国国务院令第 404 号，2004 年 11 月 1 日起实施）

5.《饲料和饲料添加剂管理条例》（中华人民共和国国务院令第 609 号令 2012 年 5 月 1日起实施）

6.《农药管理条例》（中华人民共和国国务院令第 326 号 2001 年 11 月 29 日）

7.《种畜禽管理条例》（中华人民共和国国务院令第 153 号 1994 年 7 月 1 日起实施）

8.《中华人民共和国共和国食品安全法实施条例》

9.《生猪屠宰管理条例》（中华人民共和国国务院令第 525 号）

（三）部门规章：国务院各部委 颁布：部令

1. 原国家质量监督检验检疫总局

（1）《出口食品生产企业备案管理规定》（质检总局令第 142 号）

（2）《进出境肉类产品检验检疫管理办法》（质检总局令第 26 号）

（3）《定量包装商品计量监督管理办法》（国家技术监督局令第 43 号）

（4）《认证及认证培训、咨询人员管理》（质检总局令第 61 号）

（5）《有机产品认证管理办法》（质检总局令第 67 号）

（6）《食品生产加工企业质量安全监督管理实施细则（试行）》（质检总局令第 79 号）

（7）《食品标识管理规定》（质检总局令第 102 号）

（8）《食品生产许可管理办法》（质检总局令第 129 号）

（9）《食品召回管理规定》（质检总局令第 198 号）

2. 原国家工商行政总局

（1）《流通环节食品安全监督管理办法》（国家工商行政管理总局令第 43 号）

（2）《食品流通许可证管理办法》（国家工商行政管理总局令第 44 号）

3. 中华人民共和国卫生部（中华人民共和国卫生与计划生育委员会）

《食品营养标签管理规范》（卫监督发〔2007〕300 号）

4. 食品药品监督管理局（国家食品药品监督管理总局）

（1）《餐饮服务许可管理办法》（卫生部令第 70 号）

（2）《餐饮服务食品安全监督管理办法》（卫生部令第 71 号）

5. 中华人民共和国农业部

（四）行政性管理文件（由国务院及各部门下发的通知等）

1.《国务院办公厅关于认真贯彻实施食品安全法的通知》〔国办发〔2009〕25 号〕

2.《国务院办公厅关于废止食品质量免检制度的通知》〔国办发（2008）110 号〕

3.《国务院关于进一步加强乳品质量安全工作的通知》［国办发（2010）42 号］

4.《食品安全管理体系认证实施规则》（国家认监委 2010 年第 5 号公告）

5.《关于使用企业食品生产许可证标志有关事项的公告》（质检总局 2010 年第 34 号公告）

6.《关于食品生产加工企业落实质量安全主体责任监督检查规定的公告》（质监总局公告 2009 年第 119 号）

7.《关于发布企业生产婴幼儿配方乳粉许可条件审查细则（2010 版）》和《国家质量监督检验检疫总局公告》（2010 年第 119 号）

8.《食品生产许可审查通则》（总局公告 2010 年第 88 号）

二、食品链企业相关标准

1. 标准（原料标准如 GB 19301—2010 食品安全国家标准 生乳，辅料标准乳糖、产品标准如 GB 19302—2010 食品安全国家标准 发酵乳）

2. 卫生标准（产品卫生标准如 GB 2714—2003 酱腌菜卫生标准）

3. 食品包装材料及容器标准（包材标准）

4. 食品添加剂标准和食品营养强化剂标准（如 GB 2760—2011 食品安全国家标准 食品添加剂使用卫生标准和如 GB 14880—2012 食品安全国家标准 食品营养强化剂使用卫生标准）

5. 食品检验方法标准（理化检验方法标准如 GB 5009.5—2010 食品安全国家标准 食品中蛋白质的测定；微生物检验方法标准如 GB 4789.3—2010 食品安全国家标准 食品微生物学检验 大肠菌群计数）

6. 食品标签标准（如 GB 7718—2011 食品标签通则）

7. 食品企业生产规范标准（如 GB 12693—2010 食品安全国家标准 乳制品良好生产规范）

8. 管理标准（如 GB/T 19001—2008 质量管理体系 要求和 GB/T 22000—2006 食品安全管理体系 要求）

项目三　学习乳制品企业食品质量安全管理常用工具的应用方法

【知识目标】

熟悉食品质量安全管理常用工具。

熟悉掌握食品质量安全管理工具方法的原理。

熟悉食品质量安全管理工具的作图步骤及分析方法。

熟练掌握常用工具在乳制品企业食品质量安全管理中的应用。

【技能目标】

能够收集企业质量安全数据并加以管理。

能够指导企业利用常用管理工具进行质量改进。

【项目概述】

北京市某乳制品企业 2013 年生产的巴氏乳出现了质量安全问题，请利用 QC 常用工具指导该企业进行质量安全管理。

【项目导入案例】

企业名称：北京快乐乳业有限公司。

公司产品：200mL 巴氏塑料袋包装乳，300mL 巴氏涂塑复合纸袋包装乳。

企业人数：8 人。

企业设计生产能力：日处理能力 50 吨鲜奶。

巴氏乳工艺流程：

原料乳的验收★→预处理→标准化★→均质→巴氏杀菌★→冷却→灌装★→检验→冷藏★

注：标注 ★ 为关键控制点。

巴氏乳工艺步骤：

①原料乳的验收：按《食品安全国家标准生乳》和本公司制定的《原料乳验收标准》进行验收。

②预处理：原料乳的预处理包括脱气、过滤和净化。

③标准化：利用在线标准化设备使含脂率 > 3.1%，蛋白质 > 2.9%，非脂乳固体 > 8.1%。

④均质：均质压力 16.7 ~ 20.6MPa。

⑤巴氏杀菌：72 ~ 75℃，保持 15 ~ 20s。

⑥冷却：冷却至 4 ~ 5℃。

⑦灌装：杀菌冷却后立即灌装。

⑧检验：成品检验合格。

⑨冷藏：产品温度10℃以下，6℃以下避光贮藏运输。

任务一 乳制品企业食品质量安全数据及随机变量

任务目标：

指导学生能够关注乳制品企业质量安全数据的波动。

学一学

一、质量数据的性质

数据可分为两大类，即计量值数据和计数值数据。

1. 计量值数据

计量值数据是可以连续取值的数据，通常是使用量具、仪器进行测量而取得的。如长度、温度、重量、时间、压力、化学成分等。如对于长度，在 1 ~ 2mm，就可以连续测出 1.1mm、1.2mm、1.3mm 等数值；而在 1.1 ~ 1.2mm，还可以进一步连续测出 1.11mm、1.12mm，1.13mm 等数值。

2. 计数值数据

计数值数据是不能连续取值，而只能以个数计算的数据。这类数据一般是不用量仪进行测量就可以"数"出来，它具有离散性。如不合格品数、罐头瓶数、发酵罐数等。

二、质量数据的收集方法

1. 收集数据的目的

（1）掌握和了解生产现状。如调查食品质量特性值的波动，推断生产状态。

（2）分析质量问题。找出产生问题的原因，以便找到问题的症结所在。

（3）对加工工艺进行分析、调查，判断其是否稳定，以便采取措施。

（4）调节、调整生产。如测量 pH 值，然后使之达到规定的标准状态。

（5）对一批加工食品的质量进行评价和验收。

2. 收集数据的方法

运用现代科学方法，开展质量管理，需要认真收集数据。在收集数据时，应当如实记录，根据不同的数据，选用合适的收集方法。在质量管理中，主要通过"抽样法"或"试验法"获得数据。

（1）抽样法：收集数据一般采用的是抽样方法，即先从一批产品（总体）中抽取一定数量的样品，然后经过测量或判断，作出质量检验结果的数据记录。

收集的数据应能客观地反映被调查对象的真实情况。因此对抽样总的要求是随机的抽取。即不挑不拣。使一批产品里每一件产品都有均等的机会被抽到。

（2）试验法：试验法是用来设计试验方案，分析试验结果的一种科学方法，它是数理统计学的一个重要分支。这种方法能在考察范围内以最少的试验次数和最合理的试验条件取得最佳的试验结果，并根据试验所获得的数据，对产品或某一质量指标进行评估。

三、产品质量的波动

在生产过程中，尽管所用的设备是高精度的，操作是很谨慎的，但产品质量还会有波动。因此，反映产品质量的数据也相应地表现出波动，即表现为数据之间的参差不齐。例如同一批次乳制品蛋白含量不完全相同等。从统计学角度来看，可以把产品质量波动分为正常波动和异常波动两类。

1. 正常波动

正常波动是由偶然因素或随机因素（随机原因）引起的产品质量波动。这些偶然因素（随机因素）在生产过程中大量存在，对产品质量经常发生影响，但其所造成的质量特性值波动往往较小。如：原材料的成分和性能上的微小差异等。对这些波动的随机因素的消除，在技术上难以达到，在经济上代价又很大，因此，一般情况下这些波动在生产过程中是允许存在的，所以称为正常波动。公差就是承认这种波动的产物。把仅有正常波动的生产过程称为过程处于统计控制状态，简称为受控状态或稳定状态。

特点：①影响因素多；②造成的波动范围小；③无方向性（逐件不同）；④作用时间长；⑤对产品质量的影响小；⑥完全消除偶然因素的影响，在技术上有困难或在经济上不允许。所以由随机因素引起的产品质量的随机波动是不可避免的。

2. 异常波动

异常波动是由异常因素或系统因素（系统原因）引起的产品质量波动。这些系统因素在生产过程中并不大量存在，对产品质量不经常发生影响，一旦存在，对产品质量的影响就比较显著。如：原材料不符合规定要求、机器设备带病运转、操作者违反操作规程、测量工具的系统误差等。由于这些因素引起的质量波动大小和作用方向一般具有周期性和倾向性，因此，异常波动比较容易查明，容易预防和消除，又由于异常波动对质量特性的影响较大，一般来说生产过程中是不允许其存在的。把有异常波动的生产过程称为过程处于非统计控制状态，简称为失控状态或不稳定状态。

特点：①影响因素相对较少；②造成的波动范围大；③往往具有单向性周期性；④作用时间短；⑤对产品质量的影响较大；⑥异常因素易于消除或减弱，在技术上不难识别和消除，在经济上也往往是允许的。所以由异常因素造成的产品质量波动在生产过程中是不允许存在的，只要发现产品质量有异常波动，就应尽快找出其异常因素，加以消除，并采取措施使之不再出现。

正常波动与异常波动的区别如表 3 - 1 所示。

表 3 - 1　正常波动与异常波动区别

	正常波动	异常波动（简称异波）
又名	随机变异/偶然波动（简称偶波）	非随机变异
引起质量波动的原因（因素）	一般原因/普通原因/偶然原因/随机原因/偶然因素或随机（性）因素	异常原因/可查明原因/系统原因/特殊原因/异常因素或系统（性）因素
识别性	不易识别	可识别或不难识别
属性	过程所固有的	非过程所固有
影响因素的多少	影响因素多	影响因素相对较少
造成的波动范围大小	造成的波动范围小	造成的波动范围大
方向性/周期性	无方向性（逐件不同）	往往具有单向性/周期性

（续表）

	正常波动	异常波动（简称异波）
作用时间长短	一直起作用（时间长）	在一定时间内对生产过程起作用
对产品质量的影响大小	对产品质量的影响微小	对产品质量的影响较大
能否消除	完全消除偶然因素的影响，在技术上有困难或在经济上不允许（不值得）	异常因素易于消除或减弱，在技术上不难识别、测量，且采取措施不难消除，在经济上也往往是允许的，是必须消除的
解决途径	需要管理决策配置资源，以改进过程和系统（如更换高精度的加工设备/模具/改变现有的加工工艺），这需要高层决策	对5M1E进行调整，现场班组长甚至操作者都有权利和能力，故称为局部措施
能否避免/可否允许存在	由随机因素引起的产品质量的随机波动是不可避免的	由异常因素造成的产品质量波动在生产过程中是不允许存在的，只要有发现产品质量有异常波动，就应尽快找出其异常因素，加以消除，并采取措施使之不再出现
质量特性值分布状态	由偶然因素造成的质量特性值分布状态不随时间的变化而变化	由异常因素造成的质量特性值分布状态随时间的变化可能发生各种变化

所以，通过以上的分析可以得出这样的结论：造成产品不合格的根本原因就是变异（又称为波动、变差）。

四、乳制品企业产品质量的分布规律

食品工业中搜集到的数据大多为正态分布，乳制品企业产品质量分布也不例外。如表3-2为某乳品企业收集的原料奶100次蛋白质数据。

表3-2　某乳品企业收集的原料奶蛋白质数据

第一组	第二组	第三组	第四组	第五组	第六组	第七组	第八组	第九组	第十组
3.07	3.05	3.73	3.11	3.77	3.30	3.27	3.36	3.25	3.70
3.55	3.54	3.32	4.03	2.98	2.94	4.57	3.78	4.75	3.26
4.33	2.93	2.93	3.34	3.99	2.95	3.54	4.10	3.83	4.10
4.13	3.70	3.21	4.38	3.59	3.19	4.15	4.17	2.99	3.11
4.34	3.38	3.76	4.17	3.80	3.94	3.91	3.03	3.55	3.58
3.63	3.64	2.97	3.44	3.06	2.95	3.67	3.50	3.34	4.74
3.60	4.08	4.04	4.09	3.14	3.56	3.53	3.09	3.31	3.22
3.02	3.66	3.90	3.43	3.00	3.09	3.42	3.57	3.61	3.38
3.70	3.00	3.41	3.46	3.44	4.18	3.67	3.89	3.28	3.85
4.13	3.95	3.10	3.59	3.80	3.31	3.22	3.24	3.44	3.89

质量管理的一项重要工作，就是要找出产品质量波动规律，把正常波动控制在合理范围内，消除系统原因引起的异常波动。

从微观角度看，引起产品质量波动的原因来自主要的6个方面，即5M1E-工序六大因素（Man、Machine、Material、Method、Measurement、Environment）。

为找出这些数据的统计规律将它们分组、统计、作直方图，如图3-1所示，图中的直方高度与该组数据成正比。

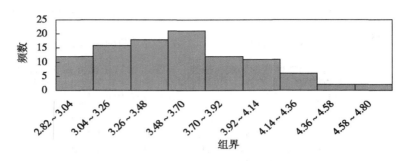

图3-1 某乳品企业收集的原料奶蛋白质数据直方图

实训

实训主题：收集乳品企业某项产品质量数据并对其进行分类。

专业技能点：①质量数据；②数据收集方法。

职业素养技能点：①调研能力；②沟通能力。

实训组织：对学生进行分组，每个组参照学一学相关知识及利用网络资源，收集附近乳品企业某项产品质量数据，并对其进行分类，在班级进行汇报。

实训成果：收集的质量数据。

实训评价：主讲教师进行评价，参照表3-3。

表3-3 数据收集评价表

学生姓名	数据收集的 完整性（20分）	数据描述的 正确性（20分）	回答质疑的 准确性（10分）	调研报告 （50分）

想一想

1. 数据的来源和分类。

2. 如何收集数据？

3. 乳制品的检测指标都有哪些？

查一查

参照《数据说话：基于统计技术的质量改进》和《质量管理学》等相关资料学习"5M1E——工序六大因素"。

任务二 酸乳菌落总数"分层法"的应用

任务目标：

指导学生能够利用"分层法"对酸乳中菌落总数超标进行原因分析及质量安全管理。

📖 学一学

一、分层法的概念及应用

分层法也称分类法或分组法，是分析影响质量（或其他问题）原因的一种方法。它把所搜集到的质量数据依照使用目的，按其性质、来源和影响因素等进行分类，把性质相同、在同一生产条件下收集到的质量特性数据归在一组，把划分的组称做"层"，通过数据分层，把错综复杂的影响质量的因素分析清楚，以便采取措施加以解决。

二、常用的分层法

（1）按不同的时间分，如按不同的班次、不同的日期进行分类。

（2）按操作人员分，如按新、熟练工人、男工、女工，不同工龄，不同技术等级分类。

（3）按使用设备分，如按设备型号、新旧设备分类。

（4）按操作方法分，如按切削用量、温度、压力等分类。

（5）按原材料分，如按供料单位、进料时间、批次等分类。

（6）按不同检验手段、测量者、测量位置、仪器、取样方式等分类。

（7）其他分类，按不同的工艺，使用条件，气候条件等进行分类。

三、应用案例

【案例 3－1】某酸乳生产企业某年上半年生产的酸乳发生菌落总数超标事件 50 次，为了找出原因，明确责任，进行改进，防止事件再次发生，可以对数据进行如下分类：

（1）按发生菌落总数的时间分层，见图 3－2。

（2）按操作人员分层，见图 3－3。

（3）按原料来源基地分层，见图 3－4。

通过这三种分层可以看出：分层时标志的选择十分重要。标志选择不当就不能达到"把不同质的问题划分清楚"的目的。所以，分层标志的选择应使层内数据尽可能均匀，层与层之间数据差异明显。

按发生菌落总数超标的时间分层时，各月差异不明显，而六月份差错稍多，可能是受天气温度过高的影响；按操作人员分层时，李某及赵某的操作时出现菌落总数超标事件所占比重较大，应作为重点问题来解决；从按原料来源

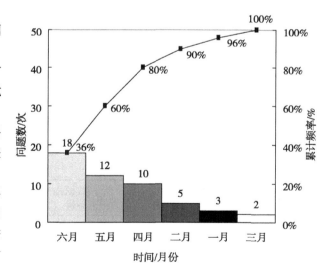

图 3－2　按发生菌落总数的时间分层

基地分层的情况来看，赵庄和李庄的两个奶源基地的原料造成菌落总数超标事件所占比重较大。经过分层就可以有针对性地分析原因，找出解决问题的办法。

分层法必须根据所研究问题的目的加以灵活运用。实践证明，分层法是分析处理质量问题成败的关键，使用时必须具有一定的经验和技巧才能分好层。

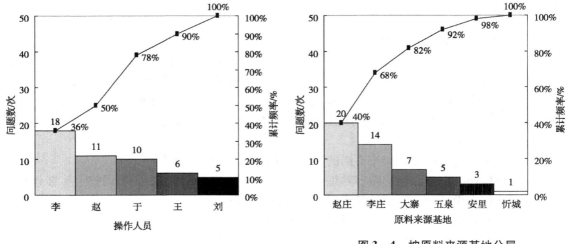

图 3-3　按操作人员分层　　　　　　　　图 3-4　按原料来源基地分层

🖌 **实训一**

实训主题：酸乳企业质量安全数据的收集。

实训提升技能点：收集分析食品质量安全数据的能力。

专业技能点：食品质量安全数据的收集。

职业素养技能点：①调研能力；②沟通能力。

实训组织：对学生进行分组，每个组参照学一学相关知识，选择一个酸乳企业对生产过程中遇到的质量安全数据进行收集，学生自行设计调研表格。每组将调研结果与学一学讲授知识进行比较。调研结束后，每组在班级进行汇报，汇报点：调研结论和调研实训提升了自己哪些能力。

实训成果：调研报告（表 3-3）。

实训评价：酸乳企业或主讲教师进行评价（表 3-4）。

表 3-4　学生实训评价

学生姓名	数据分类的正确性（20 分）	数据描述的正确性（20 分）	回答质疑的准确性（10 分）	分层排列图（50 分）

🖌 **实训二**

实训主题："分层法"酸乳中大肠菌群的应用。

实训提升技能点："分层法"的灵活应用能力。

专业技能点：①酸乳大肠菌群来源；②分层法。

职业素养技能点：①分析和解决问题能力；②团队沟通协作能力。

实训组织：每个组针对实训一中收集到的酸乳生产中遇到的质量安全数据，参照学一学相关知识及利用网络资源，利用"分层法"进行分析，按其性质、来源和影响因素等进行归类，并作出相应的图。

实训成果：分层排列图。

实训评价：酸乳企业或主讲教师进行评价（表3-4）。

想一想

1. 分层法的意义？
2. 分层法的应用范围？分层法的制作步骤？

查一查

参照《数据说话：基于统计技术的质量改进》和《质量管理学》等相关资料学习分层直方图、分层控制图和分层散布图的制作。

任务三　酸乳菌落总数"调查表法"的应用

任务目标：

指导学生能够利用"调查表法"对酸乳中菌落总数超标事件的数据进行收集。

学一学

一、调查表的概念、意义和作用

调查表（data-collection form）也称检查表、核对表或统计分析表，是收集和积累数据的一种形式。调查表便于按统一的方式收集数据并进行分析，用于系统地收集数据，以获取对事实的明确认识，并可用于粗略的分析。调查表既适用于数字数据的收集和分析，也适用于非数字数据的收集和分析。调查表格式有多种多样，常见的有：缺陷位置调查表、不良项目调查表、质量分布调查表和矩阵调查表。可根据检查目的的不同，使用不同的调查表。

调查表用来系统地收集资料和积累数据，在质量管理活动中，特别是在QC小组活动、质量分析和改进活动中得到广泛的应用。其意义和作用表现在以下几方面：

（1）为质量管理和质量改进提供第一手资料。

（2）为初步统计技术分析提供依据。

（3）与生产过程同步完成，起到记录和检测作用。

（4）调查表收集的资料着重于质量改进和QC应用。

（5）调查表要求系统完成数据的积累，有利于技术档案的完善。

二、调查表的应用步骤和注意事项

1. 应用步骤

（1）明确收集资料的目的。目的必须明确，即要明确"为什么要调查"。

（2）明确为达到目的所需收集的资料。要达到已确立的目的而解决某项质量问题，则需以一定的数据为基础。那么，首先必须识别和明确为达到目的所需要的数据是什么、有哪些，也必须确定调查表的种类以及调查的项目。调查项目不要过于繁琐。

（3）确定资料的分析方法和负责人。收集的数据类型及其内容决定了"用怎样的统计工具"和"怎样进行分析",因此,需要的数据确定后,应确定由谁以及如何分析这些数据。

(4)根据目的不同,设计用于记录资料的调查表格式,其内容应包括:调查表的题目、调查对象和项目、调查方法、调查日期和期间、调查人、调查场所、调查结果的整理(合计、平均数、比例等的计算和考查)。

(5)未完成前应对收集和记录的部分资料进行预先检查,目的是审查表格设计的合理性。可在小范围内试用已设计好的调查表,收集和填写某些数据以初步测试调查表的有效性和可行性。

(6)对于一些重要的调查表,初步完成后,如有必要,应评审和修改调查表格式。组织有关的、具有丰富实际经验的各类人员对调查表进行全面的评估和审查,以使其在以后的使用中更加有效的发挥作用。

(7)正式使用调查表。针对调查表的对象和项目,仔细观察事实,将观察到的结果如实地填入调查表。

2. 注意事项

(1)调查表一般在现场同步完成,由生产班组或者现场技术人员填写,不可事后补填,更不可提前杜撰。

(2)调查表要求的数据必须准确记录,可不作为绩效考核依据。

(3)调查表应在应用过程中不断修订完善,成为成熟生产记录。

(4)提倡应用计算机汇总数据,并利用调查表展开阶段性统计分析,提出质量改进意见和质量改进策划。

三、调查表的分类

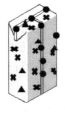

褶皱● 印错▲ 气泡×

图3-5 产品缺陷标记图

1. 缺陷位置调查表

调查产品不同部位的缺陷情况,可将其发生缺陷的位置标记在产品示意图或展开图(图3-5)上。将不同的缺陷采用不同的符号或颜色在图中标出以示区别。这种调查表会使缺陷的位置、性质、数量、程度等一目了然。

【案例3-2】某乳品企业生产的利乐枕乳外包装质量不良检查表(表3-5,表3-6)。

表3-5 利乐枕乳包装质量缺陷位置调查表

型号:××	检查部位:外表
工序:外包装	检查件数:30盒
检查目的:质量缺陷	检查者:×× ××年×月×日

表3-6 利乐枕乳包装质量缺陷统计表

部位	缺陷		
	褶皱	印错	气泡
盒顶	1	2	2
右侧面	1	2	1
前面	1	5	7
左侧面	1	4	2
后面	3	8	2
合计/件	7	21	14

从调查结果可知，褶皱和印错主要集中在后边，而气泡主要集中在前面，按以上线索深入调查分析，就找到了导致缺陷的原因。

2. 不良项目调查表

不良项目调查表也称不合格项目调查表，是调查不良产品（如不合格产品、有缺陷产品、废品）具体情况的调查表。它列出可能发生不良产品的具体项目，用一定的标记符号记录各不良项目的发生，并计算出相应的总的发生次数及其百分比。当调查结束后，就能立即知道任何一个项目的不良情况和不良情况发生的程度。不同的不良项目往往是由不同的原因造成的，着手于那些发生频率高的不良项目，分析导致其发生的原因，就可能找到改善质量的重要突破口。发生频率高或又增加倾向的不良项目都是进一步分析的重要线索。

【案例3-3】某乳品企业在某月利乐枕包装巴氏奶抽样检验中外观不合格项目调查记录表（表3-7）。

表3-7　利乐枕包装巴氏奶外观不合格项目调查表

调查者：×××　　　地点：包装车间　　　日期：×× 年 × 月

批次	产品规格	批量/箱	抽样数/袋	不合格品数/袋	不合格品率/%	外观不合格项目					
						封口不严	封口不平	标签模糊	标签擦伤	涨袋	批号模糊
1	利乐枕	100	50	1	2			1	1		
2	利乐枕	100	50	0	0						
3	利乐枕	100	50	2	4			2	1		
4	利乐枕	100	50		0						
...											
250	利乐枕	100	50	1	2		1		1		
合计		25 000	12 500	175	1.4	5	10	75	65	10	10

从表3-7可知，检查了25 000箱共12 500袋利乐枕巴氏奶，平均不合格品率为1.4%；不合格数因不良项目的不同而不同，标签模糊问题最突出，为75袋，占全部外观不合格数的42.9%，其次为标签擦伤的质量问题，为65袋，占全部外观不合格数的37.1%。应根据这些结论提出针对性的改进措施。

3. 质量分布调查表

质量分布调查表也称工序分布调查表，是对计量值数据进行现场调查的有效工具。质量分布调查表是根据以往取得的资料，将某一质量特性项目的数据分布范围分成若干区间而制成的表格，用以记录和统计每一质量特性数据落在某一区间的频数。在能测量产品的尺寸、重量、纯度之类的计量值数据的工序中，运用质量分布调查表的技术可以掌握这些工序的产品质量状况；有时也适用于服务过程的质量控制和检测，前提是表示此服务过程的参数的计量值（比如时间）。

【案例3-4】某乳品企业在某月利乐枕包装巴氏奶抽样检验中产品含量调查记录表（表3-8）。

表 3 – 8　产品净含量实测值分布调查表

产品名称：利乐枕巴氏奶　　生产线：A　　调查者：×××　　日期：2013.12.12

净含量/mL	频数							小计
	5	10	15	20	25	30	35	
495.5~500.5								
500.5~505.5	/							1
505.5~510.5	//							2
510.5~515.5	////	///						8
515.5~520.5	////	/////						10
520.5~525.5	/////	/////	/////	/////	/			21
525.5~530.5	/////	/////	/////	/////	/////	////		29
530.5~535.5	/////	/////	/////					15
535.5~540.5	/////	///						8
540.5~545.5	////							4
545.5~550.5	//							2
550.5~555.5								
合计								100

从表格形式看，质量分布调查表与直方图的频数分布表相似。

所不同的是，质量分布调查表的区间范围是根据以往资料，首先划分区间范围，然后制成表格，以供现场调查记录数据；而频数分布表则是首先收集数据，再适当划分区间，然后制成图表，以供分析现场质量分布状况之用。

4. 矩阵调查表

矩阵调查表是一种多因素调查表，它要求把产生问题的对应因素分别排成行和列，在其交叉处标出调查到的各种缺陷和问题以及数量。

矩阵调查表在实际应用中要求能正确对项目进行分类，而且项目概念要明确，使分类数据易于归纳。按不同的标志进行分层，可以制作出各种不同形式的矩阵调查表，这对了解因其不良现象的具体原因十分方便。

经常采用如下集中分层标志：

（1）时间　白天、夜晚、上午、下午、月、季节等。

（2）人　作业者、男女、新老、熟料程度、班、组等。

（3）设备　机器、夹具、刀具、新旧、型号、用途等。

（4）材料　成分、尺寸、批号、厂家等。

（5）方法　作业方法、温度、压力、速度、操作条件等。

【案例 3 – 5】某酸乳生产企业某周对 1#和 2#两条生产线生产的酸乳产品菌落总数超标原因进行调查。现以生产线及相应的事件作为分层标志、以调查菌落总数超标的原因所在。通过将实际调查的结果填入调查表，制成的矩阵调查表如表 3 – 9 所示。

表 3 - 9 某酸乳生产企业菌落总数矩阵调查表

产品名称：酸乳   调查者：×××   日期：2013.12.12

产品名称：酸乳		场所：化验室									
超标数量：73 个		化验时间：									
化验员：××		记录记号：/									

生产线	3月1日		3月2日		3月3日		3月4日		3月5日		3月6日	
	上午	下午	上午	下午	上午	下午	上午	下午	上午	下午	上午	下午
1# 生产线	//	//	//	//	//	//	// // // /	//	//	//	//	//
2# 生产线	/	//	/	//	//	//	//		//			//

制成矩阵调查表后，经观察发现：1#生产线发生菌落总数超标的现象较多；3月4日上午的产品菌落总数超标现象较严重；针对菌落总数超标这一现象，有关人员和部门针对菌落总数超标矩阵调查表揭示的这些信息，从根本上找到了导致菌落总数长期超标的原因：对1#生产线每班次生产后清洗不彻底；生产操作人员为新进员工；3月4日上午由于原料奶本身有较大的问题。

实训一

实训主题：酸乳企业质量安全数据的收集。

实训提升技能点：收集分析食品质量安全数据的能力。

专业技能点：食品质量安全数据的收集。

职业素养技能点：①调研能力；②沟通能力。

实训组织：对学生进行分组，每个组参照学一学相关知识，选择一个酸乳企业对生产过程中遇到的质量安全数据进行收集，学生自行设计调研表格。每组将调研结果与学一学讲授知识进行比较。调研结束后，每组在班级进行汇报，汇报点：调研结论和调研实训提升了自己哪些能力。

实训成果：调研报告。

实训评价：酸乳企业或主讲教师进行评价（表3-3）。

实训二

实训主题："调查表法"酸乳中菌落总数的应用。

实训提升技能点："调查表法"在食品企业中的灵活应用能力。

专业技能点：①酸乳菌落总数来源；②调查表法。

职业素养技能点：①分析和解决问题能力；②团队沟通协作能力。

实训组织：每个组针对实训一中收集到的酸乳生产中遇到的质量安全数据，参照<u>学一学</u>相关知识及利用网络资源，利用"调查表法"进行分析，按其性质、来源和影响因素等进行归类，并作出相应的图。

实训成果：

实训评价：酸乳企业或主讲教师进行评价（表3-4）。

想一想

1. 调查表法的意义？
2. 调查表法的应用范围？调查表法的制作步骤？

查一查

参照《数据说话：基于统计技术的质量改进》和《质量管理学》等相关资料学习缺陷位置调查表、不良项目调查表、质量分布调查表。

任务四　乳制品"排列图法"的应用

任务目标：

指导学生能够利用"排列图法"对影响乳制品产品质量原因进行分类并作出柱状图。

学一学

一、排列图的概念和结构

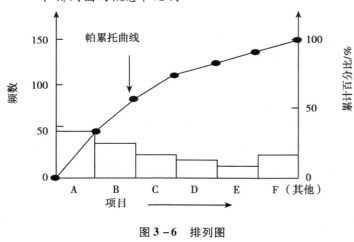

图3-6　排列图

排列图也称帕累托图，是找出影响产品质量的主要问题的一种有效方法。其形式如图3-6所示。

排列图最早由意大利经济学家帕累托（Pareto）用来分析社会财富分布状况而得名。他发现少数人占有大量财富，即所谓"关键的少数和次要的多数"的关系。后来，美国质量管理学家朱兰（J. M. Juran）把他的原理应用于质量管理，作为改善质量活动中寻找影响质量的主要因素的一种工具，它可以使质量管理者明确从哪里入手解决质量问题才能取得最好的效果。

1. 概念

排列图是根据"关键的少数，次要的多数"的原理，将数据分项目排列作图，以直观的方法来表明质量问题的主次及关键所在的一种方法，是针对各种问题按原因或状况分类，把数据从大到小排列而作出的累计柱状图。

2. 结构

排列图的结构是由两个纵坐标，一个横坐标，n 个柱形条和一条曲线组成，左边的纵坐标表示频数（件数、金额、时间等），右边的纵坐标表示频率（以百分比表示）。有时，为了方便，也可把两个纵坐标都画在左边。横坐标表示影响质量的各个因素，按影响程度的大小从左至右排列，柱形图的高度表示某个因素影响的大小，曲线表示各影响因素大小的累计百分数，这条曲线称帕累托曲线（排列线）。

排列图在质量管理中的作用主要是用来抓质量的关键性问题。

现场质量管理往往有各种各样的问题，应从何下手、如何抓住关键呢？一般说来，任何事物都遵循"关键的少数，次要的多数"的客观规律。例如，大多数废品由少数人员造成，大部分设备故障停顿时间由少数故障造成，大部分销售额由少数用户占有等。排列图正是能反映出这种规律的质量管理工具。

二、排列图的作图步骤

1. 确定评价问题的尺度（纵坐标）

排列图主要是用来比较各问题（或一个问题的各原因）的重要程度。评价各问题的重要性，必须有一个客观尺度。确定评价问题的尺度，即决定作图时的纵坐标的标度内容。

一般的纵坐标可取：①金额（包括把不合格品换算成损失金额）；②不合格品件数；③不合格品率；④时间（包括工时）；⑤其他。

2. 确定分类项目（横坐标）

一个大的问题包括哪些小问题，或是一个问题与哪些因素有关，在作图时必须明确。分类项目表示在横坐标上，项目的多少决定横轴的长短。

一般可按不合格品项目、缺陷项目、作业班组、车间、设备、不同产品、不同工序、工作人员和作业时间等进行分类。

3. 按分类项目搜集数据

笼统的数据是无法作图的。作图时必须按分类项目搜集数据。搜集数据的期间无原则性的规定，应随所要分析的问题而异，例如，可按日、周、旬、月、季、年等。划分作图期间的目的是便于比较效果。

4. 统计各个项目在该期间的记录数据，并按频数大小顺序排列

首先统计每个项目的发生频数，它决定直方图的高低。然后根据需要统计各项频数所占的百分比（频率）。最后，可按频数（频率）的大小顺序排列，并计算累计百分比，画成排列图用表。

5. 画排列图中的直方图

可利用 Excel 进行画图，纵横坐标轴的标度要适当，纵轴表示评价尺度，横轴表示分类项目。

在横轴上，按给出的频数大小顺序，把分类项目从左到右排列。"其他"一项不论其数值大小，务必排在最后一项。在纵轴上，以各项之频数为直方图高，以横轴项目为底宽，一一画出对应的直方图。图宽应相同，每个直方之间不留间隙，如果需要分开，它们之间的间隔也要相同。

6. 画排列线

为了观察各项累计占总体的百分比，可按右边纵坐标轴的标度画出排列线（又称帕累托线）。排列线的起点，可画在直方图的中间、顶端中间或顶端右边的线上，其他各折点可按比例标注，并在折点处标上累计百分比。

7. 在排列图上标注有关事项和标题

搜集数据的期间（何时至何时），条件（检查方法、检查员等），检查个数、总数等，必须详细记载，在质量管理中这些情报都非常重要。

三、绘制排列图的注意事项

绘制排列图时应注意以下事项：

（1）一般来说，主要原因是一两个，至多不超过三个，就是说它们所占的频率必须高于50%（如果分类项目少时，则应高于70%或高于80%）；否则就失去找主要问题的意义，要考虑重新进行分类。

（2）纵坐标可以用"件数"或"金额"、"时间"等来表示，原则是以更好地找到"主要原因"为准。

（3）不重要的项目很多时，为了避免横坐标过长，通常合并列入"其他"栏内，并置于最末一项。对于一些较小的问题，如果不容易分类，也可将其归为"其他"项里。如"其他"项的频数太多时，需要考虑重新分类。

（4）为作排列图而取数据时，应考虑采用不同的原因、状况和条件对数据进行分类，如按时间、设备、工序、人员等分类，以取得更有效的信息。

四、排列图的观察分析

利用 ABC 分析确定重点项目，一般地讲，取图中前面的 1~3 项作为改善的重点就行了。若再精确些可采用 ABC 法确定重点项目。ABC 分析法是把问题项目按其重要程度分为 3 级。

具体做法是把构成排列曲线的累计百分数分为 3 个等级：0~80% 为 A 类，是累计百分数在 80% 以上的因素，它是影响质量的主要因素，作为解决的重点。累计百分数在 80%~90% 的为 B 类，是次要因素。累计百分数在 90%~100% 的为 C 类，在这一区间的因素是一般因素。

除了对排列图作 ABC 分析外，还可以通过排列图的变化对生产、管理情况进行分析：

（1）在不同时间绘制的排列图，项目的顺序有了改变，但总的不合格品数仍没有改变时，可认为生产过程是不稳定的。

（2）排列图的各分类项目都同样减小时，则认为管理效果是好的。

（3）如果改善后的排列图，其最高项和次高项一同减少，但顺序没变两个项目是相关的。

五、排列图举例

【案例 3-6】对某乳制品企业试生产的一批复合塑料袋装 UHT 灭菌乳 320 件产品的质量问题进行统计，并按问题项目做出统计表（如表 3-10 所示），做出排列图并进行分析。

表 3-10　某乳品企业某批次复合塑料袋装 UHT 灭菌乳产品质量问题统计表

问题项目	颜色褐变	脂肪上浮	蛋白凝固	坏包	异味包	其他
问题数/包	42	7	69	10	23	5

作图步骤：

（1）按排列图的作图要求将缺陷项目进行重新排列（表 3-11）。

表 3 – 11　排列图数据表

问题项目	蛋白凝固	颜色褐变	异味包	坏包	脂肪上浮	其他	总计
问题数/包	69	42	23	10	7	5	156
频率/%	44.2	26.9	14.7	6.4	4.5	3.2	100
累计频率/%	44.2	71.2	85.9	92.3	96.8	100	

（2）计算各排列项目所占百分比（频率）。

（3）计算各排列项目所占累计百分比（累计频率）。

（4）用 Excel 进行直方图的制作。选择项目，不良数量，累计百分比生成柱状图。如图 3 – 7 所示。

（5）在图上选择累计频率图形，点击鼠标右键，选择更改图标类型，以此选择带标记的折线图。将累计百分比的柱状图变为折线图。如图 3 – 8（1）所示。

（6）更改成折线图后，选中折线图，在右键里面选择"设置数据系列格式"随后选择"次坐标轴"得到图 3 – 8（2）。

（7）选择累积频率的坐标轴，点击右键选择"设置坐标轴格式"。在里面将最大值改为 1，最小值为 0，其他可按照需求或选择默认设置。选择数量坐标轴，点击右键选择"设置坐标轴格式"在里面将最大值设置为大于或等于累计不良数的最大值。最小值和间隔可按照需要选择。得到图 3 – 8（3）。

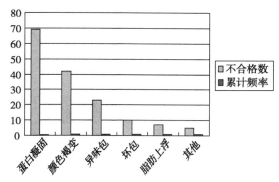

图 3 – 7　不良产品数量统计柱状图

（8）根据各排列项目所占累计百分比画出排列图中的排列线。

分析：从图中可以看出，蛋白凝固、颜色褐变、异味包 3 项问题累计百分比占 85.9%，为 A 类因素，是要解决的主要为题。

实训

实训主题：某乳品企业统计了 2013 年 2 ~ 7 月巴氏杀菌乳质量缺陷情况，如表 3 – 12 所示，作出排列图。

表 3 – 12　巴氏杀菌乳质量缺陷情况统计表

质量缺陷	2013 年 2 ~ 7 月		
	产量/t	缺陷次数	缺陷/产量/%
涨包	1080	32	2.96
变味	1080	21	1.94
杂质	1080	18	1.67
脂肪上浮	1080	23	2.13
其他	1080	17	1.57

排列图在其他食品质量中的应用：

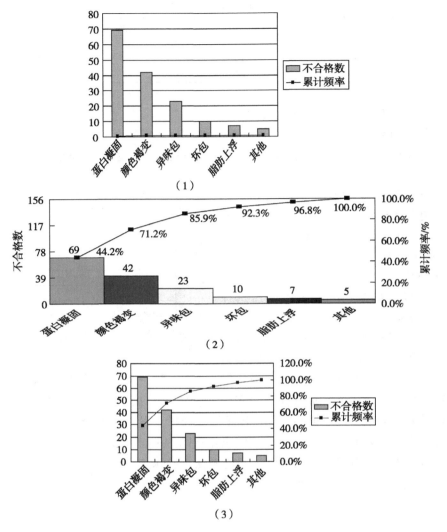

（1）

（2）

（3）

图 3－8　不良产品数量统计折线图

专业技能点：排列图分析巴氏乳质量缺陷。

职业素养技能点：①分析和解决问题能力；②团队沟通协作能力；

实训组织：对学生进行分组，每个组参照学—学相关知识，将上述乳品企业统计的巴氏杀菌乳质量缺陷统计情况做成排列图，并进行分析。

实训成果：排列图。

实训评价：乳制品企业或主讲教师进行评价（表 3－13）。

表 3－13　巴氏杀菌乳质量缺陷情况统计评价表

学生姓名	排列图制作的 正确性（20 分）	数据分类的 正确性（20 分）	回答质疑的 准确性（10 分）	排列图 （50 分）

想一想

1. 排列图的应用范围？
2. 排列图制作步骤？
3. 排列图作图中应注意的问题？
4. 排列图还可以在哪些方面进行应用？

查一查

参照《数据说话：基于统计技术的质量改进》和《质量管理学》等相关资料学习排列图在其他食品质量中的应用。

任务五　巴氏乳大肠菌群超标"因果图法"分析应用

任务目标：

指导学生能够利用"因果图法"对巴氏乳中大肠菌群超标原因进行分析。

学一学

因果图由日本质量管理专家石川馨（Kaoru Ishikawa）最早提出，于 1953 年首先开始在日本川崎制铁所的茸合工厂应用，由于其非常实用有效，在日本的企业得到了广泛的应用，很快又被世界上许多国家采用，成为现代工业质量改进的基本工具，因果图也称"石川图"。

一、因果图的概念和结构

因果图又称特性因素图，因其形状颇像树枝和鱼刺，也被称为树枝图或鱼刺图，它是把对某项质量特性具有影响的各种主要因素加以归类和分解，并在图上用箭头表示其间关系的一种工具。由于它使用起来简便有效，在质量管理活动中应用广泛。

因果图是由以下几部分组成的（图 3 - 9）。

（1）特性，即生产过程或工作过程中出现的结果，一般指质量有关的特性，如产量、不合格率、缺陷数、事故件数、成本等与工作质量有关的特性。因果图中所提出的特性，是指要通过管理工作和技术措施予以解决并能够解决的问题。

（2）原因，即对质量特性产生影响的主要因素，一般是导致质量特性发生分散的几个主要来源。原因通常又分为大原因、中原因、小原因等。

（3）枝干，是表示特性（结果）与原因间关系或原因与原因间关系的各种箭头。

二、因果图的作图步骤

（1）确认质量特性（结果）。质量特性是准备改善和控制的对象。应当通过有效的调查研究加以确认，也可以通过画排列图确认。

（2）画出特性（结果）与主干。

（3）选取影响特性的大原因。先找出影响质量特性的大原因，再进一步找出影响质量特性的中原因、小原因，再画出中枝、小枝和细枝等。注意所分析的各层次原因之间的关系

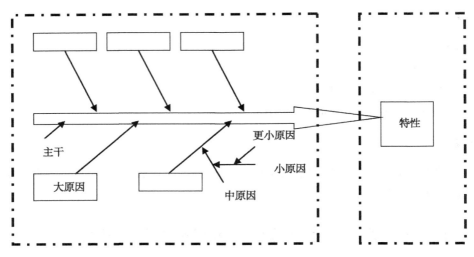

图 3-9 因果图的形式

必须是因果关系，分析原因直到能采取措施为止。

（4）检查各项主要因素和细分因素是否有遗漏。

（5）对特别重要的原因要附以标记，用明显的记号将其框起来。特别重要的原因，即对质量特性影响较大的因素，可通过排列图来确定。

（6）记载必要的有关事项，如因果图的标题、制图者、时间及其他备查事项。

三、绘制因果图的注意事项

绘制因果图时，应注意以下事项：

（1）主干线箭头指向的结果（要解决的问题）只能是一个，即分析的问题只能是一个。

（2）因果图中的原因是可以归类的，类与类之间的原因不发生联系，要注意避免归类不当和因果倒置的错误。

（3）在分析原因时，要设法找到主要原因，注意大原因不一定都是主要原因。为了找出主要原因，可作进一步调查、验证。

（4）要广泛而充分地汇集各方面的意见，包括技术人员、生产人员、检验人员，以至辅助人员。因为各种问题的涉及面很广，各种可能因素不是少数人能考虑周全的。另外要特别重视有实际经验的现场人员的意见。

四、应用案例

【案例 3-7】某乳品企业对"巴氏杀菌乳大肠菌群超标"进行原因分析，他们首先收集质量数据，请有关人员共同讨论分析巴氏杀菌乳大肠菌群超标的原因。

与会人员踊跃发言，先从大的方面找原因，问题主要来自以下几个方面：人员、机器、材料、环境等问题。画因果图，把这些大原因放在主干线两侧的大原因箭线的尾端。

而后大家又针对每个大原因进一步突出了许多具体的原因，经过进一步讨论分析和验证，把具体原因分别标在相应的位置上，因果图也就画好了。

然后大家表决，确定了四个主要原因。认为造成巴氏杀菌乳大肠菌群超标主要原因是工艺卫生与个人卫生差、杀菌时的温度过低、杀菌时间不够、生产用水大肠菌群较高、室内卫生及孳生微生物源。把这五项主要原因标上标记（★），最终画出的因果图如图 3-10

所示。

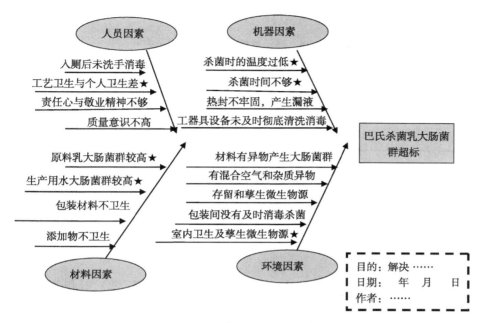

图 3 – 10 巴氏杀菌乳大肠菌群超标因果图

记录必要的有关事项，如参加讨论的人员、绘制日期、绘制者等。

对主要原因制定对策表，落实改进措施。

实训一

实训主题：收集啤酒生产中常出现的质量缺陷信息。

实训提升技能点：收集分析食品质量安全数据的能力。

专业技能点：食品质量安全数据的收集。

职业素养技能点：①调研能力；②沟通能力。

实训组织：对学生进行分组，每个组参照学一学相关知识，选择附近一个啤酒生产企业对生产过程中遇到的质量缺陷信息进行收集，学生自行设计调研表格。调研结束后，每组在班级进行汇报，汇报点：调研结论和调研实训提升了自己哪些能力。

实训成果：调研报告。

实训评价：啤酒企业或主讲教师进行评价（表3－3）。

实训二

实训主题："因果图法"在啤酒企业食品质量安全的应用。

实训提升技能点："因果图法"在食品企业中的灵活应用能力。

专业技能点：①啤酒生产中常见的质量问题；②因果图法。

职业素养技能点：①分析和解决问题能力；②团队沟通协作能力。

实训组织：每个组针对实训一中收集到的啤酒生产中遇到的质量缺陷信息，参照学一学相关知识及利用网络资源，利用"因果图法"进行分析，并作出因果图。

实训成果：啤酒质量缺陷因果图。

实训评价：啤酒企业或主讲教师进行评价（表 3 - 14）。

表 3 - 14　啤酒质量缺陷因果图评价表

学生姓名	因果图制作的正确性（20 分）	数据分类的正确性（20 分）	回答质疑的准确性（10 分）	啤酒质量缺陷因果图（50 分）

想一想

1. 因果图的构成？
2. 因果图的的制作步骤及注意事项？

查一查

参照《数据说话：基于统计技术的质量改进》和《质量管理学》等相关资料学习因果图在其他食品质量中的应用。

任务六　巴氏乳大肠菌群超标"对策表法"的应用

任务目标：

指导学生能够针对食品中出现的质量问题制定相应的解决对策。

学一学

一、对策表的概念

对策表法也称措施表或措施计划表，是针对存在的质量问题制定解决对策的质量管理工具。利用"排列图"找到主要的质量问题（即主要矛盾），但问题并未迎刃而解，再通过因果图找到产生主要问题的主要原因，问题还是依然存在。为彻底解决问题，就应求助对策表了。

对策表是一种矩阵式的表格。其中包括序号、问题（或原因）、对策（或措施）、执行人、检查人（或负责人）、期限、备注等栏目。基本格式见表 3 - 15。

表 3 - 15　对策表

序号（1）	质量问题（2）	对策（3）	执行人（4）	检查人（5）	期限（6）	备注（7）
1						

二、对策表的制作及注意事项

对策表各栏目的设置，可在基本格式的基础上根据实际需要进行增删或变换。如在第 1 栏与第 3 栏之间增设"目标"一栏，在第 3 与第 4 栏之间增加"地点"一栏，第 6 栏之后增加"检查记录"一栏等。栏目名称，第2栏也可改为"问题现状"；当对策表与排列图、因果图构成"两图一表"联用时，第2栏应改为"主要原因"（或"主要因素"）等。

制定对策表的程序是：首先根据需要设计表格，填好表头名称。然后，在讨论制定对策（或措施）后，逐一将有关内容填入表内。

填写对策表各栏目的具体内容时，应注意前后相对应。如第2栏填写一条问题（或原因）之后，可以与其他一条或几条对策（或措施）相对应。对策（措施）要尽量具体明确，有可操作性。

三、应用案例

【案例3-8】

1. 某乳品企业对"巴氏杀菌乳大肠菌群超标"进行原因分析

经QC小组分析找出造成此问题的主要原因为：

①工艺卫生与个人卫生差。

②杀菌时的温度过低。

③杀菌时间不够。

④生产用水大肠菌群较高。

⑤室内卫生及孳生微生物源。

2. 召开QC小组会议

针对造成质量问题的主要原因制定对策，并对每一项对策进行分工，明确完成期限等。

3. 绘制"对策表"并实施

见表3-16，将有关内容填入表内。

表3-16　某乳品企业解决巴氏杀菌乳大肠菌群超标问题对策

序号	主要原因	对策	执行人	检查人	期限	备注
1	工艺卫生与个人卫生差	操作人员必须体检合格才能上岗	（略）	（略）	周一～周二	由人事处配合
		加强操作人员卫生培训	（略）	（略）	周一～周二	由老师讲解
		操作人员工作服、鞋、帽每班次统一彻底清洗消毒	（略）	（略）	周一～周二	由后勤部配合
2	杀菌时的温度过低	严格控制杀菌温度在72～75℃	（略）	（略）	周一～周二	由生产部配合
		采用热交换性能更好的板式热交换器	（略）	（略）	周一～周二	由生产部配合
3	杀菌时间不够	严格控制乳液流过热交换器时间在15～20s	（略）	（略）	周三～周四	由原料奶采购处配合
4	生产用水大肠菌去较高	生产用水进行严格检验，合格后采用使用	（略）	（略）	周三～周四	由质检部配合

（续表）

序号	主要原因	对策	执行人	检查人	期限	备注
5	室内卫生及孳生微生物源	每班次后用消毒液进行室内消毒	（略）	（略）	周六～周日	由生产部配合
		所有进出口加装防护网或	（略）	（略）	周六～周日	由工程部配合

按对策表进行实施。

4. 定期统计巴氏杀菌乳大肠菌群情况

经过一周活动，大肠菌群超标问题解决，说明该对策表制定正确，实施有效。

实训

实训主题：收集配方乳粉在包装工序中出现的质量波动因素，并提出相应的控制措施。

专业技能点：对策表法在配方乳粉中的应用。

职业素养技能点：①调研能力；②分析、解决问题的能力。

实训组织：对学生进行分组，每个组参照学一学相关知识，对配方乳粉在包装工序中出现的质量问题进行分析，并作出相应的对策。

实训成果：对策表法解决配方乳粉包装工序中出现的质量波动问题。

实训评价：一直拼企业或主讲教师进行评价（表3－3）。

想一想

1. 对策表法与因果图法的关系？

2. 对策表法如何制作？

查一查

参照《数据说话：基于统计技术的质量改进》和《质量管理学》等相关资料学习对策表法在其他食品质量中的应用。

任务七　乳制品"直方图法"的应用

任务目标：

指导学生能够利用"直方图"预测乳制品的质量。

学一学

一、直方图的概念及作图方法

直方图是从总体中随机抽取样本，将从样本中经过测定或收集来的数据加以整理，描绘质量分布状况，反应质量分散程度，进而判断和预测生产过程质量及不合格品率的一种常用工具。直方图是连续随机变量频率分布的一种图形表示，它以有线性刻度的轴上的连续区间来表示组，组的频率（或频数）以相应区间为底的矩形表示，矩形的面积与各组频率（或频数）成比例，如图 3 - 11 所示。

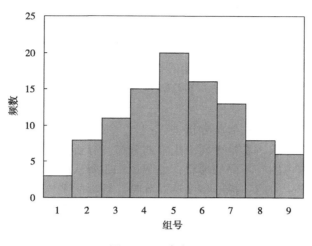

图 3 - 11 直方图

直方图的主要用途有以下几点。

（1）能比较直观地看出产品质量特性值的分布状态，借此可判断生产过程是否处于稳定状态并进行工序质量分析。

（2）便于掌握工序能力及工序能力保证产品质量的程度，并通过工序能力来估算工序的不合格品率。

（3）用以简练及较精确地计算质量数据的特征值。

二、直方图的作法

（1）收集数据：数据个数一般为 50 个以上，最低不少于 30 个。

（2）求极差值：在原始数据中找出最大值和最小值。计算两者的差就是极差，即 $R = X_{max} - X_{min}$。

（3）确定分组的组数和组距：一批数据究竟分多少组，通常根据数据个数的多少来定。具体方法参考表 3 - 17。

表 3 - 17 数据个数与组数

数据个数	分组数 k	一般使用 k
50 ~ 100	6 ~ 10	
100 ~ 250	7 ~ 12	10
250 以上	10 ~ 20	

需要注意的是：如果分组数取得太多，每组里出现的数据个数就会很少，甚至为零，做出的直方图就会过于分散或呈现锯齿状；若组数取得太少，则数据会集中在少数组内，而掩盖了数据的差异。分组数 k 确定以后，组距 h 也就确定了，$h = R/k$。

（4）确定各组界限值：分组的组界值要比抽取的数据多一位小数，以使边界值不致落入两个组内，因此先取测量值单位的 1/2。例如，测量单位为 0.001mm，组界的末位数应取

0.0001mm/2＝0.0005mm。然后用最小值减去测定单位的1/2，作为第一组的下界值；再将此下界值加上组距，作为第一组的上界值，依次加到最大一组的上界值（即包括最大值为止）。为了计算的需要，往往要决定各组的中心值（组中值）。每组的上下界限值相加除以2，所得数据即为组中值，组中值为各组数据的代表值。

（5）制作频数分布表　将测得的原始数据分别归入到相应的组中，统计各组的数据个数，即频数。各组频数填好以后检查一下总数足否与数据总数相符，避免重复或遗漏。

三、直方图的观察分析

直方图的观察、判断主要从形状分析进行：

观察直方图的图形形状，看是否属于正常的分布。分析工序是否处于稳定状态，判断产生异常分布的原因。直方图有不同的形状，如图3－12所示。

（1）标准型（图3－12a）：标准型又称对称型。数据的平均值与最大值和最小值的中间值相同或接近，平均值附近的数据频数最多，频数在中间值向两边缓慢下降，并且以平均值左右手对称。这种形状是最常见的。这时判定质量处于稳定状态。

（2）偏态型（图3－12b）：数据的平均值位于中间值的左侧（或右侧），从左至右（或从右至左），数据分布的频数增加后突然减少，形状不对称。一些有形位公差等要求的特性值是偏向型分布，也有的是由于操作习惯而造成的。例如，由于食品添加剂称量者担心产生添加剂含量超标，称量时往往比称量较少，而呈左偏型；反之，而呈右偏型。

（3）孤岛型（图3－12c）：在直方图的左边或右边出现孤立的长方形。这是测量有误，或生产中出现异常因索而造成的。如原材料一时的变化、杀菌温度不稳定等。

（4）锯齿型（图3－12d）：直方图如锯齿一样凹凸不平，太多是由于分组不当或是检测数据不准而造成的。应查明原因，采取措施，重新作图分析。

（5）平顶型（图3－12e）：直方图没有突出的顶峰。这主要是在生产过程中有缓慢变化的因素影响而造成的。

（6）双峰型（图3－12f）：靠近直方图中间值的频数较少，两侧各有一个"峰"。当有两种不同的平均值相差大的分布混在一起时，常出现这种形式。这种情况往往是由于把不同材料、不同加工者、不同操作方法、不同设备生产的两批产品混在一起而造成的。

四、应用案例

【案例3－9】从某乳品成品车间随机抽取100袋巴氏乳样品，分别测定其净含量，结果如表3－18、表3－19所示。

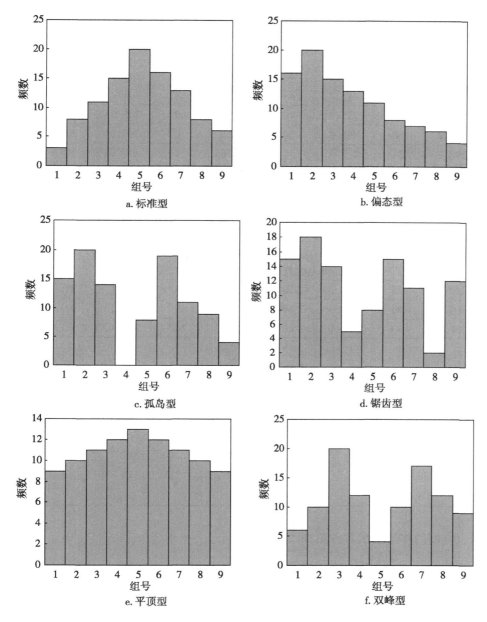

图 3 - 12　直方图典型类型

表 3 - 18　某乳品厂 100 袋巴氏乳净含量数据

序号	净含量	序号	净含量	序号	净含量	序号	净含量	序号	净含量
1	204.0	21	195.1	41	203.4	61	205.2	81	210.0
2	204.0	22	191.2	42	203.2	62	204.4	82	210.0
3	204.1	23	195.4	43	203.5	63	205.3	83	210.2
4	204.2	24	196.0	44	203.7	64	206.0	84	210.3
5	204.2	25	196.2	45	203.7	65	206.0	85	212.8

（续表）

序号	净含量	序号	净含量	序号	净含量	序号	净含量	序号	净含量
6	204.3	26	196.7	46	204.0	66	206.2	86	216.1
7	204.3	27	197.2	47	204.0	67	206.2	87	210.0
8	204.0	28	193.4	48	203.3	68	204.9	88	210.2
9	204.1	29	195.7	49	203.5	69	206.0	89	213.3
10	204.2	30	196.4	50	203.9	70	206.1	90	210.2
11	198.2	31	200.3	51	202.5	71	201.1	91	206.8
12	197.3	32	199.9	52	201.7	72	201.1	92	206.3
13	198.4	33	200.5	53	202.5	73	201.2	93	207.0
14	198.7	34	200.6	54	202.6	74	201.3	94	207.2
15	199.2	35	200.7	55	202.7	75	201.3	95	207.2
16	199.8	36	201.0	56	202.9	76	201.4	96	207.2
17	199.9	37	201.1	57	203.0	77	201.4	97	209.0
18	198.0	38	200.3	58	202.5	78	201.1	98	206.6
19	198.6	39	200.5	59	202.6	79	201.2	99	207.1
20	199.7	40	201.0	60	202.8	80	201.4	100	207.3

表 3 - 19　各组频数统计

组号	组界	频数（f）	组号	组界	频数（f）
1	189.7 ~ 192.7	1	6	204.7 ~ 207.7	18
2	192.7 ~ 195.7	4	7	207.7 ~ 210.7	8
3	195.7 ~ 198.7	11	8	210.7 ~ 213.7	2
4	198.7 ~ 201.7	25	9	213.7 ~ 216.7	1
5	201.7 ~ 204.7	30			

依据直方图的作法绘出直方图如图 3 - 13 所示。

实训

实训主题：直方图在啤酒中的应用。

实训提升技能点：在食品相关行业中灵活应用直方图。

专业技能点：啤酒相关知识。

职业素养技能点：①调研能力；②沟通能力。

实训组织：对学生进行分组，每个组参照学一学相关知识，收集啤酒企业在生产过程中遇到的质量安全数据，并作出直方图对其进行分析。实训结束后，每组在班级进行汇报，汇报点：调研结论和调研实训提升了自己哪些能力。

实训成果：啤酒相关质量安全数据直方图。

实训评价：啤酒企业或主讲教师进行评价（表 3 - 20）。

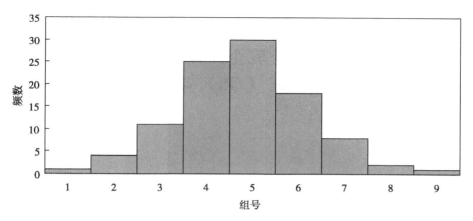

图 3 – 13　某乳品厂 100 袋巴氏乳净含量直方图

表 3 – 20　直方图啤酒中的应用评价表

学生姓名	数据收集的 完整性（20 分）	数据描述的 正确性（20 分）	回答质疑的 准确性（10 分）	直方图 （50 分）

想一想

1. 直方图的概念及用途？

2．如何制作直方图？作图过程中应注意什么问题。

查一查

参照《数据说话：基于统计技术的质量改进》和《质量管理学》等相关资料学习直方图在其他食品质量安全数据中的应用。

【项目小结】

本项目讲述了食品质量安全管理过程中常用的七工具在乳制品企业中的应用实例。

【拓展学习】

学习啤酒企业食品质量安全管理常用工具应用方法。

项目四 学习酸乳企业发酵乳食品生产许可证（QS）申办

【知识目标】

熟悉自我国家食品生产许可相关规定。

熟悉掌握食品生产许可审核依据。

熟悉自我食品生产许可申报流程。

熟练自我食品生产许可审核依据。

熟练自我食品生产许可硬件、软件准备要点。

【技能目标】

能够帮助企业申报食品生产许可。

能够指导企业应对食品生产许可审查。

能够就该项目对企业食品行业食品生产许可进行咨询。

【项目概述】

北京市酸乳生产企业 2013 年计划办理食品生产许可证，请指导该企业取得食品生产许可证。

【项目导入案例】

企业名称：北京健康乳业有限公司。

公司产品：180g 塑杯原味酸乳，180g 塑杯草莓酸乳。

企业人数：8 人。

企业设计生产能力：日处理能力 50 吨鲜乳。

酸乳工艺流程（见下页）：

酸乳生产工艺步骤：

（1）原料乳验收：按《食品安全国家标准生乳》和本公司制定的《原料乳验收标准》进行验收。

（2）过滤、冷却：储存温度≤4℃。

（3）配料：辅料的检验规程执行相关规定。

（4）预热、均质：添加辅料的原料乳预热 60～65℃，均质压力 16～20MPa。

（5）巴氏杀菌：温度 85～90℃。

（6）冷却：出口温度（42±2）℃。

（7）接种：接种温度（42±2）℃。

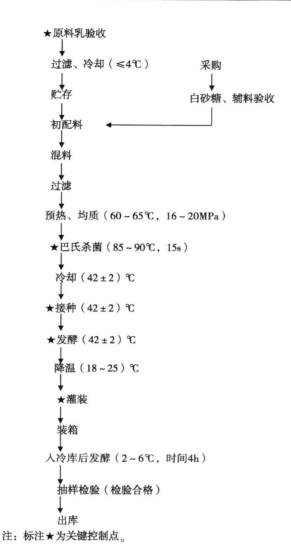

★原料乳验收
↓
过滤、冷却（≤4℃）　　　采购
↓　　　　　　　　　　　↓
贮存　　　　　　　白砂糖、辅料验收
↓
初配料　←
↓
混料
↓
过滤
↓
预热、均质（60～65℃，16～20MPa）
↓
★巴氏杀菌（85～90℃，15s）
↓
冷却（42±2）℃
↓
★接种（42±2）℃
↓
★发酵（42±2）℃
↓
降温（18～25）℃
↓
★灌装
↓
装箱
↓
入冷库后发酵（2～6℃，时间4h）
↓
抽样检验（检验合格）
↓
出库

注：标注★为关键控制点。

（8）发酵剂：活力≥0.4。

（9）发酵：温度（42±2）℃，发酵终点通过感官检查和滴定酸度做终点判定，要求滴定终点为≥70°T。

（10）降温：出口温度在18～25℃。

（11）灌装：温度18～25℃，压力保持稳定，无泡沫。

（12）入库后发酵：库房温度2～6℃，时间≥4h。

（13）抽样检验：成品检验合格。

（14）出库：防摔防压、防止污染。

任务一　对酸乳企业相关人员进行食品生产许可知识培训

任务目标：

指导学生能够就食品生产许可知识对酸乳生产企业进行培训。

学一学

一、认识食品生产许可证

（一）食品生产许可证的概念

图 4 - 1　食品企业生产许可证

食品生产许可证是工业产品许可证制度的一个组成部分，是为保证食品的质量安全，由国家主管食品生产领域质量监督工作的行政部门制定并实施的一项旨在控制食品生产加工企业生产条件的监控制度。凡在中华人民共和国境内从事以销售为最终目的的食品生产加工活动的国有企业、集体企业、私营企业、三资企业，以及个体工商户、具有独立法人资格企业的分支机构和其他从事食品生产加工经营活动的每个独立生产场所，都必须申请《食品生产许可证》。没有取得《食品生产许可证》的企业不得生产食品，任何企业和个人不得销售无证食品（图 4 - 1）。

（二）食品市场准入制度基本内容

1. 食品生产许可证制度

食品生产许可证制度旨在控制食品生产加工企业的生产条件，防止因食品原料、包装问题或生产加工、运输、储存过程中带来的污染对人体健康造成任何不利的影响。生产食品企业必须获得国家颁发的食品生产许可证。

2. 强制检验制度

要求食品企业必须检验其生产的食品，履行法律义务确保出厂销售的食品检验合格，不合格的食品不得出厂销售。

3. 市场准入标志（即 QS 标志）制度

企业在取得"食品生产许可证"后，直接将 QS 标志印刷在食品最小销售单元的包装和外包装上，以便于消费者识别。

二、认识生产许可证标志

（一）标志的样式

食品市场准入标志由"企业食品生产许可"的拼音（Qiyeshipin Shengchanxuke）缩写"QS"和"生产许可"中文字样组成。标志主色调为蓝色，字母"Q"与"生产许可"四个中文字样为蓝色，字母"S"为白色。其具体图形、色彩、式样见图 4 - 2。

（二）QS 编号

取得食品生产许可证的企业，应当在食品的最小销售包装上，标注食品生产许可证编号。食品生产许可证编号为英文字母 QS 加 12 位阿拉伯数字。QS 为"企业食品生产许可"

的拼音（Qiyeshipin Shengchanxuke）缩写，编号前4位为受理机关编号，中间4位为产品类别编号，后4位为获证企业序号（图4-3）。

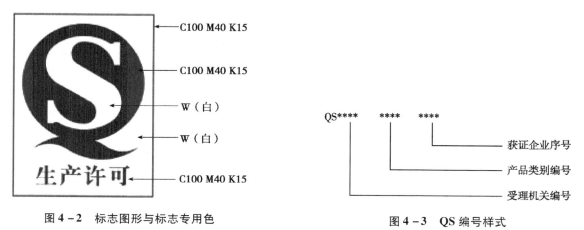

图4-2　标志图形与标志专用色　　　　　　图4-3　QS编号样式

（三）编号的使用

拥有分公司、生产厂点的集团公司和经济联合体，如果集团公司、分公司、生产厂点都取得了《食品生产许可证》，在其产品的包装上标注集团公司的食品生产许可证编号还是标注分公司、生产厂点的食品生产许可证编号由集团公司自行决定；统一标注集团公司食品生产许可证编号的，集团公司应当向其所在地和分公司、生产厂点所在地省级质量技术监督部门备案。

三、了解必须实现生产许可证管理的食品

目前食品实行食品生产许可的目录见表4-1。

表4-1　食品生产许可证许可目录

序号	食品类别名称	产品类别编号	已有细则的食品	细则最新发布日期
1	粮食加工品	0101	小麦粉	2002年
		0102	大米	2002年
		0103	挂面	2006年
		0104	其他粮食加工品	2006年
2	食用油、油脂及其制品	0201	食用植物油	2006年
		0202	食用油脂制品	2006年
		0203	食用动物油脂	2006年
3	调味品	0301	酱油	2002年
		0302	食醋	2002年
		0304	味精	2003年
		0305	鸡精调味料	2006年
		0306	酱类	2006年
		0307	调味料产品	2006年
4	肉制品	0401	肉制品	2006年

（续表）

序号	食品类别名称	产品类别编号	已有细则的食品	细则最新发布日期
5	乳制品	0501	乳制品	2006 年
		0502	婴幼儿配方乳粉	2006 年
6	饮料	0601	饮料	2006 年
7	方便食品	0701	方便食品（含方便面）	2006 年
8	饼干	0801	饼干	2003 年
9	罐头	0901	罐头	2006 年
10	冷冻饮品	1001	冷冻饮品	2003 年
11	速冻食品	1101	速冻食品（含速冻面米食品）	2006 年
12	薯类和膨化食品	1201	膨化食品	2003 年
		1202	薯类食品	2006 年
13	糖果制品（含巧克力及制品）	1301	糖果制品	2006 年
		1302	果冻	2006 年
14	茶叶及相关制品	1401	茶叶	2004 年
		1402	含茶制品和代用茶	2006 年
15	酒类	1501	白酒	2006 年
		1502	葡萄酒及果酒	2004 年
		1503	啤酒	2004 年
		1504	黄酒	2004 年
		1505	其他酒	2006 年
16	蔬菜制品	1601	蔬菜制品（含酱腌菜）	2006 年
17	水果制品	1701	蜜饯	2004 年
		1702	水果制品	2006 年
18	炒货食品及坚果制品	1801	炒货食品及坚果制品	2006 年
19	蛋制品	1901	蛋制品	2006 年
20	可可及焙烤咖啡产品	2001	可可制品	2004 年
		2101	焙炒咖啡	2004 年
21	食糖	0303	糖	2006 年
22	水产制品	2201	水产加工品	2004 年
		2202	其他水产加工品	2006 年
23	淀粉及淀粉制品	2301	淀粉及淀粉制品	2004 年
		2302	淀粉糖	2006 年
24	糕点	2401	糕点	2006 年
25	豆制品	2501	豆制品	2006 年
26	蜂产品	2601	蜂产品	2006 年
27	特殊膳食食品	2701	婴幼儿及其他配方谷粉产品	2006 年
28	其他食品			2006 年

备注：来源于北京市质量技术监督局网站

实训一

实训主题：对酸乳企业相关人员进行食品生产许可知识培训。

专业技能点：①食品生产许可法律法规；②食品生产许可编号含义。

职业素养技能点：①演讲能力；②沟通能力。

实训组织：对学生进行分组，每个组参照学一学相关知识及利用网络资源，就"酸乳企业食品生产许可培训"这个主题制作幻灯片，在酸乳企业或班级进行汇报培训。

实训成果：幻灯片。

实训评价：酸乳企业或主讲教师进行评价。

表4-2　食品企业培训评价表

学生姓名	编写材料的完整性（20分）	内容的正确性（30分）	编写的规范性（30分）	其他（20分）

实训二

实训主题：调研市场上各类食品包装上 QS 编号。

专业技能点：鉴别 QS 编号能力。

职业素养技能点：①调研能力；②沟通能力。

实训组织：对学生进行分组，每个组参照学一学相关知识，选择一个附近超市调研一类产品包装上 QS 编号。学生自行设计调研表格。每组将调研结果与学一学讲授知识进行比较。调研结束后，每组在班级进行汇报，汇报点：调研结论和调研实训提升了自己哪些能力。

实训成果：调研报告。

实训评价：酸乳企业或主讲教师进行评价（表4-2）。

想一想

1. QS 标志的含义。

2. QS 编号有几位数字？各代表什么含义？

查一查

1. 国家食品药品监督管理总局 http：//www.sda.gov.cn/WS01/CL0001/。

2. 北京市食品药品监督管理局 http：//www.bjda.gov.cn/publish/main/index.html?%68%94%37%e3%11。

3. 各省食品药品监督管理局。

任务二 对酸乳企业相关人员进行食品生产许可证现场条件审查依据及审查要点培训

任务目标：

指导学生能够就《食品质量安全市场准入审查通则》和《乳制品生产许可证审查细则》相关知识对酸乳生产企业进行培训。

学一学

企业食品生产许可证申请现场审查工作，是审查组对材料审查合格后的食品企业开展的下一项工作。

食品质量安全市场准入审查通则是审查组对食品生产加工企业保证产品质量必备生产条件现场审查活动的工作依据。在酸乳生产企业现场审查中，审查员同时使用《食品质量安全市场准入审查通则》和《乳制品生产许可证审查细则》，完成对酸乳生产企业的质量安全市场准入审查。

一、学习《食品质量安全市场准入审查通则》

2010年国家质量监督检验检疫总局发布了《食品质量安全市场准入审查通则（2010版）》，该审查通则是食品生产许可证现场审查的依据。其具体内容见表4-3。

表4-3 《食品质量安全市场准入审查通则（2010版）》学习索引

序号	学习索引	
一	总则	
二	适用范围	
三	使用要求	
四	审查工作程序及要点	申请受理
		组成审查组
		制订审查计划
		审核申请资料
		实施现场核查
		形成初步审查意见和判定结果
		与申请人交流沟通
		审查组应当填写对设立食品生产企业的申请人规定条件审查记录表
		判定原则及决定
		形成审查结论
		报告和通知
		意见反馈

（续表）

序号	学习索引	
五	生产许可检验工作程序及要点	通知检验事项
		样品抽取
		选择检验机构
		样品送达
		样品接收
		实施检验
		检验结果送达
		许可检验复检
		食品生产许可证附页
六	已设立食品企业、食品生产许可证延续换证，审查工作和许可检验工作可同时进行。	
七	本通则由国家质量监督检验检疫总局负责解释。	
八	本通则自公布之日起施行，《食品质量安全市场准入审查通则（2004 版）》同时废止	

二、学习《乳制品生产许可证审查细则（2010 版）》

乳制品生产许可证审查细则适用于具备规定的条件为基础，申请使用牛乳（羊乳）及（或）其加工制品为主要原料，加入或不加入适量的维生素、矿物质和其他辅料加工而成的乳制品的生产条件的审查及其首批批量合格产品的检验。该审查细则的内容见表 4-4。

表 4-4　《乳制品生产许可证审查细则（2010 版）》学习索引

序号	学习索引
一	发证产品范围及申证单元
二	基本生产流程及管件控制环节
三	必备的生产资源
四	产品相关标准
五	原辅材料的有关要求
六	必备的出厂检验设备
七	检验项目
八	抽样方法

✍ 实训一

实训主题：指导酸乳企业相关人员完成《食品质量安全市场准入审查通则（2010 版）》的七个附件填写。

专业技能点：《审查通则》。

职业素养技能点：①演讲能力；②沟通能力。

实训组织：对学生进行分组，每个组参照学一学相关知识及利用网络资源，完成"《食品质量安全市场准入审查通则（2010 版）》的七个附件"的填写工作，在酸乳企业或班级进行汇报培训。

实训成果：《审查通则》的七个附件。

实训评价：酸乳企业或主讲教师进行评价（表4-2）。

实训二

实训主题：对酸乳企业相关人员进行乳制品生产许可证审查细则（2010版）知识培训。

专业技能点：《审查细则》。

职业素养技能点：①演讲能力；②沟通能力。

实训组织：对学生进行分组，每个组参照学一学相关知识及利用网络资源，就"酸乳企业乳制品生产许可证审查细则（2010版）培训"这个主题制作幻灯片，在酸乳企业或班级进行汇报培训。

实训成果：幻灯片。

实训评价：酸乳企业或主讲教师进行评价（表4-2）。

想一想

1. 酸乳生产加工企业要取得食品生产许可证必须经历（   ）和（   ）。

2. 食品生产许可证分为（   ）和（   ），其有效期为（   ）。

3. 免于现场核查的企业需要具备哪些条件？

4. 发证检验、监督检验和出厂检验有哪些区别？

查一查

1. 国家食品药品监督管理总局 http：//www.sda.gov.cn/WS01/CL0001/。

2. 北京市食品药品监督管理局 http：//www.bjda.gov.cn/publish/main/index.html?%68%94%37%e3%11。

3. 各省食品药品监督管理局。

任务三　指导酸乳企业内部整改

任务目标：

知道酸乳生产企业内部整改的依据。

熟知酸乳生产企业内部整改的内容。

指导酸乳生产企业对生产必备条件进行自查。

学一学

酸乳生产企业的内部整改要依照《食品生产加工企业质量安全监督管理实施细则（试行）》（国家质检总局79号令）第二章"食品生产加工企业必备条件"中的十一项的要求进行企业自查，主要从两个方面开展：一是硬件改造和软件细化。企业的内部整改要求领导重视，资金支持，全员参与才能达到要求。整改结束后方可以进行申请。

　　酸乳生产加工企业的内部整改首先需要建立一个兼职的领导小组，这个领导小组组长应由企业最高管理层中负责质量或生产的主管担任，成员应当包括：品质主管、技术主管、生产主管、采购主管、仓库主管。因为在进行专项整改时，这些部门的工作量都比较大，所以是需要重点关注的部门。

　　一、酸乳生产企业设立的基本条件

　　依据 79 号令中第二章中第九条"食品生产加工企业应当符合法律、行政法规及国家有关政策规定的企业设立条件"。

　　企业整改措施：必须具有有效的资质证明。

　　必备材料：《食品卫生许可证》、《营业执照》、废水、废气排放达标的检验报告等。

　　二、酸乳企业的环境和卫生要求

　　依据 79 号令中第二章中第十条"食品生产加工企业必须具备保证产品质量安全的环境条件"。

　　企业整改措施：依照本企业相关的卫生规范逐项进行整改。

　　必备材料：《乳品工厂企业良好作业规范专则》《厂区平面布置图》《车间平面布置图》《企业卫生管理制度》和《企业卫生检查记录》。

　　三、酸乳企业的生产设备及相关设施要求

　　依据 79 号令中第二章中第十一条"食品生产加工企业必须具备保证产品质量安全的生产设备、工艺装备和相关辅助设备。具有与保证产品质量相适应的原料处理、加工、贮存等厂房或者场所。以辐射加工技术等特殊工艺设备生产食品的，还应当符合计量等有关法规、规章规定的条件"。

　　企业整改措施：企业可以按照《乳制品生产许可证审查细则》规定的必备生产设备进行配备，并对设备进行定期的维护保养，以保证生产质量好、对消费者是安全的合格的产品。设施方面原辅料库、产品库、卫生设施等要与企业的生产规模和能力相适应。

　　必备材料：《乳制品生产许可证审查细则》《设备管理制度》《设备一览表》《设备保养记录》《乳品工厂良好操作规范》等。

　　（一）做好硬件配置

　　1. 厂房配置与空间

　　①厂房应依作业流程需要及卫生要求，有序而整齐的配置，避免交叉污染。

　　②厂房应具有足够空间，以利设备安置、卫生设施、物料贮存及人员作息等，以确保食品的安全与卫生。食品器具等应有清洁卫生的贮放场所。

　　③制造作业场所内设备与设备间或设备与墙壁之间，应有适当的通道或工作空间，其宽度应足以容许工作人员完成工作（包括清洗和消毒），且不致因衣服或身体的接触而污染食品、食品接触面或内包装材料。

　　④检验室应有足够空间，以安置试验台、仪器设备等，并进行物理、化学、及（或）微生物等试验工作。微生物检验场所应与其他场所有效隔离。

　　2. 厂房区隔

　　①凡使用性质不同的场所（如原料仓库、材料仓库、原料处理场等），应个别设置或加以有效区隔。

　　②乳品工厂的厂房原则上包括办公室、收乳室、加工或调配室、品管室、包装室、原料

仓库、材料仓库、成品仓库或冷（冻）藏库、机电室、锅炉室、修护室、更衣及洗手消毒室、餐厅及厕所等。

③按清洁度区分（如清洁、准清洁及一般作业区）不同的场所，应加以有效隔离（如表4-5），各区之间应加以隔离，其清洁度的需求应有适当的标准，以防污染。

表4-5　乳品工厂各作业场所的清洁度区分

厂房设施（原则上依程顺序排列）	清洁度区分	
收乳室 生乳贮存场 原料仓库 材料仓库 内包装容器洗涤场（注1） 空瓶（罐）整列场 杀菌处理场（采密闭设备及管路输送者）	一般作业区	
调配室 杀菌处理场（采开放式设备者） 发酵室 最终半成品贮存室 内包装材料之准备室 缓冲室	清洁作业区	管制作业区
内包装室 微生物接种培养室	准清洁作业区	
外包装室 成品仓库	一般作业区	
品管（检验）室 办公室（注2） 更衣及洗手消毒室 厕所 其他	非食品处理区	

注：①内包装容器洗涤场的出口处应设置于管制作业区内。
　　②办公室不得设置于管制作业区内（但生产管理与品管场所不在此限，应须有适当的管制措施）。

3．厂房结构

厂房的各项建筑物应坚固耐用、易于维修、维持干净，并应为能防止食品、食品接触面及内包装材料遭受污染（如有害动物之侵入、栖息、繁殖等）的结构。

4．安全设施

①厂房内配电必须能防水。

②电源必须有接地线与漏电断电系统。

③高湿度作业场所的插座及电源开关宜采用具防水功能者。

④不同电压的插座必须明显标示。

⑤厂房应依消防法令规定安装火警警报系统。

⑥在适当且明显的地点应设有急救器材和设备，并必须加以严格管制，以防污染食品。

5. 地面与排水

①地面应使用非吸收性、不透水、易清洗消毒、不藏污纳垢的材料铺设，且平坦不滑、不得有侵蚀、裂缝及积水。

②如收乳室、调配加工场、包装室等场所，在作业中有排水或废水流至地面或以冲洗方式清洗的地区，其地面应作刷（磨）平或铺盖耐磨树脂等处理，并应有适当的排水斜度（应在 1/100 以上）及排水系统。

③废水应排至适当的废水处理系统或经由其他适当方式予以处理。

④作业场所的排水系统应有适当的过滤或废弃物排除的装置。

⑤排水沟应保持顺畅，且沟内不得设置其他管路。排水沟的侧面和底面接合处应有适当的弧度（曲率半径应在 3 公分以上）。

⑥排水出口应有防止有害动物侵入的装置。

⑦屋内排水沟的流向不得由低清洁区流向高清洁区，且应有防止逆流的设计。

6. 屋顶及天花板

①制造、包装、贮存等场所的室内屋顶应易于清扫，以防止灰尘蓄积，避免结露、长霉或成片剥落等情况发生。管制作业区及其他食品暴露场所（收乳室除外）屋顶若为易藏污垢的结构，应加设平滑易清扫的天花板。若为钢筋混凝土构筑，其室内屋顶应平坦无缝隙，而梁与梁及梁与屋顶接合处宜有适当弧度。

②平顶式屋顶或天花板应使用白色或浅色防水材料构筑，若喷涂油漆应使用可防霉、不易剥落且易清洗的材料。

③蒸汽、水、电等配管不得设于食品暴露的直接上空，否则应有能防止尘埃及凝结水等掉落的装置或措施。空调风管等宜设于天花板的上方。

④楼梯或横越生产线的跨道的设计构筑，应避免引起附近食品及食品接触面遭受污染，并应有安全设施。

7. 墙壁与门窗

①管制作业区的壁面应采用非吸收性、平滑、易清洗、不透水的浅色材料构筑（但密闭式发酵桶等，实际上可在室外工作的场所不在此限）。且其墙脚及柱脚（必要时墙壁与墙壁间、或墙壁与天花板间）应具有适当之弧度（曲率半径应在 3cm 以上）以利清洗及避免藏污垢，干燥作业场所除外。

②作业中需要打开的窗户应装设易拆卸清洗且具有防护食品污染功能的不生锈纱网，但清洁作业区内在作业中不得打开窗户。管制作业区的室内窗台，台面深度如有 2cm 以上者，其台面与水平面之夹角应达 45°以上，未满 2cm 者应以不透水材料填补内面死角。

③管制作业区对外出入门户应装设能自动关闭之纱门（或空气帘），及（或）清洗消毒鞋底的设备（需保持干燥的作业场所得设置换鞋设施）。门扉应以平滑、易清洗、不透水的坚固材料制作，并经常保持关闭。

8. 照明设施

①厂内各处应装设适当的采光及（或）照明设施，照明设备以不安装在食品加工在线有食品暴露的直接上空为原则，否则应有防止照明设备破裂或掉落而污染食品的措施。

②一般作业区域的作业面应保持 110m 烛光以上，管制作业区的作业面应保持 220m 烛

光以上，检查作业台面则应保持 540m 烛光以上的光度，而所使用的光源应不至于改变食品的颜色。

9. 通风设施

①制造、包装及贮存等场所应保持通风良好，必要时应装设有效的换气设施，以防止室内温度过高、蒸汽凝结或异味等发生，并保持室内空气新鲜。易腐败即食性成品或低温运销成品的清洁作业区应装设空气调节设备。

②在有臭味及气体（包括蒸汽及有毒气体）或粉尘产生而有可能污染食品之处，应有适当的排除、收集或控制装置。

③管制作业区的排气口应装设防止有害动物侵入的装置，而进气口应有空气过滤设备。两者并应易于拆卸清洗或换新。

④厂房内的空气调节、进排气或使用风扇时，其空气流向不得由低清洁区流向高清洁区，以防止食品、食品接触面及内包装材料可能遭受污染。

10. 供水设施

①应能提供工厂各部所需的充足水量、适当压力及水质的水。必要时，应有储水设备及提供适当温度的热水。

②储水槽（塔、池）应以无毒，不致污染水质的材料构筑，并应有防污染之措施。

③乳品制造用水应符合饮用水水质标准，不可使用自来水的作业单元，应设置净水或消毒设备。

④不与食品接触的非饮用水（如冷却水、污水或废水等）的管路系统与食品制造用水的管路系统，应以颜色明显区分，并以完全分离的管路输送，不得有逆流或相互交接现象。

⑤地下水源应与污染源（化粪池、废弃物堆置场等）保持 15m 以上距离，以防污染。

（二）控制好工人的个人卫生

1. 更衣室的设施要求

①应设于管制作业区附近适当而方便的地点，并独立隔间，男女更衣室应分开。室内应有适当的照明，且通风应良好。乳品工厂的更衣室应与洗手消毒室相近。

②应有足够大小的空间，以便员工更衣之用，并应备有可照全身的更衣镜、洁净设备及数量足够的个人用衣物柜及鞋柜等。如图 4-4 和图 4-5 所示。

图 4-4　更衣室的鞋柜

图 4-5　更衣室

2. 洗手室的设施要求（如图4-6所示）

①应在适当且方便的地点（如在管制作业区入口处、厕所及加工调理场等），设置足够数目的洗手及干手设备。必要时应提供适当温度的温水或热水及冷水并装设可调节冷热水的水龙头。

②在洗手设备附近应备有液体清洁剂和配制消毒液浓度为100mg/kg的次氯酸钠溶液。必要时（如手部不经消毒有污染食品之虞者）应设置手部消毒设备。

③洗手台应以不锈钢或磁材等不透水材料构筑，其设计和构造应不易藏污垢且易于清洗消毒。

图4-6　洗手消毒室

④干手设备应采用烘手器或擦手纸巾。如使用纸巾者，使用后的纸巾应丢入易保持清洁的垃圾桶内（最好使用脚踏开盖式垃圾桶）。若采用烘手器，应定期清洗、消毒内部，避免污染。

⑤水龙头应采用脚踏式、肘动式或电眼式等开关方式，以防止已清洗或消毒的手部再度遭受污染。

⑥洗手设施的排水，应具有防止逆流、有害动物侵入及臭味产生的装置。

⑦应有简明易懂的洗手方法标示，且应张贴或悬挂在洗手设施邻近明显的位置。

⑧设计一个泡鞋池或同等功能的鞋底洁净设备，若需保持干燥的作业场所得设置换鞋设施。设置泡鞋池时若使用氯化合物消毒剂，其有效游离余氯浓度应经常保持在200mg/kg以上。

（三）食品设备要求

1. 设计

①所有食品加工用机器设备的设计和构造应能防止危害食品卫生，易于清洗消毒（尽可能易于拆卸），并容易检查。应有使用时可避免润滑油、金属碎屑、污水或其他可能引起污染的物质混入食品的构造。

②食品接触面应平滑、无凹陷或裂缝，以减少食品碎屑、污垢及有机物之聚积，使微生物的生长减至最低程度。

③设计应简单，且为易排水、易于保持干燥之构造。

④贮存、运送及制造系统（包括重力、气动、密闭及自动系统）的设计与制造，应使其能维持适当的卫生状况。

⑤在食品制造或处理区，不与食品接触的设备与用具，其构造亦应能易于保持清洁状态。

⑥管路及管件必须符合IDF（国际酪农联盟）或3A之规定，采用Sanitary SS级或以上材料，其焊接采用气体钨极电弧焊法，被覆气体一律为氩气（Ar），杀菌横向配管，管路应保持百分之一倾斜度及无定位清洗（CIP）死角。

⑦设备应采用SanitarySS级或以上材料，其内外部及附属部均须磨光至300~400目，并做酸洗防锈处理，外部须磨光至200~300目，并做酸洗防锈处理，不锈钢焊接采用TIG或MIG，其程序按ASMEIX的规定。底部的支撑可使用碳钢，但必须以SUS304级或以上不锈

钢包覆。

2. 材质

①所有用于制造作业场所及可能接触食品的食品设备与器具，应由不会产生毒素、无臭味或异味、非吸收性、耐腐蚀且可承受重复清洗和消毒的材料制造，同时应避免使用会发生接触腐蚀的不当材料。

②食品接触面原则上不可使用木质材料和棉麻制品，除非其可证明不会成为污染源者方可使用。

四、酸乳生产加工企业的原材料、添加剂质量要求

依据79号令中第二章中第十二条"食品加工企业生产食品所用的原材料、添加剂等应当符合国家有关规定。不得使用非食用性原辅材料加工食品"。

企业整改措施：首先企业要有自己的原材料和添加剂的采购要求（应该识别有关法律法规的要求），其次要做好合格供方的管理。

准备材料：GB 2760食品添加剂使用卫生标准、相应原辅材料卫生标准、原材料检验作业指导书、采购管理制度、供方能力审查表、合格供方一览表、采购计划、采购合同、进料检验报告、企业用水的检验报告等。

五、酸乳生产加工企业的生产工艺管理要求

依据79号令中第二章中第十三条"食品加工工艺流程应当科学、合理，生产加工过程应当严格、规范。防止生物性、化学性、物理性污染以及防止生食品与熟品、原料与半成品、成品、陈旧食品与新鲜食品等的交叉污染。"

企业整改措施：生产工艺流程布置时严格按照从生到熟，从原料到成品的顺序将各工序划分开，成品包装和杀菌操作要有严格的卫生保障措施，针对关键控制工序要编写相应的作业指导书。预防生产过程中生物性污染的方法有：生产现场工作环境尤其是空气和水的控制，生产工人的卫生意识和卫生操作等。预防生产过程中化学性污染的方法有：原辅材料包括添加剂的控制和有毒、有害化学品的管理。

准备材料：车间卫生管理制度、关键工序的作业指导书、个人卫生检查记录、有毒、有害化学物品一览表和生产工艺流程图等。

六、酸乳生产企业的产品的质量要求

依据79号令中第二章中第十四条"食品生产加工企业必须按照有效的产品标准组织生产。食品质量安全必须符合法律法规和相应的强制性标准要求，无强制性标准规定的，应当符合企业明示采用的标准要求。"

企业整改措施：食品企业的产品生产必须执行相关国家标准、行业标准、地方标准，或备案有效的企业标准。

准备材料：国家标准、行业标准、地方标准、备案有效的企业标准、产品检验报告、定量包装商品计量监督规定等。

七、酸乳生产企业的人员素质要求

依据79号令中第二章中第十五条"食品生产加工企业负责人和主要管理人员应当了解与食品质量安全相关的法律法规知识；食品企业必须具有与食品生产相适应的专业技术人员、熟练技术工人和质量工作人员。从事食品生产加工的人员必须身体健康、无传染性疾病和影响食品质量安全的其他疾病。"

企业整改措施：一是企业技术人员应该了解公司产品质量安全方面的法律法规，应该具备一定的知识、检验和技能并能够胜任工作。二是直接从事食品生产加工的人员（包括质量管理人员）必须身体健康，不患有有碍食品安全的疾病。

准备材料：员工能力一览表、岗位人员名册、人员培训管理制度、年度培训计划、培训考核记录、健康证等。

人员健康管理如图 4-7、图 4-8 所示。

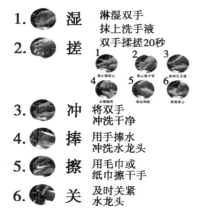

1. 湿　淋湿双手　抹上洗手液　双手揉搓20秒
2. 搓
3. 冲　将双手　冲洗干净
4. 捧　用手捧水　冲洗水龙头
5. 擦　用毛巾或　纸巾擦干手
6. 关　及时关紧　水龙头

图 4-7　正确洗手方法

图 4-8　进入生产区域要求

八、酸乳生产企业的质量检验要求

依据 79 号令中第二章中第十六条"食品生产加工企业应当具有与所生产产品相适应的质量检验和计量检测手段。公司应当具备产品出厂检验能力。检验、检测仪器必须经计量检定合格后方可使用。不具备出厂检验能力的公司，必须委托国家质检总局统一公布的、具有法定资格的检验机构进行产品出厂检验。"

企业整改措施：一是必须具备《食品生产许可证审查细则》具体规定所列出的每一件检验设备，二是检验设备必须经计量检定合格。

准备材料：检验设备和计量器具一览表、检验设备和计量器具的检定证书、检验设备和计量器具上应贴"合格证"等。

九、酸乳生产企业的质量管理体系要求

依据 79 号令中第二章中第十七条"食品生产加工企业应当在生产的全过程建立标准体系。实行标准化管理，建立健全企业质量管理体系，实施从原材料采购、产品出厂检验到售后服务全过程的质量管理，建立岗位质量责任制。加强质量考核，严格实施质量否决权。鼓励企业根据国际通行的质量管理标准和技术规范获取质量体系认证或者 HACCP 认证，提高企业质量管理水平。"

企业整改措施：一是建立岗位质量职责，制定质量负责人，建立质量考核机制，对企业产品生成各个环节建立质量管理体系。二是企业有条件可以按照 ISO9001 建立质量管理体系和按照 ISO22000 建立食品安全管理体系。

准备材料：组织结构图、岗位质量责任、质量目标规定、质量目标考核办法或 ISO9001 质量管理体系认证证书、ISO22000 食品安全管理体系认证证书等。

十、酸乳生产企业的产品包装要求

依据 79 号令中第二章中第十八条"用于食品包装的材料必须清洁。对食品无污染。食品的包装和标签必须符合相应的规定和要求。裸装食品在其出厂的大包装上能够标注使用标签的，应当予以标注。"

企业整改措施：一是保证包装材料不会对食品造成污染，建立岗位质量职责，制定质量负责人，建立质量考核机制，对企业产品生成各个环节建立质量管理体系。二是食品销售包装上必须有食品标签，并且必须符合 GB 7718—2011 预包装食品标签通则。

准备材料：GB 7718—2011 预包装食品标签通则、内、外包装材料的检测报告和包装材料供方的资质证明材料等。

十一、酸乳生产企业的产品贮运要求

依据 79 号令中第二章中第十九条"贮存、运输和装卸食品的容器、包装、工具、设备必须安全，保持清洁，对食品无污染。"

企业整改措施：一是做好产品贮存的保管制度，二是做好产品的运输管理，三是做好贮存、运输等设备、工具的清洗消毒工作。

准备材料：成品库管理规定，冷库的卫生管理办法，产品运输要求、运输车清洗消毒规定等。

酸乳生产企业必须按照上述 11 个方面结合企业实际进行认真细致的整改，以达到审查的要求。

实训一

实训主题：指导酸乳企业相关人员完成酸乳生产加工企业必备条件现场审查报告的编写。

实训提升技能点：酸乳生产加工企业的内部整改。

专业技能点：①食品生产加工企业现场审查必备条件；②酸乳产品如何抽样。

职业素养技能点：①自学能力；②分析问题解决问题的能力。

实训组织：对学生进行分组，每个组参照学—学相关知识及利用网络资源，完成酸乳生产加工企业必备条件现场审查报告的编写。

（1）依据《食品质量安全市场准入审查通则》和《企业生产乳制品许可条件审查细则》及《食品生产加工企业必备条件现场审查表》进行审查的相关记录，做出明确的现场审查结论。

（2）根据现场审查结论，指导填写《食品生产加工企业必备条件现场审查报告》。

（3）对企业现场审查存在的某个不合格项，指导填写《食品生产加工企业不合格项改进表》。

（4）对现场审查合格的企业，指导填写《产品抽样单》。

实训成果：完成《食品生产加工企业必备条件现场审查报告》、《食品生产加工企业不合格项改进表》和《产品抽样单》的编写。

实训评价：酸乳企业或主讲教师进行评价（表 4 - 2）。

实训二

想一想

1. 食品生产许可证申请企业整改的依据是什么？
2. 免于现场核查的企业需要具备哪些条件？
3. 发证检验、监督检验和出厂检验有哪些区别？

查一查

针对"食品生产加工企业必备条件"中的十一项的要求，啤酒企业整改措施有哪些？

任务四　编写酸乳企业 QS 认证体系文件

任务目标：

能够指导酸乳企业编制体系文件。

学一学

一、酸乳企业生产许可证申请需要的体系文件

（一）生产许可证体系文件的作用

1. QS 文件确定了职责的分配和活动的程序。
2. QS 文件是企业内部的"法规"。
3. QS 文件是企业开展内部培训的依据。
4. QS 文件是 QS 审查的依据。
5. QS 文件使质量改进有章可循。

（二）生产许可证体系文件的层次

第一层：QS 质量手册

第二层：程序文件

第三层：三级文件

三级文件通常又可分为：管理性第三层文件（如：车间管理办法、仓库管理办法、文件和资料编写导则、产品标识细则等）和技术性第三层文件（如：产品标准、原材料标准、技术图纸、工序作业指导书、工艺卡、设备操作规程、抽样标准、检验规程等）表格一般归为第三层文件。文件及其作用见表 4 - 6。

（三）QS 认证体系文件目录

QS 认证需要的体系文件有很多，具体如表 4 - 7 所示。

表 4 - 6　公司文件及其作用

编号	文件目录	作用
1	质量手册	规定企业质量管理体系的要求
2	程序文件	规定主要质量安全活动必须经历的步骤
3	部门管理制度	规定各部门的管理要求
4	技术操作规程	规定各技术的操作方法
5	作业指导书	规定关键控制环节的作业要求
6	记录表格	记录体系运行的证据

表 4 - 7　QS 认证体系文件目录

编号	文件目录	文件子目录
1	质量方针、质量目标	
2	质量负责人任命书	
3	机构设置	
4	岗位职责	
5	资源的提供与管理	（1）质量有关人员能力要求规定 （2）人员培训管理制度 （3）设备、设施管理规定 （4）检测设备、计量器具管理制度 （5）设备操作维护规程 （6）检测仪器操作规程
6	产品设计	（1）工艺流程图 （2）工艺规程
7	原材料提供	（1）采购管理制度 （2）采购质量验证规程 （3）原辅料、成品仓库管理制度
8	生产过程的质量控制	（1）生产过程的质量控制制度 （2）关键工序管理制度
9	产品质量检验	（1）检验管理制度 （2）产品质量检验规程
10	不合格的管理	（1）不合格管理办法 （2）不合格品管理制度
11	技术文件管理制度	
12	卫生管理制度	
13	质量记录	
14	产品召回记录	

二、编制《质量手册》

《QS 质量手册》是按照食品质量安全市场准入审查通则的要求，在总体上面上企业产品质量方针的质量体系的通用文件。它是企业为实现其质量方针和质量目标的需要，建立和实施质量体系所编制的质量手册，其内容包括：前言、术语、质量手册的管理、质量方针、组织机构图、质量管理体系结构图、组织领导、质量目标、管理职责、厂区要求、车间要求、库房要求、生产设备人员要求、技术标准、工艺文件、文件管理、采购制度、采购文件、采购验证、过程管理、产品防护、检验设备、检验管理、过程检验及出厂检验等。

（一）质量手册的结构（手册范例）

封面

前言（企业简介，手册介绍）

目录

1　颁布令

2　质量方针和目标

3　组织机构

（1）行政组织机构图

（2）质量保证组织机构图

（3）质量职能分配表

4　质量体系要求

（1）管理职责

　　　目的

　　　范围

　　　职责

　　　管理要求

　　　引用程序文件

（2）质量体系

5　质量手册管理细则

6　附录

（二）质量手册内容概述

（1）封面：质量手册封面。

（2）企业简介：简要描述企业名称、企业规模、企业历史沿革；隶属关系；所有制性质；主要产品情况（产品名称、系列型号）；采用的标准、主要销售地区；企业地址、通讯方式等内容。

（3）手册介绍：介绍本质量手册所依据的标准及所引用的标准；手册的适用范围；必要时可说明有关术语、符号、缩略语。

（4）颁布令：以简练的文字说明本公司质量手册已按选定的标准编制完毕，并予以批准发布和实施。颁布令必须以公司最高管理者的身份叙述，并予亲笔手签姓名、日期。

（5）质量方针和目标：（略）。

（6）组织机构：行政组织机构图、质量保证组织机构图指以图示方式描绘出本组织内人员之间的相互关系。质量职能分配表指以表格方式明确体现各质量体系要素的主要负责部门、若干相关部门。

（7）质量体系要求：根据质量体系标准的要求，结合本公司的实际情况，简要阐述对每个质量体系要素实施控制的内容、要求和措施。力求语言简明扼要、精练准确，必要时可引用相应的程序文件。质量手册管理细则：简要阐明质量手册的编制、审核、批准情况；质量手册修改、换版规则；质量手册管理、控制规则等。

（8）附录：质量手册涉及之附录均放于此（如必要时，可附体系文件目录、质量手册修改控制页等），其编号方式为附录A、附录B，以此顺延。

（三）程序文件的编制

（1）程序文件描述的内容：往往包括5W1H：开展活动的目的（Why）、范围；做什么（What）、何时（When）何地（Where）谁（Who）来做；应采用什么材料、设备和文件，如何对活动进行控制和记录（How）等。

（2）程序文件结构（程序文件范例）

封面

正文部分：

①目的

②范围

③职责

④程序内容

⑤质量记录

⑥支持性文件

⑦附录

（3）程序文件内容概述

封面：程序文件封面格式可根据企业自己的情况设计。

正文：程序文件正文参考格式见第四章第四节《应急准备和相应控制程序》。

目的：说明为什么开展该项活动。

范围：说明活动涉及的（产品、项目、过程、活动……）范围。职责：说明活动的管理和执行、验证人员的职责。

程序内容：详细阐述活动开展的内容及要求。

质量记录：列出活动用到或产生的记录。

支持性文件：列出支持本程序的第三层文件。

附录：本程序文件涉及之附录均放于此，其编号方式为附录A、附录B。

（四）第三层文件的编制要求

第三层文件为企业具体的规章制度等。

实训一

实训主题：完成酸乳生产企业QS质量管理手册的编写。

专业技能点：①QS质量管理手册的结构；②质量管理手册的内容。

职业素养技能点：①自学能力；②分析问题解决问题的能力。

实训组织：对学生进行分组，每个组参照学一学相关知识及利用网络资源，完成酸乳生产企业QS质量管理手册的编写。

（1）从互联网上搜索到某食品企业《QS质量手册》示例，熟悉QS质量手册的基本结构和内容。

（2）在参考《QS 质量手册》示例下，以列出酸乳生产企业质量管理手册的标题，明确其应用的领域。

（3）分组对选择的质量体系要素进行描述。

（4）交流列出质量手册的标题和质量体系要素的描述情况，交流过程中，其他组可以质疑和补充。

（5）对的描述结果进行点评。

（6）以学生小组为完成单位。

实训成果：完成酸乳生产企业 QS 质量管理手册的编写。

实训评价：酸乳企业或主讲教师进行评价（表 4 - 2）。

实训二

实训主题：指导学生了解 QS 程序文件的内容和编写方法。

专业技能点：① QS 程序文件的结构；②程序文件的编写方法。

职业素养技能点：①自学能力；②分析问题解决问题的能力。

实训组织：对学生进行分组，每个组参照学一学相关知识及利用网络资源，完成某一质量活动的 QS 程序文件编写。

（1）复习 QS 程序文件的具体内容。

（2）指导学生对某项活动的目的和适用范围加以说明。

（3）指导学生按照质量体系程序确定各职能部门的职责和工作程序。

（4）将学生分组，在课堂上让学生对自己按照质量手册对某一质量活动说明其目的和适用范围，列出该质量活动涉及或引用的有关文件、规定、法规、标准以及详细步骤和指标，同时明确活动所需的各种记录表和报告。在交流过程中，其他学生可以相互补充和质疑。

（5）教师对学生的编制情况进行点评。

实训成果：完成某一质量活动的 QS 程序文件编写。

实训评价：酸乳企业或主讲教师进行评价（表 4 - 2）。

想一想

1. QS 体系文件的基本内容有哪些？
2. 简述 QS 质量管理手册的作用。
3. 如何编写 QS 质量体系文件，有哪些编写要求？

查一查

针对"食品生产加工企业必备条件"中的十一项的要求，啤酒企业整改措施有哪些？

任务五　指导酸乳企业填写《食品生产许可证申请书》

任务目标：

能够指导酸乳企业正确填写酸乳《食品生产许可证申请书》。

学一学

食品生产许可证申请书价值和意义

食品生产许可证申请时时企业正式申办食品生产许可的标志，填写必须规范，具体按照以下示范文本进行（含表4-8至表4-14）。

《食品生产许可证申请书》

（填写要求及示范文本）

申请食品品种类别及申证单元：<u>产品种类（产品单元）</u>

企业名称：<u>填写企业营业执照上的注册名称或预核准名称</u>

住　　所：<u>有营业执照的，按营业执照上住所填写；持企业名称预</u>
　　　　　<u>核准通知书的由企业进行承诺，按承诺的住所填写</u>

生产场所地址：<u>填写申请企业的实际生产场地的详细地址，要注明市</u>
　　　　　　　<u>（地）、区（县）、路（街道、社区、乡、镇）、号（村）等</u>
　　　　　　　<u>即：×市（地）×区（县）×乡（镇）×路（街道）</u>

联 系 人：<u>王××（填写企业负责办理生产许可证工作人员）</u>

联系电话：<u>手机和固定电话（企业负责办理生产许可证工作人员）</u>

传　　真：_____×××××××_____

电子邮件：×××××××@×××××××

申请日期：_____××　年　××月××日_____

首次申请□　　延续换证□　　变更□

（根据实际申请的需要在□打"√"）

（格式文本，自行下载，按法律规定和后附注意事项填写）

注 意 事 项

1. 填写要实事求是，不得弄虚作假。

2. 申请书应打印，不得涂改。

3. 申请书中的署名、印章应与工商行政管理部门预先核准或登记注册的一致（印章复印无效）。

4. 申请生产食品品种类别及申证单元按照相应审查细则的规定填写。

5. 每个申证单元必须对应一套申请材料。

6. 计量单位应使用行业通用的法定计量单位。

7. 企业提交本申请书（包括申请书要求的附件）一式2份，同时提供内容一致的电子文本。

8. 申请许可证变更的，应同时填写食品生产许可证变更申请书。

食品生产许可证申请书目录

1. 企业陈述
2. 企业基本条件和申请生产食品情况表
3. 企业治理结构
4. 企业生产加工场所有关情况
5. 企业有权使用的主要生产设备、设施一览表
6. 企业有权使用的主要检测仪器、设备一览表
7. 企业具有的主要管理人员、技术人员一览表
8. 企业主要原材料、包装材料一览表
9. 企业各项质量安全管理制度清单

企 业 陈 述

1. 本企业名称已经□预先核准、□登记注册。附有效期内名称预先核准通知书（或营业执照）复印件。

2. 本企业已组成治理结构。附结构图及法定代表人、负责人或投资人的资格证明或身份证明复印件。

3. 本企业已获必要的生产加工场所。附生产加工场所有权使用的证明材料、生产加工场所平面图（标尺寸、面积等主要参数）。

4. 本企业生产加工场所周围环境符合相关规定。附周围环境平面图。

5. 本企业生产加工场所各功能间布局符合相关规定。附各功能间布局图复印件（标尺寸、面积等主要参数）。

6. 本企业生产工艺流程符合相关规定。附示意图复印件。

7. 本企业生产加工场所已拥有必要的生产设备设施。附设备设施清单（关键设备标有参数，委托检验的附委托检验合同）、设备布局图。

8. 本企业已拥有必要的专业技术人员、管理人员。附一览表。

9. 本企业已制定必要的质量安全管理制度。附文件清单及文本。

10. 本企业按审查细则要求，提供附件相关材料（如有时）。

11. 本企业拥有的以上资源，符合规定条件，能够适应申请生产的食品品种，单班生产八小时：日产量可以达到　　　　、月产量可以达到　　　　、年产量可以达到　　　　。

本企业承诺：对申请材料内容真实性负责，并承担相应的法律责任。

负责人签名/盖章：

年　　月　　日

表 4－8　企业基本条件和申请生产食品情况表

企业基本条件汇总	企业名称或预核准名称	填写企业营业执照上的注册名称或预核准名称 （应与营业执照或预核准名称、公章填写严格一致）			
	食品生产许可证编号	（许可延续申请和扩项申请时填写）			
	生产场所地址	填写申请企业的实际生产场地的详细地址，要注明市（地）、区（县）、路（街道、社区、乡、镇）、号（村）等			
	法定代表人或负责人	（应与营业执照或企业名称预核准通知书一致）	联系电话（手机和固话）	1388988××× 024-8756×××	
	电子邮箱	××@××	经济性质	填写营业执照或企业名称预核准上的经济类型	
	营业执照编号（如有时）	营业执照上注册的编号	企业代码（如已设立时）	按组织机构代码证填写	
	主要管理和技术人员数	×××人 按实际情况填写	生产厂房建成时间	×年×月×日	
	占地面积	×××　米²	建筑面积	×××　米²	
申请生产食品情况	申证单元食品品种明细	申证单元：按细则规定的单元名称填写			
		食品品种明细： 饮用天然矿泉水；瓶装饮用纯净水 （列出生产该单元产品所执行的所有产品标准的名称）			
	执行食品安全标准或企业标准	饮用天然矿泉水：GB 8537—1995 瓶装饮用纯净水：GB 17323—1998 （列出该单元产品的全部产品标准号，企业标准要注明备案号）			
	年设计能力	×××　吨	年实际产量（企业已设立时）	×××　吨	

注：本表需附拟设立企业的《名称预先核准通知书》；已设立企业的营业执照复印件（换证、变更企业需同时提供《食品生产许可证》正、副本，副页）。企业执行的产品标准文本

表4-9 企业治理结构

职责　　　　　身份证（明）文件号码

法定代表人　姓名（职责）　　　　　个人身份证号码

负责人　　　姓名（职责）　　　　　个人身份证号码

投资人　　　股权人姓名　　　　　　个人身份证号码

_____　　　　　_____

_____　　　　　_____

注：本表需附治理结构图，法定代表人、负责人或投资人的资格证明或身份证（明）复印件

表4-10　企业生产加工场所有关情况

序号	企业各生产场点、工艺、工序名称	该生产场点、工艺、工序所在地	该所在地有权使用证明材料
	企业有多个生产场点的应逐一填写，（如生产场点A、生产场点B等） 按企业申报产品的具体工艺流程的顺序来填写	填写生产场点地名或车间名称	房产证、土地证、租赁合同、由具有发放权属资格的乡镇及以上政府开具的土地使用权证明等

注：①本表所报工序必须覆盖审查细则规定的各工艺要求；
　　②本表需附生产加工场所有权使用的证明材料复印件、生产加工场所平面图、场所周围环境平面图、功能间布局图、工艺流程图

表 4-11 企业有权使用的主要生产设备、设施一览表

序号	设备设施名称	规格型号	数量	安装使用场所	生产厂及国别	生产日期	完好状态	购置或租用日期，购置资产证明或租用证明
1	注：对照该产品实施细则规定的要求，填写企业实际具备的生产设备。按生产工艺流程顺序填写。	注：指设备铭牌、说明书中标明的规格型号	注：按企业实际所配备的生产设备的数量填写	注：指设备实际使用的场所或工序，如配料车间等	注：对国产设备，填写生产企业的全称；对进口设备，可只填写国家名称；对自行设计、制造的设备、填写自制	注：按设备铭牌、合格证、或说明书中主要的生产日期填写	注：指设备的完好程度，一般分为完好、待修和报废三种，按照设备的实际状态填写	注：①按设备台账中设备购进日期填写；自制设备按设备档案中竣工使用日期填写 ②附购买发票、收据、设备生产企业出具的证明材料（如无上述证明，企业需上交自我承诺）
	×××××××	××××××	××	具体生产车间	×××××有限公司	×年×月×日	完好	×年×月×日（有权使用证明材料以附件形式附在该页后面）

注：本表需附设备设施布局图，设备设施有权使用的证明材料复印件

表 4-12　企业有权使用的主要检测仪器、设备一览表

类别	序号	名称	型号规格	精度等级	数量	检定有效截止期	使用场所	生产厂及国别	生产日期
自行购置的仪器、设备		按与申报产品单元相关的采购、过程和出厂检验所需的检测仪器、设备的实际名称填写	按检测仪器、设备铭牌或说明书标明的规格型号填写	按检测仪器、设备所具备的精度等级填写	按企业实际所配备的检测仪器、设备的数量填写	以仪器检定证书上的有效期为准（没有检定证书的填写设备的出厂检验合格日期）	按检测仪器、设备的实际使用场所填写，如在生产线或实验室使用	对国产设备，填写生产企业的全称；对进口设备，可只填写国家名称	按设备铭牌、合格证、或说明书中的生产日期填写
	1	液相色谱仪	××	××	1	×年×月×日	检验室	美国	×年×月×日
以上企业自行检验时填写，以下企业委托检验时填写									
委托检验的（同时附委托合同）仪器、设备		委托检验提供市局审核意见							

表4-13 企业具有的主要管理人员、技术人员一览表

序号	姓名	身份证号	性别	年龄	职务	职称	文化程度、专业	负责领域工序
	如实填写（应包括企业负责人、质量负责人、技术负责人、检验人员、关键岗位操作人员）	如实填写	如实填写	如实填写	一般应填写担任的行政职务，如总经理、总工程师、车间主任、检验室主任（主管）等	一般按工程技术人员职称资格证书填写	如实填写	一般按其所在的部门或者岗位填写
1	王××	************	男	39	总经理	高级经济师	本科	管理岗位
2	李××	************	女	35	副总经理	高级工程师	本科	管理岗位
3	张××	************	男	28	技术员	助理工程师	专科	管理岗位

表4-14 企业各项质量安全管理制度清单

序号	质量安全管理制度	相应文本编号
1	企业组织机构图	根据企业实际编号填写
2	质量安全目标	
3	质量岗位职责	
4	生产和质量工作人员资格能力规定	
5	人员培训管理制度（企业员工培训档案）	
6	生产设备管理制度	
7	文件管理制度	
8	生产场所卫生管理制度	
9	产品标识管理制度	
10	采购管理制度	
11	仓库管理制度	
12	过程检验管理制度	
13	关键质量控制点管理制度	
14	食品添加剂使用管理制度	
15	化验室管理制度	
16	检测设备管理制度	
17	设备清洗消毒管理制度	
18	纠正预防措施制度	
19	从业人员卫生管理制度	
20	设备维护保修管理制度	
21	出厂检验管理制度	
22	从业人员健康检查管理制度	
23	不合格品管理制度	
24	食品召回管理制度	
25	食品安全事故处置方案	
26	原辅材料进货查验记录制度	
27	从业人员健康档案制度	
28	产品贮存管理制度	
29	生产过程安全管理制度（应包含考核内容）	
	以上仅供参考	

注：本表需附管理制度文本

实训一

实训主题：填写酸乳企业酸乳《食品生产许可证申请书》。

专业技能点：食品生产许可证。

职业素养技能点：①自学能力；②分析问题解决问题的能力。

实训组织：对学生进行分组，每个组参照学一学相关知识及利用网络资源，填写一份酸乳企业酸乳《食品生产许可证申请书》。

实训成果：酸乳企业酸乳《食品生产许可证申请书》。

实训评价：由酸乳企业质量负责人或主讲教师进行评价（表4-2）。

实训二

实训主题：填写啤酒企业《食品生产许可证申请书》。

专业技能点：食品生产许可证。

职业素养技能点：①自学能力；②分析问题解决问题的能力。

实训组织：对学生进行分组，每个组参照学一学相关知识及利用网络资源，填写一份啤酒企业《食品生产许可证申请书》。

实训成果：啤酒企业《食品生产许可证申请书》。

实训评价：由啤酒企业质量负责人或主讲教师进行评价（表4-2）。

想一想

1. 《食品生产许可证申请书》的价值和意义。

2. 《食品生产许可证申请书》填写注意事项。

查一查

1. 国家食品药品监督管理总局 http：//www. sda. gov. cn/WS01/CL0001/。

2. 北京市食品药品监督管理局 http：// www. bjda. gov. cn/publish/ main/index. html？%68％94％37％e3％11。

3. 各省食品药品监督管理局。

任务六　指导酸乳企业进行食品生产许可（QS）现场核查的"模拟审核"

任务目标：

知道食品生产许可现场核查的依据。

熟知酸乳生产企业申请 QS 现场核查的主要内容。

学一学

根据食品质量安全市场准入制度的规定，对酸乳生产企业申证材料书面审查合格的酸乳生产企业，审查组应按照食品生产许可证审查规则，在 40 个工作日内完成对企业必备条件的 QS 现场审查，对 QS 现场审查合格的企业，由审查组现场抽样和封样。

企业 QS 现场审查工作，是审查组对材料审查合格后的食品企业开展的下一项工作。审查组应当自《食品生产许可证受理通知书》发出之日起 40 个工作日内，依据食品生产许可证审查规则按时完成企业必备条件的现场审查。

一、食品质量安全市场准入审查规则

《食品质量安全市场准入审查通则》是审查组对食品生产加工企业保证产品质量必备生产条件 QS 现场审查活动的工作依据。在酸乳生产企业 QS 现场审查中，审查员应同时使用《审查通则》和《企业生产乳制品许可条件审查细则》，以完成对酸乳生产企业的质量安全市场准人审查。

二、现场审查工作程序

企业 QS 现场审查工作过程主要有：召开预备会议，召开首次会议，进行现场审查，审查组内部会议，召开末次会议等五个步骤。

1. 预备会议

到食品企业进行现场审查之前，审查组长需召开一次审查预备会议，也叫"碰头会"。

2. 首次会议

召开首次会议，是审查组进入企业进行现场审查的第一项正式活动，也是现场审查活动的正式开始。首次会议由审查组长主持召开。

3. 现场审查

现场审查的审查进度依照《关于印发〈食品质量安全市场准入审查通则〉的通知》（国质检监函［2010］88 号）中的《食品生产加工企业必备条件现场审查表》进行。

现场审查的方法主要为"问、看、查"。

"问"，就是面谈、交谈。审查员与企业人员面谈时，应和蔼、耐心，切忌态度死板生硬，不要增加被谈话人员的心理压力。在提问时，应掌握主导性，但绝不能诱导对方。

"看"，就是查看文件，查看记录等。审查员不仅要会查看文件、记录的真实性，是否与企业实际情况相符合，还应会查看文件、记录的合理性和科学性。

"查"，就是观察。审查员应对现场的生产设备、出厂检验设备以及现场生产控制等情况进行仔细查看，以便获得真实可靠的现场审查信息。

一般来说，在现场审查中"问、看、查"三大方法的使用比例为："问"占 50% 左右，"看"占 30% 左右，"查"占 20% 左右。

现场审查结论的确定原则如表 4－15 所示。

表4－15　现场审查结论判定依据表

核查结论	严重不合格项	一般不合格项	其中：重点项目一般不合格项	备注
合格（A级）	0	≤2	0	三项均满足方可判定
	0	≤4	2	三项均满足方可判定
合格（B级）		≤5	1	三项均满足方可判定
		≤6	0	三项均满足方可判定
合格（C）级	0	≤8	≤4	三项均满足方可判定
不合格	≥1	>8	≥4	有一项满足即刻判定

现场审查为合格时，审查组按照《企业生产乳制品许可条件审查细则》规定进行抽样

4. 内部会议

内部会议即指审查组自己召开的内部会议。

5. 末次会议

审查组内部会议开过之后，审查组长负责召开末次会议。末次会议是宣布现场审查结论的会议。

三、《现对设立食品生产企业的申请人规定条件审查记录表》

《对设立食品生产企业的申请人规定条件审查记录表》

申请人名称：＿＿＿＿＿＿＿＿＿＿＿＿＿＿＿＿＿

申证食品品种类别：＿＿＿＿＿＿＿＿＿＿＿＿＿＿

申请生产食品申证单元：＿＿＿＿＿＿＿＿＿＿＿＿＿

生产场所地址：＿＿＿＿＿＿＿＿＿＿＿＿＿＿＿＿

审查日期：　　　　年　　　月　　　日

使用说明

（1）本审查记录表适用于对设立食品生产企业的申请人规定条件中申请材料的审核和生产场所核查。

（2）本审查记录表分为：申请材料审核和生产场所核查两个部分共37个项目。对每一个审查项目均规定了"符合"、"基本符合"、"不符合"的判定标准。

（3）审查组应按照对每一个审查项目的审查情况和判定标准，填写审查结论。

（4）"审查记录"一栏应当填写审查发现的基本符合和不符合情况。

1. 申请材料审核

申请材料审核表如表4－16所示。

表 4-16　申请材料审核表

序号	内容	审查项目	判定标准	审查方法	审查结论	审查记录
1.1	组织领导	申请人治理结构中至少有一人全面负责质量安全工作	制度规定了该人负责质量安全工作的职能，符合；制度对质量安全工作负责人规定不清楚，基本符合；制度未规定质量安全工作负责人，不符合	查看文件	□ 符合 □ 基本符合 □ 不符合	(1)
		申请人应设置相应的质量管理机构或人员，负责质量管理体系的建立、实施和保持工作	申请人有明确的机构或专职人员负责质量管理工作，符合；有机构和兼职人员负责质量管理工作，基本符合；无机构和人员负责企业的质量管理工作，不符合	查看文件	□ 符合 □ 基本符合 □ 不符合	(2)
1.2	质量目标	申请人应制定明确的质量安全目标	有明确的质量安全目标，符合；质量安全目标不明确，基本符合；无质量安全目标，不符合	查看文件	□ 符合 □ 基本符合 □ 不符合	(3)
1.3	管理职责	申请人制定各有关部门质量安全职责、权限等情况的管理制度	制定了管理制度，并规定各有关部门质量职责、权限，且内容合理，符合；规定的内容不全面，基本符合；没制定质量管理制度或制定了部门质量管理制度但内容不合理，不符合	查看文件	□ 符合 □ 基本符合 □ 不符合	(4)
		申请人应当制定对不符合情况的管理办法，对企业出现的各种不符合情况及时进行纠正或采取纠正措施	制定了不符合情况管理办法，符合；制定了不符合情况管理办法，但内容不合理，基本符合；未制定不符合情况管理办法，不符合	查看文件	□ 符合 □ 基本符合 □ 不符合	(5)
1.4	人员要求	申请人应规定生产管理者职责，明确其责任、权利和义务，生产管理者的资格应符合有关规定	明确，符合；符合资格规定，责任、权力或者义务规定不明确，基本符合；资格不符合规定，或未明确责任、权利和义务，不符合	查看文件和证件	□ 符合 □ 基本符合 □ 不符合	(6)

（续表）

序号	内容	审查项目	判定标准	审查方法	审查结论	审查记录
1.4	人员要求	申请人应规定质量管理人员的职责，明确其责任、权利和义务。质量管理人员资格应符合有关规定	明确，符合； 符合资格规定，责任、权利或者义务规定不明确，基本符合； 资格不符合规定，或未明确责任、权利和义务，不符合	查看文件和证件	□ 符合 □基本符合 □不符合	（7）
		申请人应规定技术人员的职责，明确其责任、权利和义务。技术人员资格应符合有关规定	明确，符合； 符合资格规定，责任、权利或者义务规定不明确，基本符合； 资格不符合规定，或未明确责任、权利和义务，不符合	查看文件和证件	□ 符合 □基本符合 □不符合	（8）
		申请人应规定生产操作人员的职责。明确其责任、权利和义务。生产操作人员资格应符合有关规定	明确，符合； 符合资格规定，责任、权利或者义务规定不明确，基本符合； 资格不符合规定，或未明确责任、权利和义务，不符合	查看文件和证件	□ 符合 □基本符合 □不符合	（9）
1.5	技术标准	申请人应具备审查细则中规定的现行有效的国家标准、行业标准及地方标准	具有审查细则中规定的产品标准和相关标准，符合； 缺少个别标准，基本符合； 缺少若干个标准，不符合	查看标准	□ 符合 □基本符合 □不符合	（10）
		明示的企业标准应按《食品安全法》的要求，经卫生行政部门备案，纳入受控文件管理	符合要求，符合； 已经过备案，但未纳入受控文件管理，基本符合； 未经过备案，不符合	查看标准查看证明、标识。	□ 符合 □基本符合 □不符合	（11）
1.6	工艺文件	申请人应具备生产过程中所需的各种产品配方、工艺规程、作业指导书等工艺文件。产品配方中使用食品添加剂规范、合理	企业完全符合规定要求，符合； 部分符合规定要求，基本符合； 不符合规定要求，不符合	查看文件	□ 符合 □基本符合 □不符合	（12）
1.7	采购制度	应制定原辅材料及包装材料的采购管理制度。企业如有外协加工或委托服务项目，也应制定相应的采购管理办法（制度）	有完善的采购管理制度，及外协加工及委托服务的采购管理办法（制度），符合； 采购管理制度以及外协加工及委托服务的采购管理办法（制度）制定的不够完善，基本符合； 无采购管理制度，以及外协加工及委托服务的采购管理办法（制度），不符合	查看文件	□ 符合 □基本符合 □不符合	（13）

（续表）

序号	内容	审查项目	判定标准	审查方法	审查结论	审查记录
1.8	采购文件	应制定主要原辅材料、包装材料的采购文件，如采购计划、采购清单或采购合同等，并根据批准的采购文件进行采购。应具有主要原辅材料产品标准	企业符合规定要求，符合；部分符合规定要求，基本符合；不符合规定要求，不符合	查看文件	□ 符合 □ 基本符合 □ 不符合	（14）
1.9	采购验证制度	申请人应制定对采购的原辅材料、包装材料以及外协加工品进行检验或验证的制度。食品标签标识应当符合相关规定	符合要求，符合；有制度，但有缺陷，基本符合；无制度，不符合	查看文件	□ 符合 □ 基本符合 □ 不符合	（15）
1.10	过程管理	申请人应制定生产过程质量管理制度及相应的考核办法	有生产过程质量管理制度及相应的考核办法，符合；有生产过程质量管理制度，无相应的考核办法，基本符合；无生产过程质量管理制度及相应的考核办法，不符合	查看文件	□ 符合 □ 基本符合 □ 不符合	（16）
1.11	质量控制	申请人应根据食品质量安全要求确定生产过程中的关键质量控制点，制定关键质量控制点的操作控制程序或作业指导书	关键控制点确定合理并有相应的控制管理规定，控制记录规范，符合；关键控制点确定不太合理，记录不规范，基本符合；未明确关键控制点，不能满足生产质量控制要求，不符合	查看文件	□ 符合 □ 基本符合 □ 不符合	（17）
1.12	产品防护	申请人应制定在食品生产加工过程中有效防止食品污染、损坏或变质的制度	符合要求，符合；制度制定不合理，基本符合；未制定相关制度，不符合	查看文件	□ 符合 □ 基本符合 □ 不符合	（18）
		申请人应制定在食品原料、半成品及成品运输过程中有效防止食品污染、损坏或变质的制度。有冷藏、冷冻运输要求的，申请人必须满足冷链运输要求	符合要求，符合；制度制定不合理，有冷藏冷冻运输要求且符合的，基本符合；未制定相关制度，有冷藏冷冻运输要求，但达不到的，不符合	查看文件	□ 符合 □ 基本符合 □ 不符合	（19）

（续表）

序号	内容	审查项目	判定标准	审查方法	审查结论	审查记录
1.13	检验管理	申请人应具有独立行使权力的质量检验机构或专（兼）职质量检验人员，并具有相应检验资格和能力	有独立行使权力的检验机构或专（兼）职检验人员，检验人员具有相应检验资格和技术，符合；检验人员的检验技术存在部分不足，基本符合；无独立行使权力的检验机构或专（兼）职检验人员或无相应检验资格和技术的检验人员，不符合	查看文件查看证明企业自检时核查操作验证	□ 符合 □ 基本符合 □ 不符合	(20)
		申请人应制定产品质量检验制度（包括过程检验和出厂检验）以及检测设备管理制度	有产品检验制度和检测设备管理制度，符合；有制度但内容不全面，基本符合；无产品检验制度和检测设备管理制度，不符合	查看文件	□ 符合 □ 基本符合 □ 不符合	(21)
		无检验项能力的，应当委托有资质的检验机构进行检验	有委托合同，内容合理，符合；有合同，内容不合理，基本符合；无委托合同，不符合	查看文件	□ 符合 □ 基本符合 □ 不符合	(22)

2. 生产场所核查

生产场所核查表如表 4 – 17 所示。

表 4 – 17 生产场所核查表

序号	内容	审查项目	判定标准	审查方法	审查结论	审查记录
2.1	厂区要求	申请人厂区周围应无有害气体、烟尘、粉尘、放射性物质及其他扩散性污染源	无各种污染源，符合；略有污染，基本符合；污染较重，不符合	现场查看	□ 符合 □ 基本符合 □ 不符合	(23)
		厂区应当清洁、平整、无积水；厂区的道路应用水泥、沥青或砖石等硬质材料铺成	厂区清洁、平整、无积水，道路用硬质材料铺成，符合；厂区不太清洁、平整，基本符合；厂区不清洁或有积水或无硬质道路，不符合	现场查看	□ 符合 □ 基本符合 □ 不符合	(24)
		生活区、生产区应当相互隔离；生产区内不得饲养家禽、家畜；坑式厕所应距生产区 25m 以外	生活区、生产区隔离较远，符合；生活区、生产区隔离较近，基本符合；生活区、生产区无隔离或生产区内饲养家禽、家畜或坑式厕所距生产区 25m 以内，不符合	现场查看	□ 符合 □ 基本符合 □ 不符合	(25)

（续表）

序号	内容	审查项目	判定标准	审查方法	审查结论	审查记录
2.1	厂区要求	厂区内垃圾应密闭式存放，并远离生产区，排污沟渠也应为密闭式，厂区内不得散发出异味，不得有各种杂物堆放	厂区内垃圾、排污沟渠为密闭式，无异味，无各种杂物堆放，符合； 略有不足，基本符合； 达不到要求，不符合	现场查看	□ 符合 □ 基本符合 □ 不符合	（26）
2.2	车间要求	生产车间或生产场地应当清洁卫生；应有防蝇、防鼠、防虫等措施和洗手、更衣等设施；生产过程中使用的或产生的各种有害物质应当合理置放与处置	企业达到规定要求，符合； 略微欠缺，基本符合； 达不到规定要求，不符合	现场查看	□ 符合 □ 基本符合 □ 不符合	（27）
		生产车间的高度应符合有关要求；车间地面应用无毒、防滑的硬质材料铺设，无裂缝，排水状况良好；墙壁一般应当使用浅色无毒材料覆涂；房顶应无灰尘；位于洗手、更衣设施外的厕所应为水冲式	企业达到规定要求，符合； 位于洗手、更衣设施外的厕所为水冲式，其他略微欠缺，基本符合； 达不到规定要求，不符合	现场查看	□ 符合 □ 基本符合 □ 不符合	（28）
		生产车间的温度、湿度、空气洁净度应满足不同食品的生产加工要求	生产车间的温度、湿度、空气洁净度能满足食品生产加工要求，符合； 略有误差，基本符合； 满足不了食品生产加工要求，不符合	现场查看	□ 符合 □ 基本符合 □ 不符合	（29）
		生产工艺布局应当合理，各工序应减少迂回往返，避免交叉污染	生产工艺布局合理，各工序前后衔接，无交叉污染，符合； 生产工艺布局不太合理，略有交叉，基本符合； 生产工艺相互交叉污染，不符合	查看文件现场查看	□ 符合 □ 基本符合 □ 不符合	（30）
		生产车间内光线充足，照度应满足生产加工要求。工作台、敞开式生产线及裸露食品与原料上方的照明设备应有防护装置	生产车间内光线充足，工作台、敞开式生产线及裸露食品与原料上方的照明设备有防护装置，符合； 略有不足，基本符合； 严重不足，不符合	现场查看	□ 符合 □ 基本符合 □ 不符合	（31）

（续表）

序号	内容	审查项目	判定标准	审查方法	审查结论	审查记录
2.3	库房要求	库房应当整洁，地面平滑无裂缝，有良好的防潮、防火、防鼠、防虫、防尘等设施。库房内的温度、湿度应符合原辅材料、成品及其他物品的存放要求	企业的库房符合规定，符合； 略有不足，基本符合； 严重不足，不符合	现场查看	□ 符合 □基本符合 □ 不符合	（32）
		库房内存放的物品应保存良好，一般应离地、离墙存放，并按先进先出的原则出入库。原辅材料、成品（半成品）及包装材料库房内不得存放有毒、有害及易燃、易爆等物品	库房内存放的物品保存良好，无有毒有害及易燃、易爆物品，符合； 保存一般，无有毒有害及易燃、易爆物品，基本符合； 保存不好，库房内存放有毒、有害及易燃、易爆等物品，不符合	现场查看	□ 符合 □基本符合 □ 不符合	（33）
2.4	生产设备	申请人必须具有审查细则中规定的必备的生产设备，企业生产设备的性能和精度应能满足食品生产加工的要求	具备审查细则中规定的必备的生产设备，设备的性能和精度能满足食品生产加工的要求，符合； 具备必备的生产设备，但个别设备需要完善，基本符合； 不具备审查细则中规定的必备的生产设备或具备的生产设备的性能和精度不能满足食品生产加工的要求，不符合	现场查看核对设备清单	□ 符合 □基本符合 □ 不符合	（34）
		直接接触食品及原料的设备、工具和容器，必须用无毒、无害、无异味的材料制成，与食品的接触面应边角圆滑、无焊疤和裂缝	完全符合规定，符合； 直接接触食品及原料的设备、工具和容器的材料符合规定，但与食品的接触面偶有微小焊疤、裂缝等情况，基本符合； 不符合规定，不符合	现场查验查阅材料	□ 符合 □基本符合 □ 不符合	（35）
		食品生产设施、设备、工具和容器等应加强维护保养，及时进行清洗、消毒。使用的清洗消毒剂应符合国家相关规定	食品生产设施、设备、工具和容器保养良好，使用前后按规定进行清洗、消毒，符合； 食品生产设施、设备、工具和容器的维护保养和清洗、消毒工作存在一些不足，基本符合； 存在严重不足，不符合	现场查验	□ 符合 □基本符合 □ 不符合	（36）

序号	内容	审查项目	判定标准	审查方法	审查结论	审查记录
2.5	检验设备	申请人应具备审查细则中规定的必备的出厂检验设备设施，出厂检验设备设施的性能、准确度应能达到规定的要求。有合格计量检定证书。实验室布局合理，满足相应检验条件。实行委托检验的，应签订合法的委托合同或协议	具有审查细则规定的出厂检验设备，且能满足出厂检验需要，实验室布局合理，满足相应检验条件，符合；具备必要的出厂检验设备，但比较陈旧或有少许误差，或实验室布局不太合理，基本符合；不具备审查细则规定的出厂检验设备，或不能满足出厂检验需要，不符合。实行委托检验的，签订合法的委托合同或协议的，符合；有委托合同或协议，且规范的，基本符合；既没有委托合同，也没有委托协议的，不符合	查看设备清单、必要时现场查看证书，查委托合同或协议	□ 符合 □ 基本符合 □ 不符合	（37）

![实训一图标] **实训一**

实训主题：酸乳生产企业必备条件现场模拟审查。

专业技能点：①现场审查的步骤；②现场审查注意事项。

职业素养技能点：①组织协调能力；②拓展能力。

实训组织：依据食品质量安全市场准入的有关法律、法规及《食品质量安全市场准入审查通则》等规定，酸乳生产企业申请《食品生产许可证》必须通过食品生产加工企业必备条件的现场审查。现场审查包括质量管理职责、生产资源提供、技术文件管理、采购质量控制、过程质量管理和产品质量检验6个部分46项内容，每一项审查内容都有"合格"、"一般不合格"、"严重不合格"3种审查评定结论。

（1）制定《食品生产加工企业必备条件现场模拟审查工作计划表》。

（2）从互联网上搜索到《食品生产企业保证产品质量安全必备条件现场审查表》，熟悉《食品生产企业保证产品质量安全必备条件现场审查表》的基本结构和内容。

（3）指导学生分组，按照审查表和相应的《企业生产乳制品许可条件审查细则》对酸乳生产加工企业就质量管理职责、生产资源提供、技术文件管理、采购质量控制、过程质量管理和产品质量检验六个部分进行企业必备条件进行现场模拟审查。

实训成果：现场模拟审查确定审查结论。

实训评价：由酸乳企业质量负责人或主讲教师进行评价（表4-18）。

表 4 – 18　食品企业必备条件现场模拟审查表

学生姓名	审查的规范性 （30 分）	审查过程的完整性 （30 分）	结论的准确性 （20 分）	其他 （20 分）

实训二

实训主题：面包生产企业必备条件现场模拟审查。

专业技能点：①现场审查的步骤；②现场审查注意事项。

职业素养技能点：①组织协调能力；②拓展能力。

实训组织：依据食品质量安全市场准入的有关法律、法规及《食品质量安全市场准入审查通则》等规定，面包生产企业申请《食品生产许可证》必须通过食品生产加工企业必备条件的现场审查。现场审查包括质量管理职责、生产资源提供、技术文件管理、采购质量控制、过程质量管理和产品质量检验六个部分 46 项内容，每一项审查内容都有"合格"、"一般不合格"、"严重不合格"三种审查评定结论。

（1）制定《食品生产加工企业必备条件现场模拟审查工作计划表》。

（2）从互联网上搜索到《食品生产企业保证产品质量安全必备条件现场审查表》，熟悉《食品生产企业保证产品质量安全必备条件现场审查表》的基本结构和内容。

（3）指导学生分组，按照审查表和相应的《糕点生产许可证审查细则》对酸乳生产加工企业就质量管理职责、生产资源提供、技术文件管理、采购质量控制、过程质量管理和产品质量检验六个部分进行企业必备条件进行现场模拟审查。

实训成果：现场模拟审查确定审查结论。

实训评价：由面包企业质量负责人或主讲教师进行评价（表 4 – 18）。

想一想

1. 现场审查的依据是什么？

2. 现场审查包括哪些步骤？工作如何开展？

3. 现场审查过程中"首次会议"的基本内容是什么？

4. 现场抽样是如何规定的？

5. 《食品生产加工企业保证产品质量安全必备条件现场审查表》包括哪几方面的基本内容？

6. 如何理解 QS 标志与产品质量检验合格证二者的关系？

7. 食品加工企业在生产的食品上使用 QS 标志，必须符合哪些条件？

查一查

1. 国家食品药品监督管理总局 http：//www. sda. gov. cn/WS01/CL0001/。

2. 北京市食品药品监督管理局 http：// www. bjda. gov. cn/publish/ main/index. html？%68％94％37％e3％11。

3. 各省食品药品监督管理局。

任务七　指导酸乳企业食品生产许可证日常管理

任务目标：

知道如何办理年审、换证变更、注销、遗失、补副本。

酸乳生产企业日常管理工作。

学一学

一、食品生产许可证的年审

对食品生产许可证实行年审制度。取得食品生产许可证的企业，应当在证书有效期内，每年进行一次自查，并在满 1 年前的一个月内向所在地的市（地）级以上质量技术监督部门递交《自查报告》，提出年审申请。年审工作由受理年审申请的质量技术监督部门组织实施。年审合格的，质量技术监督部门应在企业生产许可证的副本上签署年审意见。

二、食品生产许可证换证

食品生产许可证的有效期 3 年，企业在有效期届满继续生产的，为了不影响食品生产加工企业的正常经营活动，应当在食品生产许可证有效期满 6 个月，向原受理食品生产许可证申请的质量技术监督部门提出换证申请。质量技术监督部门应当按规定的申请程序进行审查换证。

实训

实训主题：填写酸乳企业《食品生产许可证延续换证申请书》。

专业技能点：延续换证。

职业素养技能点：①自学能力；②分析问题解决问题的能力。

实训组织：对学生进行分组，每个组参照学一学相关知识及利用网络资源，填写一份酸乳企业酸乳《食品生产许可证延续换证申请书》。

实训成果：酸乳企业《食品生产许可证延续换证申请书》。

实训评价：由酸乳企业质量负责人或主讲教师进行评价（表4－2）。

想一想

1. 为什么已获得食品生产许可证企业还要接受监督检查？

2. 对实施生产许可证管理的食品及其生产企业进行监督管理的主要内容有哪些？

3. 食品生产许可证如何进行年审和换证？

查一查

1. 国家食品药品监督管理总局 http：//www. sda. gov. cn/WS01/CL0001/。

2. 北京市食品药品监督管理局 http：//www. bjda. gov. cn。

3. 各省食品药品监督管理局。

【项目小结】

本项目讲述了食品企业食品生产许可申办依据、审查依据、申请文件填写、迎接核查技能。

【拓展学习】

本项目涉及及需要拓展学习文件

《中华人民共和国产品质量法》2000 年 7 月 8 日第九届全国人民代表大会常务委员会第十六次会议通过

《中华人民共和国行政许可法》2003 年 8 月 27 日第十届全国人民代表大会常务委员会第四次会议通过

《中华人民共和国食品安全法》2009 年 2 月 28 日第十一届全国人民代表大会常务委员会第七次会议通过

《中华人民共和国工业产品生产许可证管理条例》2005 年 7 月 9 日国务院令第 440 号公布

《中华人民共和国食品安全法实施条例》2009 年 7 月 8 日国务院令第 557 号发布

《乳品质量安全监督管理条例》2008 年 10 月 9 日国务院令第 536 号发布

《食品生产加工企业质量安全监督管理实施细则（试行）》2005 年 9 月 1 日国家质量监督检验检疫总局令第 79 号发布

《食品生产许可管理办法》2010 年 4 月 7 日国家质量监督检验检疫总局令第 129 号发布

《关于印发〈北京市食品生产加工作坊监督管理指导意见〉等 4 个北京市食品安全条例配套文件的通知》2013 年 3 月 12 日北京市质量技术监督局，京质监食发〔2013〕88 号

《关于发布食品生产许可审查通则（2010 版）的公告》2010 年 8 月 23 日国家质量监督检验检疫总局公告第 88 号

《小麦粉生产许可证审查细则》2005 年 1 月 7 日国家质量监督检验检疫总局，国质检监〔2005〕15 号

《关于发布食品生产许可证审查细则修改单的通知》2005 年 9 月 26 日国家质量监督检验检疫总局，国质检监函〔2005〕776 号

《大米生产许可证审查细则》2005 年 1 月 7 日国家质量监督检验检疫总局，国质检监〔2005〕15 号

《挂面生产许可证审查细则》2006 年 8 月 25 日国家质量监督检验检疫总局，国质检食监〔2006〕365 号

《其他粮食加工品生产许可证审查细则（2006 版）》2006 年 12 月 27 日国家质量监督检验检疫总局，国质检食监〔2006〕646 号

《食用植物油生产许可证审查细则（2006 版）》2006 年 12 月 27 日国家质量监督检验检疫总局，国质检食监〔2006〕646 号

《食用油脂制品生产许可证审查细则（2006 版）》2006 年 12 月 27 日国家质量监督检验检疫总局，国质检食监〔2006〕646 号

《食用动物油脂生产许可证审查细则（2006 版）》2006 年 12 月 27 日国家质量监督检验

检疫总局，国质检食监〔2006〕646 号

《酱油生产许可证审查细则》2005 年 1 月 7 日国家质量监督检验检疫总局，国质检监〔2005〕15 号

《食醋生产许可证审查细则》2005 年 1 月 7 日国家质量监督检验检疫总局，国质检监〔2005〕15 号

《味精生产许可证审查细则》2005 年 1 月 7 日国家质量监督检验检疫总局，国质检监〔2005〕15 号

《鸡精调味料生产许可证审查细则》2006 年 8 月 25 日国家质量监督检验检疫总局，国质检食监〔2006〕365 号

《酱类生产许可证审查细则》2006 年 8 月 25 日国家质量监督检验检疫总局，国质检食监〔2006〕365 号

《调味料产品生产许可证审查细则（2006 版）》2006 年 12 月 27 日国家质量监督检验检疫总局，国质检食监〔2006〕646 号

《肉制品生产许可证审查细则（2006 版）》2006 年 12 月 27 日国家质量监督检验检疫总局，国质检食监〔2006〕646 号

《关于发布企业生产婴幼儿配方乳粉许可条件审查细则（2010 版）和企业生产乳制品许可条件审查细则（2010 版）的公告》2010 年 11 月 1 日国家质量监督检验检疫总局公告第 119 号

《饮料产品生产许可证审查细则（2006 版）》2006 年 12 月 27 日国家质量监督检验检疫总局，国质检食监〔2006〕646 号

《关于发布饮料产品生产许可证审查细则（2006 版）修改单的通知》2009 年 1 月 14 日国家质量监督检验检疫总局，国质检食监函〔2009〕19 号

《方便食品生产许可证审查细则（2006 版）》2006 年 12 月 27 日国家质量监督检验检疫总局，国质检食监〔2006〕646 号

《方便面生产许可证审查细则》2005 年 1 月 17 日国家质量监督检验检疫总局，国质检监〔2005〕15 号

《饼干生产许可证审查细则》2005 年 1 月 7 日国家质量监督检验检疫总局，国质检监〔2005〕15 号

《罐头食品生产许可证审查细则（2006 版）》2006 年 12 月 27 日国家质量监督检验检疫总局，国质检食监〔2006〕646 号

《冷冻饮品生产许可证审查细则》2005 年 1 月 7 日国家质量监督检验检疫总局，国质检监〔2005〕15 号

《速冻食品生产许可证审查细则（2006 版）》2006 年 12 月 27 日国家质量监督检验检疫总局，国质检食监〔2006〕646 号

《膨化食品生产许可证审查细则》2005 年 1 月 7 日国家质量监督检验检疫总局，国质检监〔2005〕15 号

《薯类食品生产许可证审查细则（2006 版）》2006 年 12 月 27 日国家质量监督检验检疫总局，国质检食监〔2006〕646 号

《糖果制品生产许可证审查细则》2004 年 12 月 23 日国家质量监督检验检疫总局，国质

检监〔2004〕557 号

《巧克力及巧克力制品生产许可证审查细则（2006 版）》2006 年 12 月 27 日国家质量监督检验检疫总局，国质检食监〔2006〕646 号

《果冻生产许可证审查细则》2006 年 8 月 25 日国家质量监督检验检疫总局，国质检食监〔2006〕365 号

《关于发布〈茶叶生产许可证审查细则（2006 版）〉和部分食品生产许可证审查细则修改单的通知》2006 年 6 月 27 日国家质量监督检验检疫总局，国质检食监函〔2006〕462 号

《含茶制品和代用茶产品生产许可证审查细则（2006 版）》2006 年 12 月 27 日国家质量监督检验检疫总局，国质检食监〔2006〕646 号

《白酒生产许可证审查细则（2006 版）》2006 年 12 月 27 日国家质量监督检验检疫总局，国质检食监〔2006〕646 号

《葡萄酒及果酒生产许可证审查细则》2004 年 12 月 23 日国家质量监督检验检疫总局，国质检监〔2004〕557 号

《啤酒生产许可证审查细则》2004 年 12 月 23 日国家质量监督检验检疫总局，国质检监〔2004〕557 号

《黄酒生产许可证审查细则》2004 年 12 月 23 日国家质量监督检验检疫总局，国质检监〔2004〕557 号

《其他酒生产许可证审查细则（2006 版）》2006 年 12 月 27 日国家质量监督检验检疫总局，国质检食监〔2006〕646 号

《酱腌菜生产许可证审查细则》2004 年 12 月 23 日国家质量监督检验检疫总局，国质检监〔2004〕557 号

《蔬菜制品生产许可证审查细则（2006 版）》2006 年 12 月 27 日国家质量监督检验检疫总局，国质检食监〔2006〕646 号

《蜜饯生产许可证审查细则》2004 年 12 月 23 日国家质量监督检验检疫总局，国质检监〔2004〕557 号

《水果制品生产许可证审查细则（2006 版）》2006 年 12 月 27 日国家质量监督检验检疫总局，国质检食监〔2006〕646 号

《炒货食品及坚果制品生产许可证审查细则（2006 版）》2006 年 12 月 27 日国家质量监督检验检疫总局，国质检食监〔2006〕646 号

《蛋制品生产许可证审查细则（2006 版）》2006 年 12 月 27 日国家质量监督检验检疫总局，国质检食监〔2006〕646 号

《可可制品生产许可证审查细则》2004 年 12 月 23 日国家质量监督检验检疫总局，国质检监〔2004〕557 号

《焙炒咖啡生产许可证审查细则》2004 年 12 月 23 日国家质量监督检验检疫总局，国质检监〔2004〕557 号

《糖生产许可证审查细则》2005 年 1 月 7 日国家质量监督检验检疫总局，国质检监〔2005〕15 号

《水产加工品生产许可证审查细则》2004 年 12 月 23 日国家质量监督检验检疫总局，国质检监〔2004〕557 号

《其他水产加工品生产许可证审查细则（2006版）》2006年12月27日国家质量监督检验检疫总局，国质检食监［2006］646号

《淀粉及淀粉制品生产许可证审查细则》2004年12月23日国家质量监督检验检疫总局，国质检监［2004］557号

《淀粉糖生产许可证审查细则（2006版）》2006年12月27日国家质量监督检验检疫总局，国质检食监［2006］646号

《糕点生产许可证审查细则》2006年8月25日国家质量监督检验检疫总局，国质检食监［2006］365号

《豆制品生产许可证审查细则》2006年8月25日国家质量监督检验检疫总局，国质检食监［2006］365号

《其他豆制品生产许可证审查细则（2006版）》2006年12月27日国家质量监督检验检疫总局，国质检食监［2006］646号

《蜂产品生产许可证审查细则》2006年8月25日国家质量监督检验检疫总局，国质检食监［2006］365号

《蜂花粉及蜂产品制品生产许可证审查细则（2006版）》2006年12月27日国家质量监督检验检疫总局，国质检食监［2006］646号

《关于发布蜂花粉及蜂产品制品生产许可证审查细则（2006版）修改单的通知》2009年8月31日国家质量监督检验检疫总局，国质检食监函［2009］588号

《婴幼儿及其他配方谷粉产品生产许可证审查细则（2006版）》2006年12月27日国家质量监督检验检疫总局，国质检食监［2006］646号

《关于对地方特色食品〈食用槟榔生产许可审查细则〉的批复函》2007年9月21日国家质量监督检验检疫总局，质检食监函［2007］125号

《关于发布〈食用酒精产品生产许可证换（发）证实施细则〉及检验单位的通知》2004年2月24日国家质量监督检验检疫总局，全许办［2004］09号

《关于食用酒精产品生产许可有关事项的通知》2010年12月29日国家质量监督检验检疫总局，质检食监函［2010］262号

《国务院关于发布实施〈促进产业结构调整暂行规定〉的决定》2005年12月2日国务院，国发［2005］40号

《产业结构调整指导目录（2011年本）》2011年3月27日国家发展和改革委员会令第9号

《关于工业产品生产许可证工作中严格执行国家产业政策有关问题的通知》2006年11月9日国家质量监督检验检疫总局，国质检监联［2006］632号

《北京市企业投资项目管理目录（2005年版）》2005年12月23日北京市发展和改革委员会，京发改［2005］2743号

《乳制品工业产业政策（2009年修订）》2009年6月26日中华人民共和国工业和信息化部、中华人民共和国国家发展和改革委员会公告工联产业［2009］第48号

《葡萄酒行业准入条件》2012年6月13日中华人民共和国工业和信息化部公告2012年第22号

项目五　学习豆浆粉企业质量管理体系（ISO9001）建立和实施方法

【知识目标】

了解质量管理体系认证。

掌握食品企业申请质量管理体系认证审核的依据。

掌握自我食品质量管理体系建立的方法。

掌握自我食品质量管理体系实施的方法。

熟悉自我食品质量管理体系认证申请的流程。

掌握自我食品企业通过质量管理体系认证的条件。

【技能目标】

能够帮助企业建立并实施质量管理体系。

能够指导企业寻找认证机构并申请质量管理体系认证。

能够指导企业应对质量管理体系现场审核。

能够就该项目对食品行业企业质量管理体系认证进行咨询。

【项目概述】

江苏省某豆浆粉企业计划 2013 年建立质量管理体系并通过认证，并指导该企业建立质量管理体系并取得质量管理体系认证证书。

【项目导入案例】

企业名称：项安食品科技股份有限公司。

公司产品：350g 袋装多维豆浆粉。

企业人数：18 人。

企业设计生产能力：日处理能力 30t 大豆。

豆浆粉工艺：

（1）原料乳验收：按大豆国家标准 GB 1352—2009 和本公司制定的《原料大豆收标准》进行验收。

（2）烘干脱皮：温度 75 ~ 80℃，水分含量 9% ~ 10%。

（3）失活灭酶：蒸汽（2.5 ~ 4.0MPa），温度控制在 85℃，经过 120s 完成灭酶。

（4）粗磨精磨：磨豆水温 80 ~ 85℃，浆液 pH 值为 6.8 ~ 7.0。

（5）脱渣：除渣后豆浆浓度控制在 9% ~ 10%。

（6）杀菌脱腥：杀菌温度（135 ~ 137）℃，时间 5 ~ 7s，脱臭真空度 -0.03 ~ 0.04MPa，出料温度（80 ~ 90）℃。

（7）配料：配方添加量打入配料罐，充分混匀，防止结块，pH 值为6.8～7.0。

（8）真空浓缩：一效蒸发器温度至 68～72℃，二效至 46～52℃。

（9）喷雾干燥：泵压 10～15MPa 进行喷雾，排风温度稳定。

（10）晾粉、筛粉：晾粉至 20～25℃并要求对筛粉均匀，接粉过程中及时晾粉。筛粉：根据半成品检测结果，加权平均确定若干车粉对筛水分。

（11）包装：确保包装袋打印日期与外包装箱的盖印日期相一致。

任务一 选择豆浆粉企业质量管理体系认证机构

任务目标：

指导学生能够了解质量管理体系认证概念及我国对认证机构的管理，掌握选择认证机构的方法。

学一学

一、认识质量管理体系认证

1. 质量管理体系认证的概念

质量管理体系认证是指依据质量管理体系标准（GB/T 19001 2008（ISO9001：2008），由质量管理体系认证机构对质量管理体系实施合格评定，并通过颁发体系认证证书，以证明某一组织有能力按规定的要求提供产品的活动。

2. 我国认证认可管理框架

下图我国认证认可管理的框架中明确我国对认证机构的管理方式。

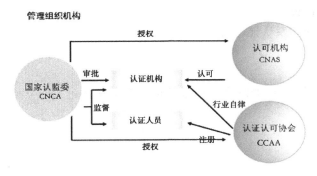

图 5－1　我国认证认可管理框架

二、认识质量管理体系认证证书

质量管理体系认证证书的样式国家没有统一规定，内容大体如"样本"所示（图 5－2、图 5－3，样本来源于该认证机构网站）

三、选择认证公司

1. 选择有资质的认证机构

选择认证机构是企业质量管理体系认证的必经步骤，从图 5－1 中可以看出，认证机构必须经过国家认监委（CNCA）的审批，经过认可机构（CNAS）的认可才就有资质。

怎么才能知道一个认证机构是否经过国家认监委的审批呢？我们可以登录国家认监委的官网 http：//www.cnca.gov.cn 进行查询：进入认监委官网→国家认监委统一查询系统（网页中部）→机构查询→认证机构名录（机构查询的下拉菜单）进行查询某个认证机构。凡是名录中认证机构均经过认监委审批。

怎么才能知道一个认证机构是否经过国家认可机构（认可委 CNAS）的认可呢？我们可

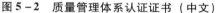

图 5-2　质量管理体系认证证书（中文）　　　图 5-3　质量管理体系认证证书（英文）

以登录国家认可委的官网 http：／／www.cnas.org.cn 进行查询：进入认可委官网→查询专区→获认可的机构名录→按质量管理体系→按条件查找即可。

任何一个经过认监委审批和认可委认可的认证机构均会得到相应的批准和认可证明文件，我们也可以通过让认证机构提交其获得批准和认可的资质文件来证明其具有资格。

2. 认识认证机构的资质证书

"认证机构批准书"是国家认证认可监督管理委员会（认监委）对申请开展认证活动的认证机构审批的结果，其附件中规定了可以开展的认证业务范围；"质量管理体系认证机构认可证书"是中国合格评定国家认可委员会（认可委）对申请开展认证活动的认证机构认证服务能力的认可结果，其附件中规定了认可的行业范围；批准书和认可书是认证机构从事认证活动的依据。（图 5-4 至图 5-7 批准书和认可书及其附件均来自该认证机构的官网）

图 5-4　认证机构批准书　　图 5-5　批准书附件　　图 5-6　认可书　　图 5-7　认可书附件

3. 认识认证咨询公司

认证咨询公司为企业进行认证前辅助企业按照 ISO9001 策划、建立和实施体系的公司。

📝实训一

实训主题："项目简介"中豆浆粉企业计划进行 ISO9001 质量管理体系认证，请为其选择认证公司。

专业技能点：①认证公司和咨询公司区别；②认证证书的有效性。

职业素养技能点：①网络能力；②完成领导交代认为能力。

实训组织："项目简介"中豆浆粉企业要进行ISO9001质量管理体系认证，每个学生通过手机网络在课堂查找认证公司，要求至少选择2家认证公司，完成后每个同学进行班级汇报。

实训成果：认证公司名称、电话、联系人。

实训评价：由酸乳企业质量负责人或主讲教师进行评价（表5-1）。

表5-1　认证公司评价表

学生姓名	认证公司1名称	联系人和电话	认证公司2名称	联系人和电话

实训二

实训主题："项目简介"中豆浆粉企业计划进行ISO9001质量管理体系认证，询问认证价格。

专业技能点：①认证公司和咨询公司区别；②认证证书的有效性。

职业素养技能点：①电话沟通能力；②完成领导交代认证能力；③汇报能力。

实训组织："项目简介"中豆浆粉企业要进行ISO9001质量管理体系认证，每个学生通过手机网络在课堂上通过电话与认证公司联系，询问认证价格。完成后每个同学进行班级汇报。

实训成果：认证公司名称、电话、联系人；认证费用报价。

实训评价：由酸乳企业质量负责人或主讲教师进行评价（表5-2）。

表5-2　认证价格评价表

学生姓名	认证公司1名称	联系人和电话	价格及服务内容	认证公司2名称	联系人和电话	价格及服务内容

想一想

1. 什么是质量管理体系认证？

2. 认证机构必须具备哪些资质？怎么利用网络资源查询某认证机构是否具有资质？

3. 某认证机构已获得认监委的批准书和认可委的认可书，但认监委官网上刚刚经公布了对其做出停止执业6个月的处罚，此时还能否选择该机构实施质量管理体系认证？

查一查

1. 国家认证认可监督管理委员会，官网 http：//www.cnca.gov.cn。

2. 中国合格评定国家认可委员会，官网 http：//www.cnas.org.cn。

3. 中国认证认可协会，官网 http：／／www. ccaa. org. cn。

任务二 对豆浆粉企业相关人员进行 ISO9001：2008 标准知识培训

任务目标：

指导学生能够理解 ISO 9001：2008《质量管理体系——要求》。

学一学

一、认识 GB／T 19001—2008 idt ISO9001：2008

GB／T 19001—2008 idt ISO9001：2008 是企业建立质量管理体系和外审员对企业进行质量管理体系审核的依据。

二、理解 ISO 9001：2008 条款要求

1 范围

1.1 总则

本标准为有下列需求的组织规定了质量管理体系要求：

a）需要证实其有能力稳定地提供满足顾客和适用的法律法规要求的产品；

b）通过体系的有效应用，包括体系持续改进的过程以及保证符合顾客与适用的法律法规要求，旨在增强顾客满意。

注 1：在本标准中，术语"产品"仅适用于：

a）预期提供给顾客或顾客所要求的产品；

b）产品实现过程所产生的任何预期输出。

注 2：法律法规要求可称作法定要求。

理解要点：

（1）阐明了 GB／T 19001—2008idtISO9001：2008 标准（以下简称标准）的适用"范围"，而不是组织质量管理体系的适用范围。标准为有上述 a）、b）需求的组织提出了质量管理体系应满足的要求。

（2）该标准的要求并非强制性，是否采用该标准由组织自己决定。

1.2 应用

本标准规定的所有要求是通用的，旨在适用于各种类型、不同规模和提供不同产品的组织。

当本标准的任何要求由于组织及其产品的特点不适用时，可以考虑对其进行删减。如果进行了删减，而且这些删减仅限于本标准第 7 章的要求，同时不影响组织提供满足顾客和适用法律法规要求的产品的能力或责任，方可声称符合本标准。

理解要点：

（1）标准规定的要求是通用的。

（2）某组织因其产品的特点等因素不适用其中某些要求时，可以考虑对这些要求进行删减，删减仅限于第 7 章"产品实现"的要求。

（3）允许删减的前提：不影响组织提供满足顾客和适用法律法规要求的产品的能力或责任。

（4）企业删减案例，如企业的经营管理中不涉及顾客财产的，可以删减"7.5.4 顾客财产"条款。

2　规范性引用文件（略）

3　术语和定义（略）

4　质量管理体系

4.1　总要求

组织应按本标准的要求建立质量管理体系，形成文件，加以实施和保持，并持续改进其有效性。

组织应：

a）确定质量管理体系所需的过程及其在整个组织中的应用（见1.2）；

b）确定这些过程的顺序和相互作用；

c）确定为确保这些过程的有效运作和控制所需的准则和方法；

d）确保可以获得必要的资源和信息，以支持这些过程的运作和监视；

e）监视、测量（适用时）和分析这些过程；

f）实施必要的措施，以实现对这些过程所策划的结果和对这些过程的持续改进。

组织应按本标准的要求管理这些过程。

针对组织所选择的任何影响产品符合要求的外包过程，组织应确保对其实施控制。对此类外包过程控制的类型和程度应在质量管理体系中加以规定。

注1：上述质量管理体系所需的过程包括与管理活动、资源提供、产品实现和测量、分析和改进有关的过程。

注2：外包过程是经组织识别为质量管理体系所需的，但选择由组织的外部方实施的过程。

注3：确保对外包过程的控制并不免除组织满足顾客和法律法规要求的责任。对外包过程控制的类型和程度可受下列因素影响：

a）外包过程对组织提供满足要求的产品的能力的潜在影响；

b）对外包过程控制的分担程度；

c）通过应用7.4条款实现所需控制的能力。

理解要点：

本条款给出了采用过程方法建立（形成文件）、实施、保持和持续改进质量管理体系，思路如下：a）确定质量管理体系所需的过程，b）确定这些过程的顺序和相互作用，c）确定为确保这些过程的有效运作和控制所需的准则和方法，d）确保可以获得必要的资源和信息，e）监视、测量（适用时）和分析这些过程，f）实施必要的措施…持续改进这些过程。体现的是PDCA循环。

对外包过程也提出了控制的方法和要求。

4.2　文件要求

4.2.1　总则

质量管理体系文件应包括：

a）形成文件的质量方针和质量目标；

b）质量手册；

c）本标准所要求的形成文件的程序和记录；

d）组织确定的为确保其过程有效策划、运作和控制所需的文件，包括记录。

注1：本标准出现"形成文件的程序"之处，即要求建立该程序，形成文件，并加以实施和保持。一个文件可包括一个或多个程序的要求。一个形成文件的程序的要求可以被包含在多个文件中。

注2：不同组织的质量管理体系文件的多少与详略程度取决于：

a）组织的规模和活动的类型；

b）过程及其相互作用的复杂程度；

c）人员的能力。

注3．文件可采用任何形式或类型的媒体。

4.2.2　质量手册（略）

4.2.3　文件控制（略）

4.2.4　记录的控制（略）

理解要点：

（1）本条款阐述了组织建立文件化的质量管理体系时所应包含的范围。

（2）本标准对于质量体系的管理方面规定了6个需要形成文件的程序（文件控制、记录控制、内部审核、不合格控制、纠正措施、预防措施）。

（3）质量体系文件可以存在于任何媒体，如纸张、计算机磁盘、光盘或其他电子媒体、照片或文件，也可以是它们的组合。

5　管理职责

5.1　管理承诺

最高管理者应通过以下活动，对其建立、实施质量管理体系并持续改进其有效性的承诺提供证据：

a）向组织传达满足顾客和法律法规要求的重要性；

b）制定质量方针；

c）确保质量目标的制定；

d）进行管理评审；

e）确保资源的获得。

理解要点：

（1）最高管理者向组织传达满足顾客要求的重要性。在组织内部营造一种顾客至上员工至上的质量文化。

（2）最高管理者向组织传达满足法律、法规要求的重要性。

（3）最高管理者要制定质量方针，并确保在此基础上建立质量目标并分解到组织的相关部门和层次上。

（4）组织的最高管理者应亲自主持管理评审工作以评价质量管理体系的适宜性、充分性、有效性。

（5）最高管理者应能确保建立、实施质量管理体系并持续改进其有效性的资源的获得。

5.2 以顾客为关注焦点

最高管理者应以增强顾客满意为目的,确保顾客的要求得到确定并予以满足(见7.2.1和8.2.1)。

理解要点:

(1)最高管理者应将满足顾客要求并不断增强顾客满意度作为组织的追求。

(2)通过各种渠道确定和满足顾客的需求和期望。

5.3 质量方针

最高管理者应确保质量方针:

a)与组织的宗旨相适应;

b)包括对满足要求和持续改进质量管理体系有效性的承诺;

c)提供制定和评审质量目标的框架;

d)在组织内得到沟通和理解;

e)在持续适宜性方面得到评审。

理解要点:

(1)质量方针应与组织的总体经营方针相适应。

(2)质量方针可以以八项质量管理原则为基础,并从产品质量要求及使顾客满意角度出发作出承诺。

(3)质量方针应对持续改进质量管理体系有效性作出承诺。

(4)质量方针是制定和评审质量目标的框架和基础。

(5)质量方针应在组织内的各个层次上进行沟通和传达。

(6)为了保持质量方针的适宜性,组织应对质量方针进行定期评审和修订。

5.4 策划

5.4.1 质量目标

最高管理者应确保在组织的相关职能和层次上建立质量目标,质量目标包括满足产品要求所需的内容(见7.1 a))。质量目标应是可测量的,并与质量方针保持一致。

5.4.2 质量管理体系策划

最高管理者应确保:

a)对质量管理体系进行策划,以满足质量目标以及4.1的要求。

b)在对质量管理体系的变更进行策划和实施时,保持质量管理体系的完整性。

理解要点:

组织的相关职能和层次上的质量目标应和方针保持一致。

5.5 职责、权限和沟通

5.5.1 职责和权限

最高管理者应确保组织内的职责、权限得到规定和沟通。

理解要点:

组织应明确规定各职能部门及各岗位的职责和权限,并进行相互沟通。

5.5.2 管理者代表

最高管理者应指定一名本组织的管理者,无论该成员在其他方面的职责如何,应具有以下方面的职责和权限:

a）确保质量管理体系所需的过程得到建立、实施和保持；

b）向最高管理者报告质量管理体系的业绩和任何改进的需求；

c）确保在整个组织内提高满足顾客要求的意识。

注：管理者代表的职责可包括与质量管理体系有关事宜的外部联络。

理解要点：

最高管理者应从管理层中指定一名成员作为管理者代表，管理者代表除了其他职责之外，还必须做到条款中规定的 4 个方面的职责和权限。

5.5.3 内部沟通

最高管理者应确保在组织内建立适当的沟通过程，并确保对质量管理体系的有效性进行沟通。

理解要点：

（1）内部沟通应是在不同部门、不同层次的人员之间进行，以达到增进理解，协调行动，从而提高质量管理体系的有效性的目标。

（2）沟通的方式可以多种多样，如质量例会、小组简报、布告栏、内部刊物、声像、电子邮件、内部网络及其他媒体。

5.6 管理评审

5.6.1 总则

最高管理者应按策划的时间间隔评审质量管理体系，以确保其持续的适宜性、充分性和有效性。评审应包括评价质量管理体系改进的机会和变更的需要，包括质量方针和质量目标。

应保持管理评审的记录（见4.2.4）。

5.6.2 评审输入

管理评审的输入应包括以下方面的信息：

a）审核结果；

b）顾客反馈；

c）过程的业绩和产品的符合性；

d）预防和纠正措施的状况；

e）以往管理评审的跟踪措施；

f）可能影响质量管理体系的变更；

g）改进的建议。

5.6.3 评审输出

管理评审的输出应包括与以下方面有关的任何决定和措施：

a）质量管理体系及其过程有效性的改进；

b）与顾客要求有关的产品的改进；

c）资源需求。

理解要点：

（1）管理评审应由最高管理者实施，并按计划的时间间隔进行。

（2）管理评审的目的是确保质量管理体系持续的适宜性、充分性和有效性。

（3）管理评审输入要充分，形式要适宜。

（4）管理评审的输出是指管理评审会议所做出的决定，也包括对现有管理体系的评价结论及对现有产品符合要求的评价。因此，管理评审的输出应予以记录，以便对各方面的进展情况进行监控，并将其作为下次管理评审的输入。

6 资源管理

6.1 资源的提供

组织应确定并提供以下方面所需的资源：

a）实施、保持质量管理体系并持续改进其有效性；

b）通过满足顾客要求，增强顾客满意。

理解要点：

（1）资源至少应包括人力资源、基础设施和工作环境。此外，还应包括（但不是要求）合作伙伴、信息、自然资源和财务资源。

（2）实现和保持质量管理体系并持续改进其有效性需要不断投入新资源。

（3）增强顾客满意度需要组织及时调整自身的资源。

6.2 人力资源

6.2.1 总则

基于适当的教育、培训、技能和经验，从事影响产品与要求的符合性工作的人员应是能够胜任的。

注：在质量管理体系中承担任何任务的人员都可能直接或间接地影响产品与要求的符合性。

6.2.2 能力、培训和意识

组织应：

a）确定从事影响产品要求的符合性工作的人员所必要的能力；

b）适用时，提供培训或采取其他措施以获得所需的能力；

c）评价所采取措施的有效性；

d）确保组织的人员认识到所从事活动的相关性和重要性，以及如何为实现质量目标作出贡献；

e）保持教育、培训、技能和经验的适当记录（见4.2.4）。

理解要点：

（1）本条款内容的目标是从事影响产品与要求的符合性工作的人员应是能够胜任的，可以基于适当的教育、培训、技能和经验。

（2）对从事影响质量活动的人员进行分类，并对各类人员所需的教育、培训、经历及技能提出要求。

（3）对从事影响产品质量的工作人员进行评价，若其能力不能满足要求，应提供培训以满足要求。

（4）制定培训计划，采取不同的培训方式提供各方面的培训。

（5）通过理论考核、操作考核、业绩评定和观察等方法，评价经过培训的人员是否具备了所需的能力，以此评估培训的有效性和效率。

（6）通过培训，使员工认识到自己所从事活动或工作对质量管理体系的重要性和各种活动之间的关联性。

（7）组织应保留有关培训文件、培训计划、培训实施和有效性评价的记录，作为认证审核时的有效证据。

6.3　基础设施

组织应确定、提供并维护为达到产品符合要求所需的基础设施。适用时，基础设施包括：

a）建筑物、工作场所和相关的设施；

b）过程设备（硬件和软件）；

c）支持性服务（如运输、通讯或信息系统）。

理解要点：

（1）基础设施是指组织运行所必须的设施、设备和服务体系，可包括建筑物、工作场所（如车间、办公场所等）；硬件、软件（如计算机程序）；工具和设备；支持性服务（如水、电和气的供应，交付后的维护网点）；通讯和设施（如电话、传真和网络）；运输设施等。

（2）组织应根据产品实现过程的特点来识别、提供和维护相应的设施。

6.4　工作环境

组织应确定和管理为达到产品符合要求所需的工作环境。

注：术语"工作环境"是指工作时所处的条件，包括物理的、环境的和其他因素（如噪音、温度、湿度、照明或天气）。

理解要点：

（1）本条款的工作环境指的是为实现产品的符合性所需要的工作环境中的物的因素和人的因素。

（2）人的因素包括工作方法、安全规则和指南、人体工效学、员工使用的特殊设施等，物的因素指热、卫生、振动、噪音、湿度、污染、光、清洁度、空气流动等。

（3）组织应根据产品的不同，识别和管理相应的因素。

7　产品实现

7.1　产品实现的策划

组织应策划和开发产品实现所需的过程。产品实现的策划应与质量管理体系其他过程的要求相一致（见4.1）。

在对产品实现进行策划时，组织应确定以下方面的适当内容：

a）产品的质量目标和要求；

b）针对产品确定过程、文件和资源的需求；

c）产品所要求的验证、确认、监视、测量、检验和试验活动，以及产品接收准则；

d）为实现过程及其产品满足要求提供证据所需的记录（见4.2.4）。策划的输出形式应适于组织的运作方式。

注1：对应用于特定产品、项目或合同的质量管理体系的过程（包括产品实现过程）和资源作出规定的文件可称之为质量计划。

注2：组织也可将7.3的要求应用于产品实现过程的开发。

理解要点：

（1）产品实现是指产品研发、形成直至交付的全部过程包括：与顾客有关的过程、设计和开发、采购、生产和服务提供以及监视和测量装置的控制等五大过程，这些过程又包括相应的一系列子过程。

（2）产品实现过程的策划和开发是质量管理的一项重要活动，是质量管理体系中过程管理的重要内容。组织要对产品的实现过程加以策划，要识别并确定这些过程。

（3）产品实现过程的策划内容包括：

①根据具体的产品、项目或合同设定质量目标和要求。

②根据具体的质量目标建立所需的过程和子过程，尤其应识别出关键过程，规定其实现方法，需形成文件的应制定出文件；

③确定并提供所需的资源；

④确定为实现产品所需开展的各项监视和测量活动及产品接收准则。即规定每个过程的输入，根据输入制定验收准则，按验收准则评价过程的输出，证实满足输入的要求。

⑤建立能证明过程及产品符合要求所需的记录。

（4）策划的输出可以采用各种形式，可以是一种文件形式，也可以非文件的形式存在。组织应根据自身的特点和需要选择更适合其运作方式的某种形式。质量计划是一种常见的质量策划输出形式。

7.2　与顾客有关的过程

7.2.1　与产品有关的要求的确定

组织应确定：

a）顾客规定的要求，包括对交付及交付后活动的要求；

b）顾客虽然没有明示，但规定的用途或已知的预期用途所必需的要求；

c）适用于产品的法律法规要求；

d）组织认为必要的任何附加要求。

注：交付后活动包括诸如担保条件下的措施、合同规定的维护服务、附加服务（回收或最终处置）等。

理解要点：

识别和确定顾客的需求和期望是产品实现过程的首要步骤。

7.2.2　与产品有关的要求的评审

组织应评审与产品有关的要求。评审应在组织向顾客作出提供产品的承诺之前进行（如：提交标书、接受合同或订单及接受合同或订单的更改），并应确保：

a）产品要求得到规定；

b）与以前表述不一致的合同或订单的要求已予解决；

c）组织有能力满足规定的要求。

评审结果及评审所引起的措施的记录应予保持（见4.2.4）。

若顾客提供的要求没有形成文件，组织在接收顾客要求前应对顾客要求进行确认。

若产品要求发生变更，组织应确保相关文件得到修改，并确保相关人员知道已变更的要求。

注：在某些情况中，如网上销售，对每一个订单进行正式的评审可能是不实际的。而代之对有关的产品信息，如产品目录、产品广告内容等进行评审。

理解要点：

评审的目的是保证组织已正确理解了与产品有关的要求并确保组织有能力实现这些

要求。

（1）组织应根据以识别的顾客要求和本组织确定的附加要求提出产品要求。

（2）组织应在向顾客提供产品的承诺之前进行评审。

（3）记录评审结果和在评审中提出的跟踪措施。

（4）产品要求发生变更时，组织必须将变更的信息及时传达到相关职能部门，以确保相关文件得到更改、相关人员得到相关的信息。

（5）有些特殊情况时，可能无法对产品的每一个订单以正式评审的方式进行产品要求的评审（如网上销售），组织可对"产品目录或广告"进行评审，确保在网上目录中的产品的规格、型号等信息均是正确无误且有能力供货。

7.2.3　顾客沟通

组织应对以下有关方面确定并实施与顾客沟通的有效安排：

a）产品信息；

b）问询、合同或订单的处理，包括对其的修改；

c）顾客反馈，包括顾客抱怨。

理解要点：

沟通的内容包括顾客关于产品要求的信息；问询、合同和订单的处理，包括对其修改；在产品提供过程中以及向顾客提供产品后顾客的反馈的信息，包括顾客满意和抱怨。

7.3　设计和开发

7.3.1　设计和开发策划

组织应对产品的设计和开发进行策划和控制。

在进行设计和开发策划时，组织应确定：

a）设计和开发阶段；

b）适于每个设计和开发阶段的评审、验证和确认活动；

c）设计和开发的职责和权限。

组织应对参与设计和开发的不同小组之间的接口实施管理，以确保有效的沟通，并明确职责分工。

根据设计和开发的进展，在适当时，策划的输出应予以更新。

注：设计和开发评审、验证和确认具有不同的目的。根据产品和组织的具体情况，可以单独或任意组合的形式进行并记录。

理解要点：

（1）组织通过设计和开发过程，把产品要求转换为规定的特性以及阐明产品要求的文件（如产品规范、图样等），为采购、生产运作过程提供依据。

（2）不同的产品类型具有不同的策划阶段，如硬件产品包括方案确认、初步设计、详细设计、工艺设计等；计算机软件产品包括需求规格说明、概要设计、详细设计、编程、验收测试等；培训服务则包括教学大纲、教案、教材、内部试讲等。

（3）确定每个阶段的评审、验证、和确认方法。

（4）规定参与设计和开发活动的人员在设计和开发活动各阶段中的职责和权限。

（5）规定设计和开发活动各接口的沟通方式，并予以管理，以确保有效的沟通。

（6）策划的输出可能是形成文件的设计和开发计划，也可以是其他形式。随着设计和开发的进行，诸如产品目标，资源等可能发生变化，组织应在适当时更新策划的输出。

7.3.2 设计和开发输入

应确定与产品要求有关的输入，并保持记录（见4.2.4）。这些输入应包括：

a）功能和性能要求；

b）适用的法律法规要求；

c）适用时，以前类似设计提供的信息；

d）设计和开发所必需的其他要求。

应对设计和开发输入进行评审，以确保其充分性与适宜性。要求应完整、清楚，并且不能自相矛盾。

理解要点：

（1）设计和开发的输入是保证设计和开发质量的必要前提，是设计和开发过程中开展其他活动的依据，因此输入应形成文件并进行评审。

（2）设计和开发输入的内容包括：产品的功能和性能要求；强制性标准的要求及相关法律法规的要求；适用时，提供以前与该产品相类似的产品的有关信息。和所必需的其他要求。

（3）组织必须评审所有与产品要求有关的输入。

7.3.3 设计和开发输出

设计和开发输出的方式应适合于针对设计和开发的输入进行验证，并应在放行前得到批准。

设计和开发输出应：

a）满足设计和开发输入的要求；

b）给出采购、生产和服务提供的适当信息；

c）包含或引用产品接收准则；

d）规定对产品的安全和正常使用所必需的产品特性。

注：生产和服务提供的信息可能包括产品防护的细节。

理解要点：

（1）设计和开发输出提供产品实现过程的后续活动提供规范，是设计和开发过程的成果，因此应形成完整的文件，并确定其符合输入的要求，在发放前经授权人批准。

（2）设计和开发输出应给采购、生产和服务提供适当信息。

7.3.4 设计和开发评审

在适宜的阶段，应依据所策划的安排（见7.3.1）对设计和开发进行系统的评审，以便：

a）评价设计和开发的结果满足要求的能力；

b）识别任何问题并提出必要的措施。

评审的参加者应包括与所评审的设计和开发阶段有关的职能的代表。评审结果及任何必要措施的记录应予保持（见4.2.4）。

理解要点：

（1）设计和开发评审是为了确保设计和开发结果的适宜性、充分性和有效性，以完成设计和开发计划。

（2）组织应按设计和开发策划的安排，在适当阶段对设计和开发的结果进行系统的评审。

（3）评审的目的是为评价设计和开发的结果满足要求的能力，识别各设计阶段存在的问题，并提出必要的措施加以解决。

（4）组织应保留评审结果和相应跟踪措施的记录。

7.3.5　设计和开发验证

为确保设计和开发输出满足输入的要求，应依据所策划的安排（见7.3.1）对设计和开发进行验证。验证结果及任何必要措施的记录应予保持（见4.2.4）。

理解要点：

（1）验证是通过提供客观证据对规定要求已得到满足的认定。

（2）设计和开发验证的方法可包括：变换方法进行计算；将新设计与已证实的类似设计进行比较；进行试验和证实；对发放前的设计阶段文件进行评审。

（3）记录验证结果和跟踪措施。

7.3.6　设计和开发确认

为确保产品能够满足规定的使用要求或已知的预期用途的要求，应依据所策划的安排（见7.3.1）对设计和开发进行确认。只要可行，确认应在产品交付或实施之前完成。确认结果及任何必要措施的记录应予保持（见4.2.4）。

理解要点：

（1）设计和开发确认活动可以证实提交的产品能够满足预期的使用要求，其中使用要求可以是实际的，也可以是模拟的。

（2）设计和开发确认应按设计和开发策划的安排进行，只要可行，应在产品交付或实施之前确认。

（3）记录确认结果和跟踪措施。

7.3.7　设计和开发更改的控制

应识别设计和开发的更改，并保持记录。在适当时，应对设计和开发的更改进行评审、验证和确认，并在实施前得到批准。设计和开发更改的评审应包括评价更改对产品组成部分和已交付产品的影响。更改评审结果及任何必要措施的记录应予保持（见4.2.4）。

理解要点：

（1）设计和开发的更改通常针对已输出的设计产品，也包括阶段输出的设计产品的更改（如对经批准的设计任务书和设计方案进行更改）。

（2）引起更改的原因有顾客或供方要求更改，法律法规的更改以及组织自身原因均会产生设计和开发的更改。

（3）更改过程设计和开发包括：

①识别：确定更改的需要及其可行性；

②形成文件并受控：文件中表明更改的原因、更改的内容以及对产品的影响程度；

③必要的验证和确认：如更改对产品的影响程度较大时，应对更改进行验证和确认；

④批准：经授权人批准后，才能实施更改；

⑤记录：记录更改评审的结果及跟踪措施。

7.4　采购

7.4.1　采购过程

组织应确保采购的产品符合规定的采购要求。对供方及采购的产品控制的类型和程度应取决于采购的产品对随后的产品实现或最终产品的影响。

组织应根据供方按组织的要求提供产品的能力评价和选择供方。应制定选择、评价和重新评价的准则。

评价结果及评价所引起的任何必要措施的记录应予保持（见4.2.4）。

理解要点：

（1）采购过程的输入是采购要求，输出是采购产品，活动包括：

①识别采购产品对实现过程和交付产品的影响程度。

②制定采购文件。

③评价并选择供方。

④订购。

⑤验证采购产品，并对供方进行定期评价。

⑥对不合格的采购产品进行处置。

（2）对供方进行评价可以采用以下方法：

①评价供方的相关经验；

②评审供方的质量管理体系，对其提供产品的能力进行评价；

③调查供方的顾客满意度情况；

④调查供方的财务状况、服务能力。

7.4.2 采购信息

采购信息应表述拟采购的产品，适当时包括：

a）产品、程序、过程和设备的批准要求；

b）人员资格的要求；

c）质量管理体系的要求。

在与供方沟通前，组织应确保规定的采购要求是充分与适宜的。

理解要点：

（1）采购文件（包括采购合同）应包括采购产品的信息，如对产品的质量要求，验收要求及价格、数量、交付等方面的要求。

（2）适当时，对供方的产品、程序、过程、设备、人员、质量管理体系等方面提出要求。如要求供方的产品进行安全认证；对供方加工过程提出要求；要求供方进行质量体系认证等。

（3）采购文件在发放前，可以通过会议评审、授权评审和批准等方式确保规定要求的适宜性。

7.4.3 采购产品的验证

组织应确定并实施检验或其他必要的活动，以确保采购的产品满足规定的采购要求。

当组织或其顾客拟在供方的现场实施验证时，组织应在采购信息中对拟验证的安排和产品放行的方法作出规定。

理解要点：

采购产品的验证活动包括：检验、测量、观察、提供合格证明文件等方式。

7.5 生产和服务提供

7.5.1　生产和服务提供的控制

组织应策划并在受控条件下进行生产和服务提供。

适用时，受控条件应包括：

a）获得表述产品特性的信息；

b）必要时，获得作业指导书；

c）使用适宜的设备；

d）获得和使用监视和测量设备；

e）实施监视和测量；

f）产品放行、交付和交付后活动的实施。

理解要点：

生产和服务提供对有形产品来说，是指其加工直至交付后服务的过程；对计算机软件来说，是指软件实现、交付、安装、配套和维护过程；对服务来说，是指服务提供过程。

7.5.2　生产和服务提供的过程确认

当生产和服务提供的过程输出不能由后续的监视或测量加以验证，致使问题在产品投入使用后或服务已交付后才显现时，组织应对任何这样的过程实施确认。

确认应证实这些过程实现所策划的结果的能力。

组织应规定确认这些过程的安排，适用时包括：

a）为过程的评审和批准所规定的准则；

b）设备的认可和人员资格的鉴定；

c）使用特定的方法和程序；

d）记录的要求（见4.2.4）；

e）再确认。

理解要点：

（1）有些生产和服务提供过程所形成的产品或服务，不能由后续的测量、监视来验证其是否达到了规定要求，或问题在产品使用或服务已交付后才显露出来。例如建筑装修中墙面防水质量在施工过程中不能完全加以验证，但其存在的问题（如渗水等）在使用过程中会显现出来，组织应充分识别这样的过程并对这些过程进行确认，确认的目的是要证实这些过程实现所策划的结果的能力。

（2）组织可根据这些过程的特点做出安排，加强对这些过程的控制。

7.5.3　标识和可追溯性

适当时，组织应在产品实现的全过程中使用适宜的方法识别产品。

组织应在产品实现的全过程中，针对监视和测量要求识别产品的状态。

在有可追溯性要求的场合，组织应控制产品的唯一性标识，并保持记录（见4.2.4）。

注：在某些行业，技术状态管理是保持标识和可追溯性的一种方法。

理解要点：

（1）产品标识是指识别产品特定特性或状态的标志或标记，通常可分为产品标识、监视和测量状态标识和唯一性标识（即可追溯性标识）3种。

（2）产品的可追溯性是指追溯所考虑对象的历史、应用情况或所处场所的能力。如对硬件产品，可追溯性涉及原材料和零部件的来源、加工过程的历史、产品交付后的分布和场所。可追溯性也可用于服务过程，如为了追溯服务提供的程度等。

（3）当合同、法规和组织自身对可追溯性有要求时，组织应规定并记录唯一性的标识．

7.5.4　顾客财产

组织应爱护在组织控制下或组织使用的顾客财产。组织应识别、验证、保护和维护供其使用或构成产品一部分的顾客财产。若顾客财产发生丢失、损坏或发现不适用的情况时，组织应报告顾客，并保持记录（见4.2.4）。

注：顾客财产可包括知识产权和个人信息。

理解要点：

（1）顾客财产是顾客所拥有但在组织控制或使用的财产，如顾客提供的构成产品的部件和组件、顾客提供的用于修理、维护或升级的产品、顾客直接提供的包装材料、代表顾客提供的服务、顾客提供的图样规范等。

（2）组织应对这类产品将进行标识、验证、保护和维护，当出现问题时，应及时记录并向顾客报告。

7.5.5　产品防护

组织应在内部处理和交付到预定的地点期间对产品提供防护，以保持与要求的符合性。适用时，这种防护应包括标识、搬运、包装、贮存和保护。防护也应适用于产品的组成部分。

理解要点：

（1）组织应从产品接收、内部加工、放行到交付的所拥阶段采取措施防止组织内部产品和外供产品的变质、损坏和错用。

（2）产品的防护涉及标识（包括运输标记）、搬运、包装、储存、保护或隔离等。

7.6　监视和测量设备的控制

组织应确定需实施的监视和测量以及所需的监视和测量设备，为产品符合确定的要求提供证据。

组织应建立过程，以确保监视和测量活动可行并以与监视和测量的要求相一致的方式实施。

当有必要确保结果有效的场合时，测量设备应为：

a）对照能溯源到国际或国家标准的测量标准，按照规定的时间间隔或在使用前进行校准和（或）验证。当不存在上述标准时，应记录校准或检定的依据；（见4.2.4）

b）必要时进行调整或再调整；

c）能够识别，以确定其校准状态；

d）防止可能使测量结果失效的调整；

e）在搬运、维护和贮存期间防止损坏或失效。

此外，当发现设备不符合要求时，组织应对以往测量结果的有效性进行评价和记录。组织应对该设备和任何受影响的产品采取适当的措施。

校准和验证结果的记录应予保持（见4.2.4）。

当计算机软件用于规定要求的监视和测量时，应确认其满足预期用途的能力。确认应在初次使用前进行，并在必要时予以重新确认。

注：确认计算机软件满足预期用途能力的典型方法包括验证和保持其适用性的配置管理

（技术状态管理）。

理解要点：

（1）组织应明确产品实现过程中所需要的测量，并确定测量活动中所需的测量和监控装置，以提供符合要求的证据。

（2）组织的测量和监控装置的测量能力必须与测量要求相一致，并在使用中控制和保持这种能力。

（3）在校准的有效期内使用时，如发现偏离校准状态，应对该测量监控装置此前的测量结果的有效性进行评价，并采取必要的措施，包括追回其测量过的产品和重新测量等措施。

8　测量、分析和改进

8.1　总则

组织应策划并实施以下方面所需的监视、测量、分析和改进过程：

a）证实与产品要求的符合性；

b）确保质量管理体系的符合性；

c）持续改进质量管理体系的有效性。

这应包括对统计技术在内的适用方法及其应用程度的确定。

理解要点：

（1）为证实产品的符合性，确保质量管理体系的符合性并持续改进其有效性，组织应针对这些方面策划所需的监视、测量、分析和改进过程，确定这些活动的项目、方法、频次和必需的记录，包括恰当的统计技术及其应用程度。

（2）这种测量和监控活动应能够及时发现产品、过程和体系运行中存在的问题，并实施有效的措施加以解决。

8.2　监视和测量

8.2.1　顾客满意

作为对质量管理体系业绩的一种测量，组织应监视顾客关于组织是否满足其要求的感受的相关信息，并确定获取和利用这种信息的方法。

注：监视顾客感受可以包括从诸如顾客满意调查、来自顾客的关于交付产品质量方面数据、用户意见调查、业务损失分析、顾客赞扬、担保索赔、经销商报告之类的来源获得输入。

理解要点：

（1）顾客满意是指顾客对其要求已被满足的程度的感受，是一个相对的概念。

（2）组织应建立监控体系，收集分析顾客满意和不满意的信息，并以此作为评价质量管理体系业绩的方法之一，评价质量管理体系的有效性。

（3）收集顾客满意和不满意的方式多种多样，可以是口头的或书面的，收集渠道包括：顾客投诉、与顾客的直接接触、问卷调查、来自消费者组织的报告、各种媒体的报告、行业研究活动等。

8.2.2　内部审核

组织应按策划的时间间隔进行内部审核，以确定质量管理体系是否：

a）符合策划的安排（见7.1）、本标准的要求以及组织所确定的质量管理体系的要求；

b）得到有效实施与保持。

考虑拟审核的过程和区域的状况和重要性以及以往审核的结果，组织应对审核方案进行策划。应规定审核的准则、范围、频次和方法。审核员的选择和审核的实施应确保审核过程的客观性和公正性。审核员不应审核自己的工作。

应编制形成文件的程序，以规定审核的策划、实施以及形成记录和报告结果的职责和要求。应保持审核及其结果的记录（见4.2.4）。

负责受审区域的管理者应确保及时采取必要的纠正和纠正措施，以消除所发现的不合格及其原因。

跟踪活动应包括对所采取措施的验证和验证结果的报告（见8.5.2）。

注：作为指南，参见 ISO 19011。

理解要点：

内部审核是组织建立自我评价、促进自我改进机制的手段。内部审核的目的是为了确定质量管理体系的实施效果是否达到了规定要求，以便及时发现存在的问题并采取纠正措施，保持质量管理体系有效运行。

8.2.3　过程的监视和测量

组织应采用适宜的方法对质量管理体系过程进行监视，并在适用时进行测量。这些方法应证实过程实现所策划的结果的能力。当未能达到所策划的结果时，应采取适当的纠正和纠正措施。

注：当确定适宜的方法时，建议组织就这些过程对产品要求的符合性和质量管理体系有效性的影响，考虑监视和测量的类型与程度。

理解要点：

质量管理体系过程包括与管理活动、资源管理、产品实现和测量有关的过程，组织应采用适宜的方法监视这些过程，若有适宜的方法可以对过程进行测量，则也应测量。

8.2.4　产品的监视和测量

组织应对产品的特性进行监视和测量，以验证产品要求已得到满足。这种监视和测量应依据所策划的安排（见7.1）在产品实现过程的适当阶段进行。应保持符合接收准则的证据。

记录应指明有权放行产品以交付给顾客的人员（见4.2.4）。

除非得到有关授权人员的批准，适用时得到顾客的批准，否则在策划的安排（见7.1）已圆满完成之前，不应向顾客放行产品和交付服务。

理解要点：

产品的监视和测量是为了验证产品是否满足产品要求的活动。测量和监控的对象包括采购产品、中间产品和最终产品。

8.3　不合格品控制

组织应确保不符合产品要求的产品得到识别和控制，以防止其非预期的使用或交付。应编制形成文件的程序，以规定不合格品控制以及不合格品处置的有关职责和权限。

适用时，组织应通过下列一种或几种途径，处置不合格品：

a）采取措施，消除发现的不合格；

b）经有关授权人员批准，适用时经顾客批准，让步使用、放行或接收不合格品；

c）采取措施，防止其原预期的使用或应用；

d）当在交付或开始使用后发现产品不合格时，组织应采取与不合格的影响或潜在影响的程度相适应的措施。

应对纠正后的产品再次进行验证，以证实符合要求。

应保持不合格的性质以及随后所采取的任何措施的记录，包括所批准的让步的记录（4.2.4）。

理解要点：

（1）不合格品是指不满足要求的产品，涉及产购产品、过程中产品和外供产品。组织应确保识别不合格品并加以控制，以防止该不合格品仍按预期的要求交付和使用。

（2）不合格品的控制必须形成程序文件，并规定对不合格品识别和控制的职责、权限和控制要求。

8.4 数据分析

组织应确定、收集和分析适当的数据，以证实质量管理体系的适宜性和有效性，并评价在何处可以持续改进质量管理体系的有效性。这应包括来自监视和测量的结果以及其他有关来源的数据。

数据分析应提供有关以下方面的信息：

a）顾客满意（见8.2.1）；

b）与产品要求的符合性（见8.2.4）；

c）过程和产品的特性及趋势，包括采取预防措施的机会（见8.2.3和8.2.4）；

d）供方（见7.4）。

理解要点：

（1）数据分析的目的是为了评价质量管理体系的适宜性和有效性并识别改进机会和区域。

（2）收集数据的范围一般包括：

①与产品质量有关的数据：如质量记录、产品不合格信息、产品实现过程的能力、内外部审核的结论、管理评审输出、生产率、交货期等；

②与运行能力有关的数据：如过程运行的测量监控信息、产品实现过程的能力、内外部审核的结论、管理评审输出、生产率、交货期等。

8.5 改进

8.5.1 持续改进

组织应利用质量方针、质量目标、审核结果、数据分析、纠正和预防措施以及管理评审，持续改进质量管理体系的有效性。

理解要点：

（1）持续改进指不断提高组织质量管理体系的有效性和效率，从而实现其质量方针和目标。改进可以是日常的改进活动，也可以是重大的改进活动。

（2）组织可以通过质量方针、目标、审核结果、数据分析、纠正措施与预防措施、管理评审等实现日常的持续改进，并提出改进的项目，促进质量管理体系的持续改进。

（3）持续改进的基本活动、步骤和方法：分析现状，识别改进区域；分析原因、原因确认、制定对策；执行、控制与调整；检查结果，采取巩固措施，解决遗留问题。

8.5.2 纠正措施

组织应采取措施，以消除不合格的原因，防止不合格的再发生。纠正措施应与所遇到不合格的影响程度相适应。

应编制形成文件的程序，以规定以下方面的要求：

a）评审不合格（包括顾客抱怨）；

b）确定不合格的原因；

c）评价确保不合格不再发生的措施的需求；

d）确定和实施所需的措施；

e）记录所采取措施的结果（见4.2.4）；

f）评审所采取的纠正措施的有效性。

理解要点：

（1）纠正措施是指为消除已发现的不合格或其他不期望情况的原因所采取的措施。

（2）组织应制定纠正措施的控制程序，形成文件。

8.5.3 预防措施

组织应确定措施，以消除潜在不合格的原因，防止不合格的发生。预防措施应与潜在问题的影响程度相适应。

应编制形成文件的程序，以规定以下方面的要求：

a）确定潜在不合格及其原因；

b）评价防止不合格发生的措施的需求；

c）确定并实施所需的措施；

d）记录所采取措施的结果（见4.2.4）；

e）评审所采取的预防措施的有效性。

理解要点：

（1）预防措施是指为消除潜在不合格或其他潜在不期望情况的原因采取的措施，是为预防不合格的发生。

（2）组织应制定并实施预防措施程序，内容包括：

①识别潜在的不合格并分析原因。可以通过顾客的需求和期望、市场分析、自我评价结果、操作条件失控的早期报警等方面来识别潜在的不合格，并用适当的方法分析原因。

②确定并实施所需的预防措施。由相关职能部门的代表参加策划预防措施，应根据潜在问题的影响程度考虑优先顺序，在实施过程中，对预防措施进行监控，以确保有效。

③记录上述原因、内容及采取措施的结果。

④跟踪并评价所采取预防措施的效果。

实训一

实训主题：按照ISO9001：2008标准之7.4条款要求，对豆浆粉企业的大豆（原料）供方实施控制。

实训组织：对学生进行分组，每个组参照学一学中的相关知识和"项目导入案例"中企业的有关信息，制定一份豆浆粉企业原材料大豆供方的评价准则。

实训成果：豆浆粉企业原材料供方的评价准则《原材料供方评价准则》。

实训评价：原材料供方评价准则的可行性由豆浆粉企业质量负责人或主讲教师进行评价。（评价表格，主讲教师结合项目自行设计）

实训二

实训主题：按照 ISO9001：2008 标准之 8.2.4 条款要求，对豆浆粉企业的大豆产品检验实施控制。

实训组织：对学生进行分组，每个组参照学一学中的相关知识和"项目导入案例"中企业的有关信息，制定一份豆浆粉企业豆浆产品检验的具体要求。

实训成果：豆浆粉企业豆浆产品检验的具体要求

实训评价：豆浆产品检验的具体要求由豆浆粉企业质量负责人或主讲教师进行评价。（评价表格，主讲教师结合项目自行设计）

提示：主讲教师可以选择 ISO9001：2008 标准任意条款进行实训设计。

想一想

1. 分析一下 ISO9001：2008 标准中 7.4.3 和 8.2.4 关于检验的区别。
2. 分析 6.2.2 中胜任如何理解？
3. 分析 7.5.2 和 7.3.6 中确认有何不同？
4. 分析 8.5.2 和 8.5.3 之间的不同？

查一查

1. 利用网络资源查一查跟原材料有关的产品国家标准有哪些；国家标准查询网：http：//cx.spsp.gov.cn。

2. 利用网络资源查一查跟原辅料供方厂家有关的生产许可情况，避免将没有资质的企业列为合格供方；国家食品药品监督管理总局http：//www.sda.gov.cn。

任务三　编制豆浆粉企业质量管理体系文件

任务目标：

指导学生能够了解质量管理体系文件结构，会使用过程方法编制质量管理体系文件。

学一学

一、认识质量管理体系文件

1. 质量管理体系文件定义

质量管理体系文件是一种具体化、文件化的质量管理体系体现，是将质量管理体系标准要求融入组织实际的管理系统之中，是组织质量管理体系运行的法规，也是质量审核的依据之一。

2. 质量管理体系文件构成

目前不少组织的质量管理体系文件采用如表 5 - 3 所示的两种结构中的一种。

表 5 – 3 质量体系文件层次表

层次	文件类别	层次	文件类别
A 层	质量手册	A 层	质量手册
B 层	程序文件	B 层	程序文件
C 层	作业类文件	C 层	其他质量文件（作业指导书、规范、指南、图样、报告、表格）
D 层	质量记录		

二、质量手册（A 层文件）

1. 质量手册的总体结构，一般情况下包含如下内容：

（1）封面

（2）手册发布令

（3）目录

（4）手册说明（适用范围，包括任何删减的细节与理由、手册控制等）

（5）手册版序控制

（6）术语与定义（如需要）

（7）企业概况

（8）质量方针和质量目标

（9）组织结构与职责

（10）过程识别、过程关系描述

（11）过程概述和分析（按 ISO9001 标准各章节进行描述）

（12）支持性资料附录（如需要）

2. 质量手册各章节的结构，一般情况下包含如下内容：

（1）目的。

（2）范围。

（3）过程概述和过程分析。

下面是某食品企业第 6 章资源管理的质量手册的一部分内容

第 6 章 资源管理

6.1 目的：确定并提供所需的资源，满足顾客要求增强顾客满意度。

6.2 范围：本公司质量管理体系所需的人力资源、基础设施及工作环境等资源策划及其管理均适用。

6.3.1 人力资源管理【6.2】

（1）过程描述，人力资源管理过程规定了：

①任职要求：所有岗位上从事影响产品符合性要求的人员（可基于适当的教育、培训、技能和经验）必须是能够胜任的。

②人员培训、激励与授权：通过适当的培训教育等措施，使员工获得其工作所需的能力，且整个公司内人员均需知晓基本的统计概念，并能在日常的管理中会用统计工具，分析他们所从事活动的相关性和重要性，在适当的阶段制定措施并评价该措施的有效性；公司应建立激励员工为实现质量目标作出贡献的环境。公司应建立《人力资源管理程序》以具体

规定如上内容。

（2）过程分析：如图 5-8 所示。

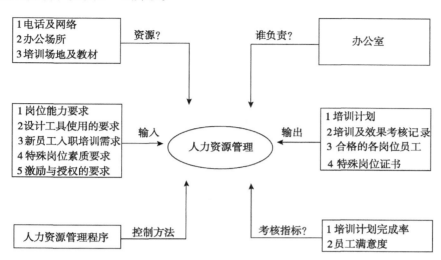

图 5-8　人力资源管理过程分析

6.3.2　基础设施和环境管理【6.3、6.4】（略）

三、程序文件（B 层文件）

程序文件是为有效地完成某项过程活动所规定的方法的文件；其结构大体包含如下内容：

（1）目的。

（2）适用范围。

（3）术语或定义。

（4）职责。

（5）流程/程序。

（6）相关支持性文件。

（7）相关记录。

程序文件的编写时参考的结构与内容如表 5-4 所示。

表 5-4　程序文件结构

序号	结构	内容
1	封面	（1）组织的名称、标志 （2）文件名、文件编号 （3）编者、审核、批准人及日期 （4）发布、实施日期 （5）版号/修改状态 （6）受控状态 （7）分发编号等
2	刊头	（1）组织标志、名称 （2）文件编号、名称 （3）版号/修改状态 （4）受控状态 （5）页码等

（续表）

序号	结构	内容
3	目的	说明该程序控制的活动、控制目的
4	范围	程序所涉及的有关部门和活动、程序所涉及的有关人员和产品
5	术语	有关的术语、编写符号的定义或含义
6	职责	（1）实施该程序的主管部门／人员的职责 （2）实施该程序的相关部门／人员的职责
7	工作程序	（1）按活动的逻辑顺序写出该项活动的各个细节 （2）规定应做的事情（what） （3）规定每一活动的实施者（who） （4）规定活动的时间（when） （5）说明在何处实施（where） （6）规定具体实施办法（how） （7）所采用的材料、设备、引用的文件等 （8）如何进行控制 （9）应保留的记录 （10）例外特殊情况的处理方法等
8	相关文件／支持性文件	列出与本程序有关的相关文件／支持性文件，这些文件可以是程序性文件、作业指导书、管理规定等
9	质量记录	给出有关质量记录名称并附上相应的空白表格

下面是某食品企业的一个程序文件（质量手册第6章过程分析中提到的程序）人力资源管理程序　　编号：HY．S2　　第A版　第0次修改

1．目的

使本公司人力资源得到有效的开发和利用，确保从事影响产品符合性的人员能够胜任。

2．适用范围

适用于公司人力资源管理。

3．术语

3．1　人力资源：指公司内部或外部潜在的对公司质量活动和经济效益起着可见或可预见作用的人员。

3．2　培训：通过一定的方式使员工掌握某种或某些较为专业的知识、技巧为目的指导性活动。

4．职责

4．1　办公室负责所需人员的招聘／组织培训和日常管理等；

4．2　各责任部门根据工作需要提出人员需求、培训需求、业务类书籍需求等；

4．3　办公室负负责外培人员的审批和管理，收集培训记录和培训档案管理工作；负责员工激励方案的制订和实施组织。

4．4　各有关部门配合办公室开展工作。

5．工作程序

5．1　胜任的员工能力策划

公司办公室在每年末组织从事影响产品符合性要求的人员的技能进行调查，根据调查结

果制定《年度培训计划》应包括质量技术等方面培训，如：设计工具/软件的运用、统计工具SPC、体系审核、解决问题的技术、数据分析方法等。

5.2　办公室负责按照计划时间落实各个培训项目，组织各项目培训后的效果评估；

5.3　临时性的培训需求，由该部门负责人提出培训申请，报管理部门负责人批准；

5.4　培训可分：岗前、在岗、转岗、特种等。

5.4.1　岗前培训若新进公司员工首次参加工作或原来工作与现岗位性质及工作条件不一致，则由该员工的主要领导确定培训项目，培训后试用考核，作为是否录用的依据。

5.4.2　在岗培训

（1）办公室每年底根据工作绩效，对公司在岗员工进行综合能力考核，填写《员工岗位评价表》，确定需要培训的人员，列入下年度培训计划；

（2）工作流程或产品变更时，由主管人员对工艺、操作、检验人员进行培训和指导。

5.4.3　转岗培训

因工作需要，转调其他岗位的人员，进行新岗位的项目培训，经试用考核确定是否可以胜任。

5.4.4　特种教育培训

内审员、司机、计量鉴定、电工及特殊工序为特种岗位，培训后获得该岗位所需的能力，并取得相关资格证或任命后，方可上岗。

5.5　培训效果评价

5.5.1　每项培训结束后在一个规定的周期内，办公室组织培训效果评估，评价结果编入《培训工作报告》中。

5.5.2　调动员工从事质量活动积极性的措施

公司在实现调动员工积极性和质量意识方面进行了系统的分析、总结形成了《员工激励操作办法》，为激励员工实现质量目标、持续改进质量技术意识和工作业绩提供环境；通过对员工满意度调查，发现公司管理所需的改善之处，也可发现员工对自己工作的重要性和相关性的理解及如何实现质量目标作贡献的理解度；用《员工满意度调查表》进行员工满意度信息的收集，重点应放在不满意信息、建议、抱怨上，整理后以《员工满意度调查报告》的方式告知管理者，以便及时采取措施；作为管理评审的输入之一。

6. 相关/支持性文件

HY－S2－1　　　　《员工激励操作办法》

7. 质量记录

JL－S2－1　　　　《年度培训计划》

JL－S2－2　　　　《培训工作报告》

JL－S2－3　　　　《员工满意度调查表》

JL－S2－4　　　　《员工满意度调查报告》

四、作业类文件（C层文件）

作业类文件是程序文件的一个有效补充，当程序文件中需要更一步说明一个操作步骤时，需要引用或编制作业了文件；其结构大体包含如下内容：

（1）目的。

（2）适用范围。

（3）术语或定义。

（4）职责。

（5）具体内容。

（6）相关记录。

具体可以通过网络查询（人力资源管理程序中提到的操作办法）。

五、质量记录（D 层文件）

质量记录是程序文件或作业类文件中提到的作为运行证据的表单或报告。如上述人力资源管理程序中提到的《年底培训计划》等，具体形式通过网络查询。

实训一

实训主题：按照过程方法中提到的内容并参照图 5 - 8 以过程为基础的质量管理体系模式，识别一个组织细分的过程并确定过程之间的关系。

专业技能点：过程方法。

职业素养技能点：①沟通能力；②自学能力；③文件编写能力。

实训组织：对学生进行分组，每个组参照学—学中的相关知识和"项目导入案例"中企业的有关信息，识别江苏某豆浆粉企业的过程并细分，随后确定这些过程之间的相关关系。

实训成果：豆浆粉企业《过程清单》及《过程关系图》。

实训评价：《过程清单》及《过程关系图》的可行性由豆浆粉企业质量负责人或主讲教师进行评价。（评价表格，主讲教师结合项目自行设计）

实训二

实训主题：为豆浆企业编制《质量管理手册》。

专业技能点：《质管理量手册》的编写能力。

职业素养技能点：①沟通能力；②自学能力；③文件编写能力。

实训组织：对学生进行分组，每个组参照学—学中的相关知识和"项目导入案例"中企业的有关信息，编写一份豆浆企业的《质量管理手册》。

实训成果：豆浆粉企业《质量管理手册》。

实训评价：《质量管理手册》的可行性由豆浆粉企业质量负责人或主讲教师进行评价。（评价表格，主讲教师结合项目自行设计）

实训三

实训主题：为豆浆企业编制《内部审核程序》。

专业技能点：《内部审核程序》的编写能力。

职业素养技能点：①沟通能力；②自学能力；③文件编写能力。

实训组织：对学生进行分组，每个组参照学—学中的相关知识和"项目导入案例"中企业的有关信息，编写一份豆浆企业的《内部审核程序》。

实训成果：豆浆粉企业《内部审核程序》。

实训评价：《内部审核程序》的可行性由豆浆粉企业质量负责人或主讲教师进行评价。（评价表格，主讲教师结合项目自行设计）

实训四

实训主题：为豆浆企业编制作业类文件《豆浆杀菌作业指导书》。

专业技能点：《豆浆杀菌作业指导书》的编写能力。

职业素养技能点：①沟通能力；②自学能力；③文件编写能力。

实训组织：对学生进行分组，每个组参照学一学中的相关知识和"项目导入案例"中企业的有关信息，编写一份豆浆企业的《豆浆杀菌作业指导书》。

实训成果：豆浆粉企业《豆浆杀菌作业指导书》。

实训评价：《豆浆杀菌作业指导书》的可行性由豆浆粉企业质量负责人或主讲教师进行评价。（评价表格，主讲教师结合项目自行设计）

实训五

实训主题：为豆浆企业编制质量记录《豆浆杀菌记录表》。

专业技能点：《豆浆杀菌记录表》的编写能力。

职业素养技能点：①沟通能力；②自学能力；③文件编写能力。

实训组织：对学生进行分组，每个组参照学一学中的相关知识和"项目导入案例"中企业的有关信息，编写一份豆浆企业的《豆浆杀菌记录表》。

实训成果：豆浆粉企业《豆浆杀菌记录表》。

实训评价：《豆浆杀菌记录表》的可行性由豆浆粉企业质量负责人或主讲教师进行评价。（评价表格，主讲教师结合项目自行设计）

想一想

质量手册、程序文件、作业类文件和记录之间的内在联系。

查一查

1. 利用前面学一学中的知识并结合 ISO9001：2008 中的要求，查一查某个质量管理体系文件策划的符合性、充分性。

2. 若有机会去某个食品企业现场参观一下，看看现场使用的表单是否为程序文件或作业类文件策划的结果。

任务四　指导豆浆粉企业推行质量管理体系

任务目标：

指导学生能够了解推行质量管理体系的重要性和意义，掌握推行质量管理体系的步骤。

学一学

质量管理体系倡导的是预防为主的指导思想，特别强调过程控制；质量管理体系建立后，其不会自动实现公司质量管理规范化，质量活动程序化等效果，必须经过认真推行，才会有效果。

质量管理体系推行步骤如图5－9。

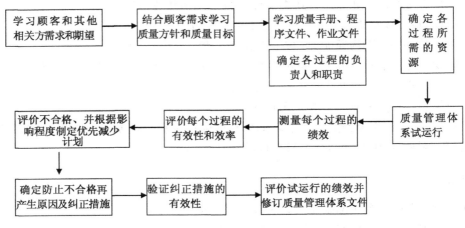

图 5 － 9   质量管理体系推行步骤

实训

实训主题：对豆浆粉企业相关人员进行质量管理体系推行步骤方面知识的培训。

专业技能点：质量管理体系推行步骤。

职业素养技能点：①沟通能力；②演讲能力。

实训组织：对学生进行分组，每个组参照学一学中的相关知识和"项目导入案例"中企业的有关信息，识别江苏某豆浆粉企业的顾客需求、方针和目标随后制定推行计划。

实训成果：豆浆粉企业已建质量管理体系的推行计划。

实训评价：《质量管理体系推行计划》的可行性由豆浆粉企业质量负责人或主讲教师进行评价。（评价表格，主讲教师结合项目自行设计）

想一想

1. 如何将推行计划和企业的质量手册、程序文件、作业类文件和记录联系在一起。

2. 怎样评价试运行的效果。

查一查

1. 利用前面学一学中的推行步骤知识并结合质量管理体系文件要求，查一查某个过程实施的结果与策划的符合性。

2. 若有机会去某个食品企业现场参观一下，看看现场质量管理体系运行的结果的有效性和效率。

任务五 指导豆浆粉企业进行 ISO9001 质量管理体系进行认证

任务目标：

指导学生了解进行申请质量管理体系认证的条件和步骤，掌握食品企业质量管理体系实施认证开展知识。

学一学

一、认证机构认证流程

各认证机构规定的认证流程要求大体一样，认证流程如图 5 - 10 所示。

二、认证前的准备工作

（一）编制质量管理体系认证工作计划

为了有计划地进行体系认证工作，企业质量部门要在调查和收集有关体系认证信息的基础上，对体系认证工作进行全面策划，编制"企业质量体系认证工作计划"，进行总体安排。"计划"应包括体系认证应做好的工作（项目）、主要工作内容和要求、完成时间、责任部门、部门负责人和企业主管领导等。"计划"编好后，应经企业主管认证工作的领导批准，由质量部门印发。

（二）选定认证机构

根据"任务一"内容，收集、掌握认证机构的信息来选择认证机构；应选择那些收费合理、具有合法性、公正性和权威性的认证机构；然后与选定的认证机构洽谈，签订认证合同或协议；根据领导决策（批准的报告），质管部门与选定的认证机构进行初次洽谈，提出申请体系认证的意向，了解申请体系认证的程序，商讨认证总体时间安排，以及认证费用等。

（三）做好审核前准备

认证企业应做好现场检查迎检的准备工作，主要包括资料准备、人员准备、成立迎检组织机构，根据"企业质量体系认证工作计划"检查工作进行的情况。

实训

实训主题：对豆浆粉企业相关人员进行质量管理体系认证申请及审核前的准备方面知识的培训。

专业技能点：质量管理体系认证申请及审核前的准备方面知识。

职业素养技能点：①沟通能力；②演讲能力。

实训组织：对学生进行分组，每个组参照学一学中的相关知识和"项目导入案例"中企业的有关信息及任务一中如何选择认证机构的知识，为江苏某豆浆粉企业选择认证机构、制定"企业质量体系认证工作计划"。实训时寻找认证公司可以通过学生手机网络查询和沟通。

实训成果：确定了具有认证资格、口碑好、价格合理的认证机构，制定了"企业质量体系认证工作计划"。

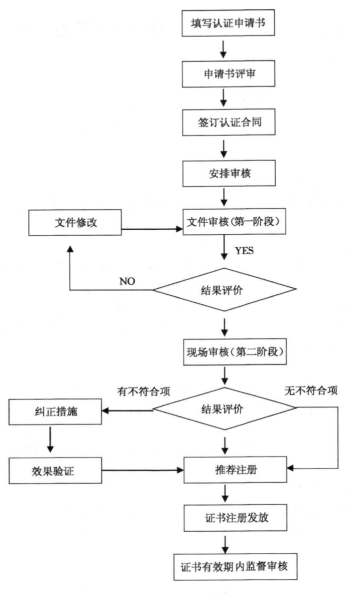

图 5 –10   认证流程

实训评价：所选择的认证公司及报价；"企业质量体系认证工作计划"的可行性由豆浆粉企业质量负责人或主讲教师进行评价。（评价表格，主讲教师结合项目自行设计）

📎想一想

1. 申请质量管理体系认证的条件是什么，案例中的豆浆粉企业具备什么条件才可申请认证？

2. 在编制"企业质量体系认证工作计划"之前需要了解哪些信息？

查一查

1. 国家认证认可监督管理委员会，官网 http：//www. cnca. gov. cn。
2. 中国合格评定国家认可委员会，官网 http：//www. cnas. org. cn。
3. 认证机构官网了解其联系方式、认证流程。

【项目小结】

本项目讲述了质量管理体系标准、认证公司选择方法、质量管理体系文件编制方法、质量管理体系建立方法、质量管理体系认证流程等。

【拓展学习】

一、本项目设计及需要学习的文件如下：
ISO9000：2008《质量管理体系 基础和术语》
ISO9001：2008《质量管理体系 要求》
ISO9004：2009《追求组织的持续成功 质量管理方法》
ISO19011：2011《管理体系审核指南》
二、学习酱油企业质量管理体系建立与认证

项目六 学习酸乳企业危害分析与关键控制点（HACCP）体系建立与实施方法

【知识目标】

熟悉危害分析与关键控制点（HACCP）体系的前提基础。

熟悉掌握危害分析与关键控制点（HACCP）体系的七个原理。

熟悉掌握危害分析与关键控制点（HACCP）体系认证标准。

熟悉危害分析与关键控制点（HACCP）体系认证实施规则。

熟悉掌握危害分析与关键控制点（HACCP）体系认证依据与认证范围。

熟悉掌握危害分析与关键控制点（HACCP）体系认证流程。

熟练危害分析与关键控制点（HACCP）体系认证。

熟练危害分析与关键控制点（HACCP）体系认证硬件、软件准备要点。

【技能目标】

能够帮助企业建立良好操作规范（GMP）、卫生标准操作程序（SSOP）。

能够帮助企业编制危害分析与关键控制点（HACCP）体系文件。

能够帮助企业推行危害分析与关键控制点（HACCP）体系。

能够帮助企业申报危害分析与关键控制点（HACCP）体系认证。

能够就该项目对企业危害分析与关键控制点（HACCP）体系进行咨询。

【项目概述】

北京市某酸乳生产企业 2014 年计划建立并认证危害分析与关键控制点体系，请指导该企业推行危害分析与关键控制点体系并取得认证证书。

【项目导入案例】

企业名称：×××乳业有限公司。

公司产品：220g 袋装原味酸乳，220g 袋装红枣酸乳。

企业人数：28 人。

企业设计生产能力：日处理能力 50 吨鲜乳。

酸乳生产工艺流程（凝固型）（见图 6－1）。

酸乳生产工艺步骤。

1. 原辅料要求

（1）牛乳：应符合《食品安全国家标准 生乳》和本公司制定的《原料乳验收标准》进行验收。

（2）白砂糖：应符合 GB 317—2006 优级品要求。

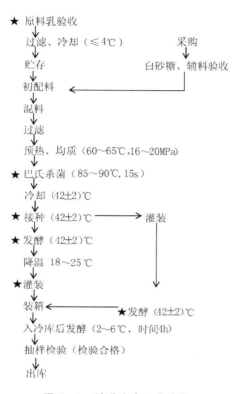

图 6 - 1　酸乳生产工艺流程

注：标注★为关键控制点

2. 工艺要求

（1）原料乳验收：按《食品安全国家标准 生乳》和本公司制定的《原料乳验收标准》进行验收。

（2）过滤、冷却：储存温度≤4℃。

（3）配料：辅料的检验规程执行相关规定。

（4）预热、均质：添加辅料的原料乳预热60~65℃，均质压力16~20MPa。

（5）巴氏杀菌：温度85~90℃。

（6）冷却：出口温度（42±2）℃。

（7）接种：接种温度（42±2）℃。

（8）发酵剂：活力≥0.4。

（9）发酵：温度（42±2）℃，发酵终点通过感官检查和滴定酸度做终点判定，要求滴定终点为≥70°T。

（10）降温：出口温度在18~25℃。

（11）灌装：温度18~25℃，压力保持稳定，无泡沫。

（12）入库后发酵：库房温度2~6℃，时间≥4h。

（13）抽样检验：成品检验合格。

（14）出库：防摔防压、防止污染。

任务一　选择酸乳企业危害分析与关键控制点体系认证公司

任务目标：

指导学生能够正确选择酸乳企业危害分析与关键控制点体系认证公司。

学一学

2011 年 12 月 31 日，国家认证认可监督管理委员会（CNCA）发布了《危害分析与关键控制点（HACCP）体系认证实施规则》（CNCA-N-008：2011），规定了从事 HACCP 体系认证的认证机构（以下简称认证机构）实施 HACCP 体系认证的程序与管理的基本要求，是认证机构从事 HACCP 体系认证活动的基本依据。该文件 2012 年 5 月 1 日正式实施。

目前经国家认监委批准的具有 HACCP 体系认证资质的机构有：北京新世纪检验认证有限公司、北京中大华远认证中心、北京五洲恒通认证有限公司、中国质量认证中心、方圆标志认证集团有限公司、上海天祥质量技术服务有限公司等。

实训

实训主题：为本项目的酸乳企业选择危害分析与关键控制点体系认证公司

专业技能点：危害分析与关键控制点体系。

职业素养技能点：①沟通能力（领导和认证公司）；②演讲能力。

实训组织：假设一个酸乳企业计划危害分析与关键控制点体系认证，该企业信息参照学一学中的相关知识和"项目导入案例"中企业的相关信息。你是一个刚毕业的食品专业学生，领导给你的任务是选择一个认证公司并询问价格。

实训成果：认证公司名称，认证公司报价，认证公司认证证书颁发公司名称等。

实训评价：根据学生选择认证公司的质量、数量，认证报价，认证费用包含内容等进行评价。（评价表格，主讲教师结合项目自行设计）

想一想

1. 危害分析与关键控制点体系认证机构要达到哪些要求？
2. 危害分析与关键控制点体系认证人员要达到哪些要求？

查一查

1. 北京新世纪检验认证有限公司 www. bcc. com. cn。
2. 北京中大华远认证中心 http：//www. zdhy. net/index. php。
3. 方圆标志认证集团有限公司 http：//www. cqm. com. cn/chinesenew/index. asp。
4. 北京五洲恒通认证有限公司 http：//www. bjchtc. com/。
5. 上海天祥质量技术服务有限公司 http：//xiaotao895. cn. china. cn/。
6. 中国合格评定国家认可委员会（CNAS）http：//www. cnas. org. cn/。
7. 中国质量认证中心 http：//www. cqc. com. cn/chinese/txrz/haccp。

8. 北京食安管理顾问有限公司 http：//www. bjsagl. net/。

任务二　对酸乳企业进行良好操作规范（GMP）、卫生标准操作程序（SSOP）、危害分析与关键控制点（HACCP）知识培训

任务目标：

指导学生能够就良好操作规范（GMP）、卫生标准操作程序（SSOP）、危害分析与关键控制点（HACCP）知识对酸乳生产企业进行培训。

学一学

一、认识良好操作规范（GMP）

"GMP"是英文 Good Manufacturing Practice 的缩写，中文意思是"良好操作规范"，又称"良好生产规范"、是政府强制性的有关食品生产、加工、包装贮存、运输和销售的卫生法规，是保证食品具有高度安全性的良好生产管理体系。

从 1988 年开始，我国卫生部先后颁布发多个国标食品良好生产规范，其中 1 个是通用 GMP《食品安全国家标准 食品生产通用卫生规范》（GB 14881—2013），其他为专用 GMP，并作为强制性标准予以发布。

食品良好生产专用规范主要包括：

（1）罐头厂卫生规范（GB 8950—1988）

（2）白酒厂卫生规范（GB 8951—1988）

（3）啤酒厂卫生规范（GB 8952—1988）

（4）酱油厂卫生规范（GB 8953—1988）

（5）食醋厂卫生规范（GB 8954—1988）

（6）食用植物油厂卫生规范（GB 8955—1988）

（7）蜜饯企业良好生产规范（GB 8956—2003）

（8）糕点厂卫生规范（GB 8957—1988）

（9）食品安全国家标准 乳制品良好生产规范（GB 12693—2010）

（10）肉类加工厂卫生规范（GB 12694—1990）

（11）饮料企业良好生产规范（GB 12695—2003）

（12）葡萄酒厂卫生规范（GB 12696—1990）

（13）果酒厂卫生规范（GB 12697—1990）

（14）黄酒厂卫生规范（GB 12698—1990）

（15）面粉厂卫生规范（GB 13122—1991）

（16）饮用矿泉水厂卫生规范（GB 16330—1996）

（17）巧克力厂卫生规范（GB 17403—1998）

（18）膨化食品良好生产规范（GB 17404—1998）

（19）保健食品良好生产规范（GB 17405—1998）

（20）熟肉制品企业生产卫生规范（GB 19303—2003）

（21）定型包装饮用水企业生产卫生规范（GB 19304—2003）

（22）食品安全国家标准 粉状婴幼儿配方食品良好生产规范（GB 23790—2010）

（23）食品安全国家标准 特殊医学用途配方食品企业良好生产规范（GB 29923—2013）

二、认识卫生标准操作程序（SSOP）

（一）卫生标准操作程序（SSOP）定义

SSOP 是 Sanitation Standard Operating Procedure 的缩写，中文意思为"卫生标准操作程序"。

（二）卫生标准操作程序（SSOP）的内容

SSOP 至少包括 8 项内容：与食品接触或与食品接触物表面接触的水（冰）的安全；与食品接触的表面（包括设备、手套、工作服）的清洁度；防止发生交叉污染；手的清洗与消毒，厕所设施的维护与卫生保持；防止食品被污染物污染；有毒化学物质的标记、储存和使用；雇员的健康与卫生控制；虫害的防治。

1. 水（冰）的安全

生产用水（冰）的卫生质量是影响食品卫生的关键因素。对于任何食品的加工，首要的一点就是保证水的安全。食品加工企业一个完整的 SSOP 计划，首先要考虑与食品接触或与食品表面接触用水（冰）的来源与处理应符合有关规定，并要考虑非生产用水及污水处理的交叉感染问题。

（1）生产加工用水的要求：在食品加工过程中，水的作用非常重要。水中可能的危害，可分为生物性、化学性和物理性危害。食品企业的水源一般有城市公共用水（自来水）、地下水、海水。食品加工中应使用符合国家《生活饮用水卫生标准》（GB 5749—2006）规定的水。水产的加工中原料冲洗使用的海水应符合《海水水质标准》（GB 3097—1997）。软饮料用水质量标准应符合《软饮料用水的质量标准》（GB 1097—1989）。

（2）饮用水与污水交叉污染的预防：

①供水管理方面。供水设施要完好，一旦损坏后能立即维修好，管道的设计要防止冷凝水集聚下滴污染裸露的加工食品，防止饮用水管，非饮用水管及污水管间交叉污染。从供水管理方面预防饮用水与污水交叉污染，应该绘制供水网络图。

②废水排放方面。从废水排放方面应考虑以下几点：地面的坡度控制在 2% 以上；加工用水、台案或清洗消毒池的水不能直接流到地面；明沟的坡度设置在 1% ~ 1.5%，暗沟要加箅子；废水的流向应从清洁区到非清洁区或各区域单独排到排水网络；与外界接口应防异味、防鼠、防蚊蝇。

③污水处理方面。污水排放前应做必要的处理，排放应符合国家环保部门的要求。

（3）监控：企业监测项目与方法：

余氯——试纸、比色法、化学滴定法。

pH 值——试纸、比色法、化学滴定法。

微生物——细菌总数（GB 5750—1985）；大肠菌群（GB 5750—1985）；粪大肠菌群。

企业监测频率：企业对水余氯每天一次，一年对所有水龙都监测到；企业对水的微生物监测至少每月一次；当地卫生部门对城市公共用水全项目每年至少一次，并有报告正本；对自备水源监测频率要增加，一年至少两次。

（4）生产用冰：直接与产品接触的冰必须采用符合饮用水标准的水制造，制冰设备和盛装冰块的器具，必须保持良好的清洁卫生状况，冰的存放、粉碎、运输、盛装贮存等都必须在卫生条件下进行，防止与地面接触造成污染。

（5）纠偏：监控时发现加工用水存在问题，不符合标准时，应立即停止使用不合格水，并查找原因，采取措施，直至水质符合国家标准后方能重新使用。

（6）记录：水的监控、维护及其他问题处理都要记录、保持。除了保持日常企业自行设计记录外，必须保持每年1次由当地卫生部门进行的水质检验报告，出口企业必须符合进口国要求。

2. 与食品接触的表面（包括设备、手套、工作服）的清洁度

食品接触面是指接触各类食品的表面以及在正常加工过程中会将水滴溅在食品或食品接触表面上的那些表面。与食品直接接触的表面通常是加工设备（制冰机、传送带、饮料管道、储水池等）、器具、操作台、包装材料内表面、加工人员的手、工作服、手套等。间接接触的表面包括车间墙壁、顶棚、照明、通风排气等设施；未经清洁消毒的冷库；车间和卫生间的门把手；操作设备的按钮；车间内电灯开关垃圾箱、外包装等。

食品接触表面一般要求用无毒、浅色、不吸水、不渗水、不生锈、不吸尘、抗腐蚀、耐磨、不与清洁和消毒的化学品产生反应的材料制成。在制造方面要求制作精细、无粗糙焊缝、凹陷、破裂等、表面光滑平整（包括缝、角、边在内）、易清洗和消毒、易维修护理。如果可行，通常应避免使用下列食品接触表面材料：木头、含铁金属、黄铜、镀锌金属等。一般采用不锈钢材制成。

（1）食品接触表面的清洗、消毒：清洗的目的是为了提高消毒效率。清洗消毒一般为5~6个步骤：

清洗污物→预冲洗→用清洁剂清洗→清水冲洗→消毒→最后冲洗（如使用化学方法消毒）。

①加工设备与工器具的清洗消毒：首先彻底清洗，再消毒（82℃热水、碱性清洁剂、含氯碱、酸、酶、消毒剂、余氯200mg/kg浓度、紫外线、臭氧），再冲洗，设有隔离的工器具洗涤消毒间（不同清洁度工器具分开）。

②员工的手、工作服、手套清洗消毒　员工手部的清洗消毒在进入车间前进行，工作中员工的手部若受污染，则应立即进行清洗和消毒。员工手套在每班结束生产或是中间休息时要更换，手套材料应不易破损和脱落，不得采用线手套。工作服和手套集中由洗衣房清洗消毒（专用洗衣房，设施与生产能力相适应），不同清洁区域的工作服分别清洗消毒，清洁工作服与脏工作服分区域放置，存放工作服的房间设有臭氧、紫外线等设备，且干净、干燥和清洁。每个工人至少配备2~3套工作服，工作服应每天都清洗、消毒。员工出车间时，必须脱下工作服、工作鞋。

③空气消毒：

a. 紫外线照射法：每10~15m² 安装一支30W紫外线灯，消毒时间不少于30min，低于20℃、高于40℃或湿度大于60%的车间，紫外线杀菌时间要延长。适用于更衣室、厕所等。

b. 臭氧消毒法：加工车间一般臭氧消毒1h。适用于加工车间、更衣室等。

c. 药物熏蒸法：用过氧乙酸、甲醛等对冷库和保温车进行消毒，每平方米10mL。

工器具清洗消毒的注意事项：要有固定的场所或区域；推荐使用82℃的热水。

（2）食品接触表面卫生情况的监控：监控的目的是确保食品接触面的设计、安装便于

卫生操作，维护、保养符合卫生要求，以及能及时充分地进行清洁和消毒。

监控的范围有食品接触面的状况、清洁和消毒、消毒剂类型和浓度、手套和工作服的清洁和状态等。

监控方法分为：感官检查、化学检测（消毒剂浓度）、表面微生物检查（细菌总数、沙门氏菌和金黄色葡萄球菌）。经过清洁消毒的设备和工器具食品接触表面细菌总数应低于 100 个/cm² 为宜，对卫生要求严格的工序，应低于 100 个/cm²，沙门氏菌及金黄色葡萄球菌等致病菌不得检出。对车间空气的洁净程度，可通过空气暴露法进行检验。采用普通肉琼脂，直径为 9cm 的平板在空气中暴露 5min 后，经 37℃ 培养的方法进行检测。平板菌数为 30 个以下的，空气为清洁，评价为安全；当达到 50～70 个/cm²，空气为低等清洁，应关注。

监控频率视使用条件而定。每天生产前、生产中、生产结束后应有专人对卫生环节进行监控，化验室、质检科等部门应有切实可行的抽样检查计划，每两周卫生抽查 1～2 次。

（3）纠偏措施：在检查发现问题时，应对所有的环节与操作进行分析，查找原因，采取适当的方法及时纠正，如对检查不干净的食品接触面重新进行清洁、消毒；对可能食品潜在污染源的工作服进行消毒和更换；微生物检测不合格的应连续检测，并对此时间内产品更新检验评估；维修不能充分清洗的接触面；重新调整消毒剂浓度；对员工进行反复的培训等。

（4）记录：记录包括每日卫生监控记录和检查、纠偏记录。

3. 防止发生交叉污染

交叉污染是通过生的食品、食品加工者或食品加工环境把生物或化学的污染物转移到食品的过程。

（1）造成交叉污染的来源：工厂选址或生产车间的选址和设计不合理，清洁消毒不符合要求，加工人员个人卫生不良，生产中卫生操作不规范，生、熟产品未分开或原料和成品未隔离等。

（2）交叉污染的监控：在开工时、交班时、餐后继续加工时进入生产车间；生产时连续监控；产品贮存区域（如冷库）每日检查。

（3）纠偏措施：发生交叉污染，应立即采取步骤防止再发生，纠正失误的操作，必要时让设备停止运行，甚至停产整改，直到有改进，达到要求后方能重新生产。对被怀疑已受到污染的产品要隔离放置，待检验后才能处理。必要时进行重新评估产品的安全性，并增加员工的培训程序。

（4）记录：包括消毒控制记录、相关检查记录和改正措施记录。

4. 手的清洗和消毒、厕所设备的维护与卫生保持

（1）洗手消毒的设施：洗手消毒设施包括非手动开关的水龙头、冷热水、皂液器、消毒槽、干手设备、流动消毒车等。应安放于车间入口、卫生间、车间内，并应设在方便使用的地方，并有醒目标识。

洗手龙头必须是非手动开关，以膝动式、感应式或脚踏式为好。洗手处有皂液盒。在冬季应有热水供应，水温适宜（43℃左右），洗手消毒效果好。水龙头数量参考相关规定。干手用具必须是不导致交叉污染的物品，如一次性纸巾、干手器等。车间内适当的位置应设足够数量的洗手消毒设施，以便于员工在操作过程中定时洗手、消毒，或在弄脏手后能及时洗手，最好常年有流动的消毒车。

（2）卫生间设施：卫生间与车间建筑连为一体，应设在卫生设施区域内并尽可能离开作业区，应处在通风良好、地面干燥、光照充足、距离生产车间不太远的位置。卫生间的门、窗不能直接开向加工作业区，卫生间的墙壁、地面和门窗应该用浅色、易清洗消毒、耐腐蚀、不渗水的材料建造，并配有冲水、消毒设施，尽量避免使用大通道冲水式卫生间，应采用蹲便器或坐便器。厕所应设有更衣、换鞋设施（数量参考相关规定），手纸和废纸篓、洗手设施、烘手设备等，手纸和纸篓保持清洁卫生、不漏水，防蝇、防虫设施齐全，通风良好。还应有专人经常地打扫并随时进行消毒，卫生状况保持良好，不造成污染。

（3）洗手消毒方法：良好的进车间洗手程序：工人穿工作服→穿工作鞋→清水洗手→用皂液或无菌皂洗手→清水冲净皂液→于 50mg/kg 次氯酸钠溶液浸泡 30s→清水冲洗→干手（干手器或一次性纸巾或毛巾）→75% 食用酒精喷手

良好的入厕程序：脱工作服→脱工作鞋→入厕→冲厕→用皂液或无菌皂洗手→清水冲净皂液→干手→消毒→穿工作服→穿工作鞋→洗手消毒→进入工作区域

洗手消毒频率：每次进入加工车间时，手接触了污染物后及根据不同加工产品规定确定消毒频率。

（4）监测：建立监控程序，做好监控记录。

（5）纠偏措施：检查发现问题，重新洗手消毒，及时对不卫生情况清理，设施损坏的要及时维修或更换。补充洗手间里的用品，若手部消毒液浓度不适宜，则将其倒掉并配制新液。

（6）记录：该项记录包括生产一线人员手部卫生检查，如手部的清洗规范的检查记录、手的消毒记录、手的棉签实验记录、手套和工作服穿戴整洁等记录；消毒剂的配制及使用记录；卫生间的设施更换、检修记录，清洁消毒记录，保持卫生周期长短记录；纠偏记录。

5. 防止食品被污染物污染

在食品加工过程中，食品、食品包装材料和食品所有接触表面易被微生物、化学品及物理的污染物污染，被称为外部污染。

（1）食品被污染物污染的原因：食品被污染物污染的原因有照明设施突然爆裂产生的碎片、车间天花板或墙壁产生的脱落物、工器具上脱落的大漆片或铁锈片、木器或竹器具上脱落的硬质纤维、人体掉落的头发等方面。

食品中的化学性污染有企业使用的杀虫剂、清洁剂、润滑剂、消毒剂、燃料等。

食品中微生物污染来自车间内被污染的水滴和冷凝水、空气中的尘埃或颗粒、地面污物、不卫生的包装材料、唾液、喷嚏等。

（2）食品污染的防范措施：保持车间的良好通风和温度（稳定 $0 \sim 4℃$），顶棚呈园弧型，在蒸汽量大的车间安有专门的排气装置，控制车间温度，提前降温，尽量缩小温差，有效控制水滴和冷凝水的形成。

适时对包装物品实施检测，防止其带菌。

对灯具加装防护罩，将易脱落碎片的器具更换为耐腐蚀、易清洗的不锈钢器具。

加工设备上的润滑油选用食用级的，对有毒、有害的化学品严格管理，禁止使用标签的化学品，保护食品不受污染。

每一批包装材料进厂后，要进行微生物检验。细菌数低于 100 个$/cm^2$，致病菌不得检出。必要时进行消毒。包装物料存放库要保持干燥清洁、通风、防霉、内外包装分别存放，上有盖布下有垫板，并设有防虫鼠设施。

食品的贮存库保持卫生，不同产品、原料、成品分别存放，设有防鼠设施。

化学品的正确使用和妥善保管。

对员工进行培训，强化卫生操作意识。

（3）监控：监控任何可能污染食品对象。

（4）纠偏措施：除去不卫生表面的冷凝物，调节空气流通和房间温度以减少凝结，用遮盖物防止冷凝物落到食品、包装材料及食品接触面上；清扫地板，清除地面积水、污物、清洗化合物残留；评估被污染的食品；培训员工正确使用化合物，丢弃没有标签的化学品。

（5）记录：记录包括原辅料库卫生检查记录；车间消毒记录，车间空气菌落沉降实验记录；包装材料的领用、出入库记录；食品微生物检验记录；纠偏记录。

6. 有毒化学物质的标记、贮存和使用

食品加工厂有可能使用的化学物质包括洗涤剂、消毒剂、次氯酸钠、杀虫剂、润滑剂、食品添加剂和亚硝酸钠、磷酸盐等。

（1）有毒化合物的购买要求：所使用化学药品必须具备主管部门批准生产、销售、使用的证明，列明主要成分、毒性、使用剂量和注意事项，并标识清楚；要建立化学物品的入库记录、使用登记表和核销记录，制定化学物品进库验收制度和验收记录。

（2）有毒化学物质的贮存和使用：对化学物品的保管、配制和使用人员进行必要的培训。化学物质采用单独的区域分类贮存，配备有标记带锁的柜子，有经过培训的人员才能进入该区内。存放错误的化学物品要及时回位，对标签、标识不全者，拒不购入，重新标记那些内容物模糊不清的工作容器，加强对保管和使用人员的培训，强化责任意识；及时销毁不能使用的盛装化学物品的工作容器。

（3）监控：经常检查确保符合要求，建议一天至少检查一次，整天都时刻注意。

（4）纠偏措施：转移存放错误的化合物；对标记不清的拒收或退回；正确标记；处理掉已坏的容器；评价食品的安全性；加强对保管、使用人员的培训。

（5）记录：该类记录包括有毒、有害物的购入和卫生部门允许使用证明的记录；有毒、有害物的使用审批记录；有毒、有害物的领用记录；有毒、有害物的配比记录；监控及纠偏记录。

7. 雇员的健康与卫生控制

凡从事食品生产的人员必须经过体检合格，获有健康证者方能上岗。

食品生产企业应制订有体检计划，并设有体检档案，凡患有有碍食品卫生的疾病，例如：病毒性肝炎，活动性肺结核，肠伤寒及其带菌者，细菌性痢疾及其带菌者，化脓性或渗出性脱屑皮肤病，手外伤未愈合者不得参加直接接触食品加工，痊愈后经体验合格后可重新上岗。

生产人员要养成良好的个人卫生习惯，按照卫生规定从事食品加工的生产人员要认识到疾病对食品卫生带来的危害，主动向管理人员汇报自己和他人的健康状况。进入加工车间更换清洁的工作服、帽、口罩、鞋等，不得化妆、戴首饰、手表等。

监控：目的是控制可能导致食品、食品包装材料和食品接触面的微生物污染。应每年进行一次健康检查，车间负责人每天对员工的身体健康状况都要进行了解。

纠偏：未及时体检的员工进行体检，体检不合格的调离生产岗位，直至痊愈；不按要求穿戴，身上有异物者，立即更正；受伤者（刀伤、化脓）自我报告或检查发现。制订卫生培训计划，加强员工的卫生知识培训，并记录存档。

记录包括企业员工体检记录及健康档案；企业员工日常卫生检查记录；员工卫生培训记录；重新体检的项目和结果（纠偏）记录。

8. 虫害的防治

害虫主要是指苍蝇、老鼠、蟑螂等，苍蝇和蟑螂可以传播沙门氏菌、葡萄球菌、产气荚膜梭菌、肉毒梭菌、志贺氏菌、链球菌及其他病菌；啮齿类动物是沙门氏菌宿主；鸟类携带有大量的病菌，如沙门氏菌和李斯特菌。通过虫害传播食源性疾病的数量是巨大的，虫害、鼠害的灭除对食品加工厂而言是非常重要的，若食品加工环境中有虫害会影响食品的安全卫生，会导致疾病传染给消费者。

防治计划：每个食品企业都应制订可行的全厂范围内的有害动物的扑灭及控制计划。重点放在厕所、食品下脚料出口、垃圾箱周围、原辅料与成品仓库周围、食堂周围。

防治措施：清除虫害滋生地，清洁周边环境；预防进入车间，采用风幕、水幕、纱窗、黄色门帘、暗道、挡鼠板、翻水弯等；采用杀虫剂灭虫；车间入口用灭蝇灯；采用粘鼠胶、鼠笼等器具灭鼠，不能用灭鼠药。

卫生监控和纠偏：对工厂内害虫可能侵入的各个防控点要进行检查监控。监控地面杂草、灌木丛、脏水、垃圾等吸引害虫或隐藏害虫的保护屏障是否清除；设置的"捕虫器"是否完好；是否有家养动物或野生动物出现的痕迹，是否有害虫留下的毛、尿、粪、啃咬、爬行等痕迹；门窗是否完好或密封，有无纱窗、水帘等防护层；设备周边是否清洁，有无吸引害虫的食品残渣；排水沟是否清洁，水沟盖是否完好，有无吸引害虫的杂物；黑光灯捕捉器装置安装是否合理、是否定期清洁、工作是否正常。

监控频率：根据检查对象的不同而不同。对于工厂内虫害可能入侵的检查，可以每月或每星期检查一次；对工厂内遗留痕迹的检查，通常为每天检查；也可根据经验来调整监控频率，如害虫、害鼠活动的季节必要时加强控制措施。

纠偏措施：根据发现死鼠的数量和次数以及老鼠活动痕迹等情况，及时调整方案，必要时调整捕鼠夹的疏密或更换不同类型的捕鼠夹；根据杀虫灯检查记录以及虫害发生情况及时调整灭虫方案，必要时维修和更换或加密杀虫灯，以及其他应急措施。

记录包括企业定期灭虫、灭鼠行动及检查记录；企业卫生清扫及消毒（次数、过程、范围、消毒剂种类、周期）检查记录；重点区域的虫害防止和消灭监控记录；全厂性的卫生执行纠偏记录。

三、认识危害分析与关键控制点（HACCP）

1. 危害分析与关键控制点（HACCP）概念

HACCP 是 Hazard Analysis and Critical Control Point 英文的首字母缩写，即危害分析与关键控制点。

2. 危害分析与关键控制点（HACCP）产生

HACCP 诞生于 20 世纪 60 年代的美国。1959 年，美国皮尔斯柏利（Pillsbury）公司与美国航空航天局（NASA）纳蒂克（Natick）实验室为了保证航空食品的安全首次建立 HACCP 体系，保证了航天计划的完成。

1971 年：FDA 开始研究其在食品中的应用。HACCP 概念及原理在美国国家食品保护会议上首次被公开提出。

1972 年首次应用于罐头食品加工中以防止腊肠毒菌感染,有效地控制了低酸性罐头中微生物的污染。

1974 年:美国政府授权开始将此体系应用于低酸性罐头食品生产控制,并制定了相应的法规,成为 HACCP 体系。

1977 年首次将 HACCP 概念用于水产品上。

1985 年:美国开始向全社会推荐此体系。

我国最早对 HACCP 体系的报道见于 1980 年。20 世纪 90 年代初以来,HACCP 体系理论逐步被引进。

3. HACCP 体系基本原理

(1)进行危害分析和确定预防控制措施。拟定工艺中各工序的流程图,确定与食品生产各阶段(从原料生产到消费)有关的潜在危害及其危害程度,确定显著危害,并对这些危害制定具体有效的控制措施。

预防措施有以下几个方面:

①生物危害:

细菌:加热、冷冻、发酵或 pH 值、加入防腐剂、干燥及来源控制。

病毒:蒸煮方法。

寄生虫:动物饮食控制、环境控制、失活、人工剔除、加热、干燥、冷冻等。

②化学危害:

来源控制:产地证明、供应商证明、原料检测。

生产控制:合理使用添加剂。

标识控制:正确标识产品和原料,标明产品的正确食用方法。

③物理危害:

来源控制:供应商证明、原料检测。

生产控制:利用磁铁、金属探测器、筛网、分选机、空气干燥机、X 射线设备和感官控制。

(2)确定关键控制点。即确定能够实施控制且可以通过正确的控制措施达到预防危害、消除危害或将危害降低到可接受水平的 CCP,例如,加热、冷藏、特定的消毒程序等。应该注意的是,虽然对每个显著危害都必须加以控制,但每个引入或产生显著危害的点、步骤或工序未必都是 CCP。CCP 的确定可以借助于 CCP 判断树。

(3)建立关键限值(CL)。即指出与 CCP 相应的预防措施必须满足的要求,例如温度的高低、时间的长短、pH 值的范围及盐浓度等。CL 是确保食品安全的界限,每 CCP 都必须有一个或多个 CL,一旦操作中偏离了 CL,必须采取相应的纠偏措施才能确保食品的安全性。

(4)建立监控体系。通过有计划的测试或观察,以确保 CCP 处于被控制状态,其中测试或观察要有记录。监控应尽可能采用连续的理化方法,如无法连续监控,也要求有足够的间隙频率次数来观察测定每一个 CCP 的变化规律,以保证监控的有效性。凡是与 CCP 有关的记录和文件都应该有监控员的签名。

(5)建立纠偏行动。因为任何 HACCP 方案要完全避免偏差是几乎不可能的。因此,需要预先确定纠偏行为计划。如果监控结果表明加工过程失控，应立即采取适当的纠偏措施，减少或消除失控所导致的潜在危害，使加工过程重新处于控制之中。纠偏措施的功能包括：决定是否销毁失控状态下生产的食品；纠正或消除导致失控的原因；保留纠偏措施的执行记录。

（6）建立验证程序。验证程序即除监控方法外，用来确定 HACCP 体系是否按 HACCP 计划执行或 HACCP 计划是否需要修改及再确认生效所使用的方法、程序或检测及评审手段。

虽然经过了危害分析，实施了 CCP 的监控、纠偏措施并保持有效的记录，但是并不等于 HACCP 体系的建立和运行能确保食品的安全性，关键在于：①验证各个 CCP 是否都按照 HACCP 计划严格执行；②确认整个 HACCP 计划的全面性和有效性；③验证 HACCP 体系是否处于正常、有效的运行状态。这三项内容构成了 HACCP 的验证程序。验证的方法包括生物学的、物理学的、化学的或感官方法。

（7）建立有效的记录保存与管理体系。HACCP 具体方案在实施中，都要求做例行的、规定的各种记录，同时还要求建立有关适用于这些原理及应用的所有操作程序和记录的档案制度，包括计划准备、执行、监控、记录及相关信息与数据文件等都要准确和完整的保存。以文件证明 HACCP 体系的有效运行，记录是 HACCP 体系的重要部分。

实训一

实训主题：对酸乳企业相关人员进行良好操作规范（GMP）知识培训。

专业技能点：良好操作规范（GMP）知识。

职业素养技能点：①沟通能力；②演讲能力。

实训组织：对学生进行分组，每个组参照学—学相关知识及利用网络资源，就"酸乳企业良好操作规范培训"这个主题制作幻灯片，在酸乳企业或班级进行汇报培训。

实训成果：幻灯片

实训评价：酸乳企业或主讲教师进行评价。（评价表格，主讲教师结合项目自行设计）

实训二

实训主题：对酸乳企业相关人员进行卫生标准操作程序（SSOP）知识培训。

专业技能点：卫生标准操作程序（SSOP）知识。

职业素养技能点：①沟通能力；②演讲能力。

实训组织：对学生进行分组，每个组参照学—学相关知识及利用网络资源，就"酸乳企业卫生标准操作程序培训"这个主题制作幻灯片，在酸乳企业或班级进行汇报培训。

实训成果：幻灯片

实训评价：酸乳企业或主讲教师进行评价。（评价表格，主讲教师结合项目自行设计）

实训三

实训主题：对酸乳企业相关人员进行危害分析与关键控制点（HACCP）知识培训。

专业技能点：危害分析与关键控制点（HACCP）知识。

职业素养技能点：①沟通能力；②演讲能力。

实训组织：对学生进行分组，每个组参照<u>学一学</u>相关知识及利用网络资源，就"酸乳企业危害分析与关键控制点培训"这个主题制作幻灯片，在酸乳企业或班级进行汇报培训。

实训成果：幻灯片。

实训评价：酸乳企业或主讲教师进行评价。（评价表格，主讲教师结合项目自行设计）

想一想

1. 良好操作规范（GMP）、卫生标准操作程序（SSOP）、危害分析与关键控制点（HACCP）的概念。

2. 卫生标准操作程序（SSOP）包括哪些内容？

3. HACCP 体系的原理有哪些？

4. 良好操作规范（GMP）、卫生标准操作程序（SSOP）、危害分析与关键控制点（HACCP）之间是什么关系？

查一查

1. 中国认证认可信息网 http：//www. cait. cn//xtxrz_ 1/rzlb/HACCP/。

2. 中国国家认证认可监督管理委员会 http：//www. cnca. gov. cn/cnca/。

3. 食品产业网 http：//search2. foodqs. cn/newslist_ news007_ 18_ . html。

4. 食品伙伴网 http：//www. foodmate. net/zhiliang。

任务三　对酸乳企业进行危害分析与关键控制点体系认证标准（GB/T 27341、GB 14881、GB/T 27342、GB 12693）知识培训

任务目标：

指导学生能够就危害分析与关键控制点体系认证标准（GB/T 27341、GB 12693、GB/T 27342 和 GB 14881）知识对酸乳生产企业进行培训。

学一学

一、学习《危害分析与关键控制点（HACCP）体系 食品生产企业通用要求》（GB/T 27341—2009）

《危害分析与关键控制点体系 食品生产企业通用要求》（GB/T 27341—2009，以下简称 GB/T 27341）于 2009 年 2 月 17 日发布，2009 年 6 月 1 日实施。国家认监委发布了《危害分析与关键控制点（HACCP）体系认证实施规则》（CNCA-N-008：2011）（2011 年第 35 号公告）将 GB/T 27341 确立为食品企业 HACCP 体系认证的依据。国家认监委发布了《乳制品生产企业危害分析与关键控制点（HACCP）体系认证实施规则（试行）》（国家认监委 2009 年第 16 号），将 GB/T 27341 确立为入乳制品企业 HACCP 体系认证的依据。

标准框架如下：

1 范围

2 规范性引用文件

3 术语和定义

4 企业 HACCP 体系

4.1 总要求

4.2 文件要求

5 管理职责

5.1 管理承诺

5.2 食品安全方针

5.3 职责、权限与沟通

5.4 内部审核

5.5 管理评审

6 前提计划

6.1 总则

6.2 人力资源保障计划

6.3 良好生产规范（GMP）

6.4 卫生标准操作程序（SSOP）

6.5 原辅料、食品包装材料安全卫生保障制度

6.6 维护保养计划

6.7 标识和追溯计划、产品召回计划

6.8 应急预案

7 HACCP 计划的建立和实施

7.1 总则

7.2 预备步骤

7.3 危害分析和制定控制措施

7.4 关键控制点（CCP）的确定

7.5 关键限值（critical limit）的确定

7.6 CCP 的监控

7.7 建立关键限值偏离时的纠偏措施

8 HACCP 计划的确认和验证

9 HACCP 计划记录的保持

教学中，主讲教师需要下载该标准全文，学生手中需要具有该标准进行学习。

二、认识《食品安全国家标准 食品生产通用卫生规范》（GB 14881—2013）

《食品安全国家标准 食品生产通用卫生规范》（GB 14881—2013，以下简称 GB 14881），由我国国家卫生和计划生育委员会制定和实施监督的食品安全国家标准。本标准规定了食品生产过程中原料采购、加工、包装、贮存和运输等环节的场所、设施、人员的基本要求和管理准则，本标准 2013 年 5 月 24 日发布，2014 年 6 月 1 日实施，国家认监委发布了《危害分析与关键控制点（HACCP）体系认证实施规则》（CNCA-N-008：2011）（2011 年第 35 号公告），将 GB 14881 确立为入食品企业 HACCP 体系认证的依据。

GB 14881 标准框架如下：

1 范围

2 术语和定义

3 选址及厂区环境

3.1 选址

3.2 厂区环境

4 厂房和车间

4.1 设计和布局

4.2 建筑内部结构与材料

5 设施与设备

5.1 设施

5.2 设备

6 卫生管理

6.1 卫生管理制度

6.2 厂房及卫生设施管理

6.3 食品加工人员健康管理及卫生要求

6.4 虫害控制

6.5 废弃物处理

6.6 工作服管理

7 食品原料、食品添加剂和食品相关产品

7.1 一般要求

7.2 食品原料

7.3 食品添加剂

7.4 食品相关产品

7.5 其他

8 生产过程的食品安全控制

8.1 产品污染风险控制

8.2 生物污染控制

8.3 化学污染控制

8.4 物理污染控制

8.5 包装

9 检验

10 食品的贮存和运输

11 产品召回管理

12 培训

13 管理制度和人员

14 记录和文件管理

三、认识《危害分析与关键控制点（HACCP）体系 乳制品生产企业要求》（GB/T 27342—2009）

《危害分析与关键控制点体系 乳制品生产企业通用要求》（GB/T 273421—2009，以下简称 GB/T 27342）于 2009 年 2 月 17 日发布，2009 年 6 月 1 日实施。国家认监委发布了

《乳制品生产企业危害分析与关键控制点（HACCP）体系认证实施规则（试行）》（国家认监委 2009 年第 16 号），将 GB/T 27342 确立为入乳制品企业 HACCP 体系认证的依据。

GB/T 27342 标准框架如下：

1 范围

2 规范性引用文件

3 术语和定义

4 乳制品生产企业 HACCP 体系

5 管理职责

5.1 管理承诺

5.2 食品安全方针

5.3 职责、权限与沟通

5.4 内部审核

5.5 管理评审

6 前提计划

6.1 总则

6.2 人力资源保障计划

6.3 良好生产规范（GMP）

6.4 卫生标准操作程序（SSOP）

6.5 原辅料、食品包装材料安全卫生保障制度

6.6 维护保养计划

6.7 标识和追溯计划、乳制品召回

6.8 应急预案

7 HACCP 计划的建立和实施

7.1 总则

7.2 预备步骤

7.3 危害分析和制定控制措施

7.4 关键控制点（CCP）与关键限值（CL）的确定

7.5 CCPs 监控

7.6 纠偏措施

7.7 HACCP 计划的确认和验证

7.8 记录的保持

四、认识《食品安全国家标准 乳制品良好生产规范》（GB 12693—2010）

《危害分析与关键控制点体系 乳制品良好生产规范》（GB 12693—2010，以下简称 GB 12693）于 2010 年 3 月 26 日发布，2010 年 12 月 1 日实施。国家认监委发布了《乳制品生产企业危害分析与关键控制点（HACCP）体系认证实施规则（试行）》（国家认监委 2009 年第 16 号），将 GB 12693 确立为入乳制品企业 HACCP 体系认证的依据。

GB 12693 标准框架如下：

1 范围

2 规范性引用文件

15.2 文件管理

实训一

实训主题：对酸乳企业相关人员进行《危害分析与关键控制点（HACCP）体系 食品生产企业通用要求》（GB/T 27341—2009）培训。

专业技能点：《危害分析与关键控制点（HACCP）体系 食品生产企业通用要求》（GB/T 27341—2009）。

职业素养技能点：①沟通能力；②演讲能力。

实训组织：对学生进行分组，每个组参照学一学相关知识及利用网络资源，就"食品生产企业危害分析与关键控制点（HACCP）体系通用要求培训"这个主题制作幻灯片，在酸乳企业或班级进行汇报培训。

实训成果：幻灯片。

实训评价：酸乳企业或主讲教师进行评价。（评价表格，主讲教师结合项目自行设计）

实训二

实训主题：对酸乳企业相关人员进行《危害分析与关键控制点（HACCP）体系 乳制品生产企业要求》（GB/T 27342—2009）培训。

专业技能点：《危害分析与关键控制点（HACCP）体系 乳制品生产企业要求》（GB/T 27342—2009）

职业素养技能点：①沟通能力；②演讲能力。

实训组织：对学生进行分组，每个组参照学一学相关知识及利用网络资源，就"乳制品生产企业危害分析与关键控制点（HACCP）体系要求培训"这个主题制作幻灯片，在酸乳企业或班级进行汇报培训。

实训成果：幻灯片。

实训评价：酸乳企业或主讲教师进行评价。（评价表格，主讲教师结合项目自行设计）

实训三

实训主题：对酸乳企业相关人员进行《食品安全国家标准 乳制品良好生产规范》（GB 12693—2010）培训。

专业技能点：《食品安全国家标准 乳制品良好生产规范》（GB 12693—2010）。

职业素养技能点：①沟通能力；②演讲能力。

实训组织：对学生进行分组，每个组参照学一学相关知识及利用网络资源，就"乳制品良好生产规范培训"这个主题制作幻灯片，在酸乳企业或班级进行汇报培训。

实训成果：幻灯片

实训评价：酸乳企业或主讲教师进行评价。（评价表格，主讲教师结合项目自行设计）

实训四

实训主题：对酸乳企业相关人员进行《食品安全国家标准 食品生产通用卫生规范》（GB 14881—2013）培训。

专业技能点：《食品安全国家标准 食品生产通用卫生规范》（GB 14881—2013）。

职业素养技能点：①沟通能力；②演讲能力。

实训组织：对学生进行分组，每个组参照<u>学一学</u>相关知识及利用网络资源，就"食品生产通用卫生规范培训"这个主题制作幻灯片，在酸乳企业或班级进行汇报培训。

实训成果：幻灯片。

实训评价：酸乳企业或主讲教师进行评价。（评价表格，主讲教师结合项目自行设计）

想一想

1. HACCP 手册包括哪些内容？

2. 如何进行 HACCP 体系文件和记录控制？

3. 原辅料、食品包装材料安全卫生保障制度有哪些？

4. 企业制定的产品召回计划至少应包括哪些方面的要求？

5. HACCP 小组组长的职责和权限是什么？

6. HACCP 小组时行危害识别时应考虑哪些因素？

7. 使用 CCP 判断树表时，应考虑哪些因素？

8. 什么是原位清洗？

9. 酸乳企业确定关键控制点（CCPs）与关键限值（CLs）时应考虑的因素有哪些？

10. 什么是清洁作业区、准清洁作业区？

11. 如何进行酸乳企业设计和布局？

12. 如何控制酸乳企业人员健康与卫生？

13. 酸乳企业如何控制原料和包装材料的运输和贮存？

14. 酸乳企业如何控制生产过程的食品安全？

查一查

1. 中国认证认可信息网 http：//www. cait. cn//xtxrz_ 1/rzlb/HACCP/。

2. 中国国家认证认可监督管理委员会 http：//www. cnca. gov. cn/cnca/。

3. 食品产业网 http：//search2. foodqs. cn/newslist_ news007_ 18_ . html。

4. 食品伙伴网 http：//www. foodmate. net/。

任务四　编制酸乳企业危害分析与关键控制点体系文件

任务目标：

指导学生能够正确编写危害分析与关键控制点体系文件。

学一学

一、企业危害分析与关键控制点体系文件

HACCP 体系文件是描述 HACCP 体系建立与实施过程的文件。编制 HACCP 体系文件是组织建立 HACCP 体系的需要，也是满足标准、法律法规要求的需要；HACCP 体系文件的编制和发布是一个组织质量体系建立和运行的标志。

HACCP 体系文件的编制依据

（1）国际食品法典委员会（CAC）1997 年发布的《危害分析和关键控制点》（HACCP）体系及其应用准则》。

（2）国际食品法典委员会《食品卫生通则》（CAC）99。

（3）相关法规规章。

（4）《危害分析与关键控制点（HACCP）体系 食品生产企业通用要求》（GB/T 27341—2009）。

（5）《危害分析与关键控制点（HACCP）体系 乳制品生产企业要求》（GB/T 27342—2009）。

（6）《食品安全国家标准 乳制品良好生产规范》（GB 12693—2010）。

HACCP 体系文件的结构：

第一层：HACCP 手册（法规性文件——规定体系）；

第二层：程序文件（法规性文件——规定体系）；

第三层：支持文件（技术性文件——支持体系）；

第四层：记录（证据性文件——证实体系）。

二、HACCP 手册

HACCP 手册的编制要求：

（1）对企业所建立的 HACCP 体系做出总体规定。

（2）描述 HACCP 体系各组成部分、各过程之间的相互关系和相互作用。

（3）将准则、法规的要求转化为对本企业的具体要求。

（4）在手册的规定与程序文件之间建立对应关系，确保规定能够被实施。

HACCP 手册编写的格式和内容框架：

1. 封面

2. 版头

3. 手册正文

（1）颁布令

（2）目录

①范围

②依据

③术语和定义

④HACCP 体系

A. 体系的构成

a. 体系的组成部分

b. 体系各组成部分之间的相互关系

B. 体系文件的构成

a. 体系文件的组成部分

b. 体系文件各组成部分之间的相互关系

C. 文件控制

⑤GMP 计划

A. 人员

B. 建筑物与设施

C. 设备及工具

D. 生产与加工管理

E. 运输

⑥HACCP 前提计划

A. SSOP 计划

B. 人员培训计划

C. 工厂维修保养计划

D. 产品回收计划

E. 产品识别代码计划

⑦HACCP 计划

A. 组成 HACCP 小组

B. 产品描述

C. 识别和拟定用途

D. 制作流程图

E. 现场确认流程图

F. 进行危害分析，制定预防控制措施

G. 确定关键控制点

H. 确定各关键控制点的关键限值

I. 建立各关键控制点的监控程序

J. 建立纠正措施

K. 建立验证程序

L. 建立文件记录的保持程序

⑧附录

A. HACCP 程序文件清单

B. HACCP 支持文件清单

C. HACCP 记录格式清单

D. 产品加工流程图

E. 厂区平面图

（3）HACCP 手册管理说明

由谁编制、由谁审核、由谁批准、由谁修改和批准、由谁发放和回收、如何使用、如何保存。

（4）HACCP 手册修改页

（5）企业基本情况

（6）企业组织机构图

（7）HACCP 小组成员及职责

《HACCP 手册》案例网络查询学习。

三、HACCP 程序文件

HACCP 程序文件编制要求：

①执行 HACCP 手册的规定。

②采用过程方法。

③具有针对性和可操作性。

④与支持文件和记录建立完整联系。

HACCP 程序文件编制格式：

1. 版头

2. 格式

（1）目的

（2）范围

（3）职责

（4）程序

（5）相关文件

（6）相关记录

HACCP 程序文件的组成：

* 文件控制程序；

* 记录保持控制程序；

* GMP 控制程序；

* SSOP 控制程序；

* 人员培训控制程序；

* 工厂维修保养控制程序；

* 产品回收控制程序；

* 产品识别代码控制程序；

* 危害分析与预防控制措施控制程序；

* 关键控制点确定控制程序；

* HACCP 计划预备步骤控制程序；

* 关键限值建立控制程序；

* 关键控制点监控控制程序；

* 纠偏行动控制程序；

* 验证控制程序；

* 内部审核控制程序；

* 不合格品控制程序；

* 原辅料采购控制程序；

* 管理评审控制程序；

* 卫生质量方针、目标展开程序。

四、HACCP 支持文件

HACCP 支持文件组成：

* 相关法律法规；

＊相关技术规范、标准和指南（加工工艺及产品标准）；

＊相关研究空实验报告，技术报告（危害分析技术报告等）；

＊加工过程的工艺文件（作业指导书，设备操作规程，监控仪器校准规程，产品验收准则等）；

＊人员岗位职责和任职条件；

＊产品 HACCP 计划、GMP 计划、SSOP 计划、员工培训计划、设备维修保养计划；

＊相关管理制度：各类人员岗位责任制度、产品标识、质量追踪和产品召回制度、计量监控设备校准程序和规程、质量检验管理制度、实验室管理制度、委托社会实验室检测的合同或协议、化学物品（有毒有害物品）管理制度。

HACCP 支持文件作用：

1. HACCP 体系建立与实施的技术资源

2. HACCP 体系实施有效性的技术保证

3. HACCP 体系建立与实施的科学依据

4. HACCP 体系持续改进的技术来源

五、HACCP 记录

HACCP 记录的组成：

1. 文件控制记录

2. GMP 实施记录

3. SSOP 卫生监控记录

4. 人员培训记录

5. 工厂维修保养记录

6. 产品回收和识别代码操作记录

7. HACCP 计划预备步骤执行记录

8. 危害分析记录

9. 制订和实施预防控制措施的记录

10. 制定 HACCP 计划的记录

11. 关键控制点监控记录

12. 纠偏行动记录

13. 验证记录

实训一

实训主题：绘制酸乳企业生产车间布局图。

专业技能点：酸乳企业生产车间布局图。

职业素养技能点：①观察能力；②认真素养。

实训组织：对学生进行分组，每个组参照学一学相关知识及利用网络资源，绘制一张酸乳企业生产车间布局图。

实训成果：酸乳企业生产车间布局图。

实训评价：酸乳企业或主讲教师进行评价。（评价表格，主讲教师结合项目自行设计）

实训二

实训主题：编写酸乳危害分析与关键控制点（HACCP）体系手册。

专业技能点：酸乳危害分析与关键控制点（HACCP）体系手册

职业素养技能点：①认真素养；②查询能力。

实训组织：对学生进行分组，每个组参照学一学相关知识及利用网络资源，编写酸乳企业危害分析与关键控制点（HACCP）体系手册。

实训成果：酸乳企业危害分析与关键控制点（HACCP）体系手册。

实训评价：酸乳企业或主讲教师进行评价。（评价表格，主讲教师结合项目自行设计）

实训三

实训主题：编写酸乳企业 SSOP 控制程序。

专业技能点：酸乳企业 SSOP 控制程序。

职业素养技能点：①认真素养；②查询能力。

实训组织：对学生进行分组，每个组参照学一学相关知识及利用网络资源，编写酸乳企业 SSOP 控制程序。

实训成果：酸乳企业 SSOP 控制程序。

实训评价：酸乳企业或主讲教师进行评价。（评价表格，主讲教师结合项目自行设计）

想一想

1. 什么是 HACCP 体系文件，有何作用？
2. HACCP 体系文件的编写原则？
3. HACCP 体系文件由几部分构成？各组成部分之间的关系如何？
4. HACCP 手册的编制要求是什么？
5. HACCP 程序文件包括哪些内容？
6. HACCP 支持文件包括哪些内容？
7. HACCP 记录包括哪些内容？

查一查

1. 中国认证认可信息网 http：//www. cait. cn//xtxrz_ 1/rzlb/HACCP/。
2. 中国国家认证认可监督管理委员会 http：//www. cnca. gov. cn/cnca/。
3. 食品产业网 http：//search2. foodqs. cn/newslist_ news007_ 18_ . html。
4. 食品伙伴网 http：//www. foodmate. net。

任务五　指导酸乳企业推行危害分析与关键控制点体系

任务目标：

指导学生能够指导酸乳企业推行危害分析与关键控制点体系。

📖 **学一学**

制定和实施 HACCP 计划的步骤

根据食品法典委员会《HACCP 体系及其应用准则》详细阐述 HACCP 计划的研究过程，此过程由 12 个步骤组成，涵盖了 HACCP 七项基本原理，12 个步骤如图 6-2。

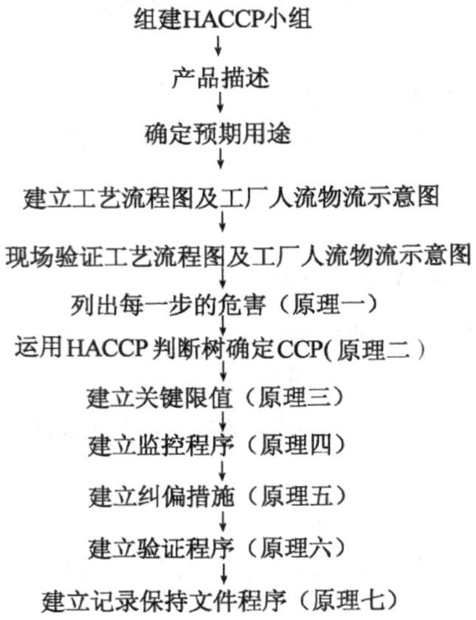

组建HACCP小组

↓

产品描述

↓

确定预期用途

↓

建立工艺流程图及工厂人流物流示意图

↓

现场验证工艺流程图及工厂人流物流示意图

↓

列出每一步的危害（原理一）

↓

运用HACCP判断树确定CCP(原理二)

↓

建立关键限值（原理三）

↓

建立监控程序（原理四）

↓

建立纠偏措施（原理五）

↓

建立验证程序（原理六）

↓

建立记录保持文件程序（原理七）

图 6-2　制定 HACCP 计划的 12 个步骤

步骤 1：组建 HACCP 小组

HACCP 体系必须由 HACCP 小组共同努力才能完成。HACCP 小组的职责是制定 HACCP 计划；修改、验证 HACCP 计划；监督实施 HACCP 计划；书写 SSOP；对全体人员进行培训等。因此，组建一个能力强、水平高的 HACCP 小组是有效实施 HACCP 计划的先决条件之一。

步骤 2：产品描述

对产品（包括原料与半成品）及其特性、规格与安全性等进行全面的描述，尤其对以下内容要作具体定义和说明：

①原辅料（商品名称、学名和特点）。

②成分（如蛋白质、氨基酸、可溶性固形物等）。

③理化性质（包括水分活度、pH 值、硬度、流变性等）。

④加工方式（如产品加热及冷冻、干燥、盐渍、杀菌程度等）。

⑤包装系统（密封、真空、气调、标签说明等）。

⑥储运（冻藏、冷藏、常温贮藏等）和销售条件（如干湿与温度要求等）。

⑦所要求的储存期限（保质期、保存期、货架期）。

步骤 3：确定预期用途及消费对象

产品的预期用途应以用户和消费者为基础，HACCP 小组应详细说明产品的销售地点、目标群体，特别是能否供敏感人群使用。不同用途和不同消费者对食品安全的要求不同，对过敏的反应也不同。

有五种敏感或易受伤害的人群：老人、婴儿、孕妇、病人及免疫缺陷者。例如，李斯特菌可导致流产，如果产品中可能带有李斯特菌，就应在产品标签上注明："孕妇不宜食用"。

步骤4：绘制生产工艺流程图

生产流程图是一张按序描述整个生产过程的流程图，它描述了从原料到终产品的整个过程的详细情况。生产流程图应包括下列几项内容：所有原料、产品包装的详细资料，包括配方的组成、必需的储存条件及微生物、化学和物理数据，返工或再循环产品的详细情况。

步骤5：现场验证工艺流程图

流程图的精确性影响到危害分析结果的准确性，因此，生产流程图绘制完毕后，必须由HACCP小组亲自到现场进行验证，以确保生产流程图确实无误的反映实际生产过程。

步骤6：危害分析及危害程度评估（原理一）

HACCP小组应根据HACCP原理的要求，对加工过程中每一步骤（从流程图开始）进行危害分析，确定危害的种类，找出危害的来源，建立预防措施。

HACCP体系应控制的危害：在HACCP体系中，"危害"是指食物中可能引起疾病或伤害的情况或污染。这些危害主要分为三大类：即生物的危害、化学的危害和物理的危害。值得注意的是，在食品中发现的令人厌恶的昆虫、毛发、脏物或腐败等不作为食品安全危害。

（1）危害的分类与控制　危害种类如图6-3所示。

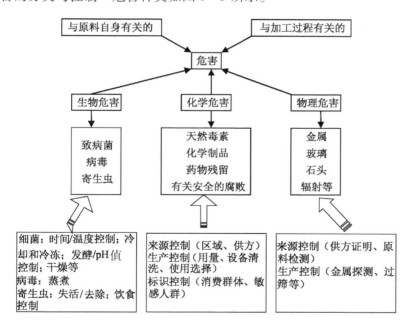

图6-3　危害的分类与控制

（2）危害分析

①信息资源：进行危害分析时可利用的信息资源包括：公开出版的书籍、科学刊物和互联网上的信息；顾问或专家；研究机构；供货商和客户。在作出任何结论之前，必须仔细研究和评估所有来源的信息。

②危险性评价：为了建立一个适当的控制机制，在危害分析过程中有必要评价提出的每

一种危害的特征及意义，即危险性评价。这是 HACCP 小组成员必须了解的一个过程。

危险性的一般定义为危害可能发生的几率或可能性。危害程度可分为：高（H）、中（M）、低（L）和忽略不计（N）。

（3）建立预防措施　当所有潜在危害被确定和分析后，接着需要列出有关每种危害的控制机制、某些能消除危害或将危害的发生率减少到可接受水平的预防控制措施。可具体从以下方面加以考虑：

　　＊ 设施与设备的卫生

　　＊ 机械、器具的卫生

　　＊ 从业人员的个人卫生

　　＊ 控制微生物的繁殖

　　＊ 日常微生物检测与监控

（4）危害分析工作单的填写　美国 FDA 推荐的"危害分析工作单"是一份较为适用的危害分析记录表格，通过填写这份工作单能顺利进行危害分析，确定 CCP，危害分析工作单如表 6 - 1 所示。

表 6 - 1　危害分析单

加工工序	可能存在的潜在危害	潜在危害是否显著	危害显著的理由	控制危害的措施	是否为CCP

企业名称：　　　　　　　　　　　　　　　产品名称：

企业地址：　　　　　　　　　　　　　　　贮藏和销售方法：

计划用途和消费者：

企业负责人签名：××　　　　　　　　　　日期：××年××月××日

步骤 7：运用 HACCP 判断树确定 CCP（原理二）

如何发现 CCP：CCP 是食品生产中的某一点、步骤或过程，通过对其实施控制，能预防、消除或最大程度地降低一个或几个危害。CCP 也可理解为在某个特定的食品生产过程中，任何一个 CCP 失去控制后会导致不可接受的健康危险的环节或步骤。CCP 判断树是进行 CCP 判断的工具，CCP 判断树如图 6 - 4 所示。

步骤 8：建立关键限值（原理三）

在确定了工艺过程中所有 CCP 后，就应确定各 CCP 的控制措施要求达到的关键限值（CL），即 CCP 的绝对允许极限，用来区分食品是否安全的分界点。如果超过了关键限值，就意味着这个 CCP 失控，产品可能存在潜在的危害。

1. 关键限值的确定

可参考有关法规、标准、文献、专家建议、实验结果及数学模型。

2. 关键限值的确定或选择原则

原则：可控制且直观、快速、准确、方便和可连续监测。

3. 关键限值

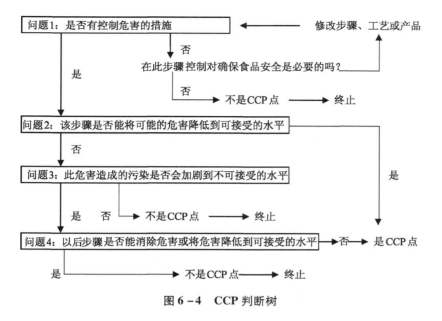

图 6-4　CCP 判断树

可以是化学指标、物理指标或微生物指标。

常见的化学指标指标有真菌毒素、pH 值、盐浓度和水分活度的最高允许水平，或是否存在致过敏物质等。

常见的物理指标有金属、筛子、温度和时间。物理指标也可能与其他因素有关，如在需要采取预防措施以确保无特殊危害时，物理指标可确定成一种持续安全状态。

常见的微生物指标有大肠杆菌是否检出等。但由于微生物指标传统的检测方法耗时很久不能满足关键限值选择要求快速的条件，因此选择需要慎重。随着科技的发展目前已有先进的方法缩短了微生物指标检测的时间，如 ATP 生物发光，它既能显示清洁过程的有效性，又能用于估计原料中的微生物水平，因此使微生物指标作为关键限值进行应用变成了现实。

案例：以鱼馅油炸关键控制点为例，其目的是用油炸来消除致病菌又能保证良好的色香味，其关键限值可以有 3 种方案：

（1）无致病菌检出。

（2）最低中心温度 66℃，最少时间 1min。

（3）最低油温 177℃，最大饼厚 0.6cm，最少时间 1min。

3 种方案都能确保产品质量与安全，但其中选择（1）是不实际的，费时且要大量测定，不能及时监控；选择（2），测定中心温度难度大，不易连续监控；选择（3）则检测方便，可连续监控，是最快速方便且准确的方案，可保证无致病菌和中心温度达 66℃ 以上。因此，在确定限值内容及取值范围时，要做充分全面考虑，研究出最佳的监控方案。

步骤 9：建立监控程序（原理四）

监控程序是一个有计划的连续检测或观察过程，用以评估一个 CCP 是否受控，并为将来验证时使用。监控过程应做精确的运行记录（填入 HACCP 计划表中）。

1. 监控的目的

（1）跟踪加工过程中的各项操作，及时发现可能偏离关键限值的趋势并迅速采取措施

171

进行调整。

（2）查明何时失控。

（3）提供加工控制系统的书面文件。

2. 监控程序内容

（1）监控对象：监控对象通常是针对 CCP 而确定的加工过程或产品的某个可以测量的特性。如时间、温度等

（2）监控方法：对每个 CCP 的具体监控过程取决于关键限值及监控设备和检测方法。一般采用两种基本监控方法：一种方法为在线检测系统，即在加工过程中测量各临界因素，另一种为终端检测系统，即不在生产过程中而是在其他地方抽样测定各临界因素。最好的监控过程是连续在线检测系统，它能及时检测加工过程中的 CCP 的状态，防止 CCP 发生失控现象。

（3）监控频率：监控的频率取决于 CCP 的性质及监测过程的类型。

（4）监控人员：进行 CCP 监控的人员可以是：流水线上的人员、设备操作者、监督员、维修人员、质量保证人员负责监控 CCP 的人员必须具备一定的知识和能力，必须接受有关 CCP 监控技术的培训，必须充分理解 CCP 监控的重要性。

步骤 10：建立纠偏措施（原理五）

当监控结果表明某一 CCP 发生偏离关键限值时，必须立即采取纠偏措施。纠偏措施通常要解决 3 类问题：

（1）制定使工艺重新处于控制之中的措施。

（2）拟好 CCP 失控时期生产的食品的处理办法。

（3）制定预防再次发生偏离的措施。

纠偏行动过程应作的记录内容包括：

（1）产品描述、隔离和扣留产品数量。

（2）偏离描述。

（3）所采取的纠偏行动（包括失控产品的处理）。

（4）纠偏行动的负责人姓名。

（5）必要时提供评估的结果。

步骤 11：建立验证程序（原理六）

只有"验证才足以置信"，验证的目的是通过严谨、科学、系统的方法确认所规定的 HACCP 系统是否处于准确的工作状态中，确定 HACCP 计划是否需要修改和再确认，能否做到确保食品安全。验证是 HACCP 计划实施过程中最复杂、必不可少的程序之一。

验证活动包括：确认、验证 CCP、验证 HACCP 体系和执法机构执法验证。

验证活动一般分为两类：一类是内部验证，由企业内部的 HACCP 小组进行，可视为内审；另一类是外部验证，由政府检验机构或有资格的第三方进行，可视为外审。

步骤 12：建立记录保持文件程序（原理七）

完整准确的过程记录，有助于及时发现问题和准确分析与解决问题，使 HACCP 原理得到正确应用。因此，认真及时和精确的记录及资料保存是不可缺少的。

保存的文件包括：

（1）HACCP 计划和支持性文件，包括 HACCP 计划的研究目的和范围。

（2）产品描述。

（3）生产流程图。

（4）危害分析。

（5）HACCP 审核表。

（6）确定关键限值的偏离。

（7）验证关键限值的依据。

（8）监控记录，包括关键限值的偏离。

（9）纠偏措施。

（10）验证活动的结果。

（11）校准记录。

（12）清洁记录。

（13）产品的标识和可追溯记录。

（14）害虫控制记录。

（15）培训记录。

（16）供应商认可记录。

（17）产品回收记录。

（18）审核记录。

（19）HACCP 体系的修改记录。

将以上内容完成后，填写 HACCP 计划表，见表 6 - 2。

表 6 - 2　HACCP 计划表

企业名称：　　　　　　　　　　　　产品名称：

企业地址：　　　　　　　　　　　　贮藏和销售方法：

计划用途和消费者：

关键控制点	显着危害	关键限值	监控对象	监控方法	监控频率/监控人员	纠偏措施	记录	验证

企业负责人签名：×× 　　　　　　　　　　日期：××年××月××日

实训一

实训主题：编写酸乳危害分析工作单。

专业技能点：危害分析工作单组成要素。

职业素养技能点：①沟通能力；②演讲能力。

实训组织：对学生进行分组，每个组参照学—学相关知识及利用网络资源，编写酸乳危害分析工作单。

实训成果：编写酸乳危害分析工作单。

实训评价：酸乳企业或主讲教师进行评价。（评价表格，主讲教师结合项目自行设计）

实训二

实训主题：编写酸乳企业 HACCP 计划表。

专业技能点：酸乳企业 HACCP 计划表。

职业素养技能点：①沟通能力；②演讲能力。

实训组织：对学生进行分组，每个组参照学一学相关知识及利用网络资源，编写酸乳企业 HACCP 计划表。

实训成果：编写酸乳企业 HACCP 计划表。

实训评价：酸乳企业或主讲教师进行评价。（评价表格，主讲教师结合项目自行设计）

想一想

1. 制定和实施 HACCP 体系的步骤？

2. HACCP 小组的职责和作用是什么？

3. 食品安全危害的有几种，如何控制？

4. HACCP 体系 CCP 的确定要注意哪些问题？

5. HACCP 体系 CL 的确定的原则是什么？

查一查

1. 中国认证认可信息网 http：//www. cait. cn//xtxrz_ 1/rzlb/HACCP/。

2. 中国国家认证认可监督管理委员会 http：//www. cnca. gov. cn/cnca/。

3. 食品产业网 http：//search2. foodqs. cn/newslist_ news007_ 18_ . html。

4. 食品伙伴网 http：//www. foodmate. net/。

任务六　指导酸乳企业进行危害分析与关键控制点体系认证

任务目标：

指导学生能够就指导酸乳企业进行危害分析与关键控制点体系认证。

学一学

一、食品企业危害分析与关键控制点（HACCP）体系认证

《危害分析与关键控制点（HACCP）体系认证实施规则》国家认监委制定了《危害分析与关键控制点（HACCP）体系认证实施规则》和《危害分析与关键控制点（HACCP）体系认证依据与认证范围（第一批）》，2011 年 12 月 31 日发布，自 2012 年 5 月 1 日起实施。该实施细则是从事 HACCP 体系认证的认证机构实施 HACCP 体系认证的程序与管理的基本要求，也是认证机构从事 HACCP 体系认证活动的基本依据。

（一）认证依据

（1）GB/T 27341《危害分析与关键控制点（HACCP）体系 食品生产企业通用要求》

（2）GB 14881《食品企业通用卫生规范》。

注：认证机构可在上述认证依据基础上，增加符合《认证技术规范管理办法》规定的技术规范作为认证审核补充依据。

（二）认证范围

认证范围见表6－3。

表6－3　HACCP 体系认证范围

代码	行业类别	种类示例
C	加工1（易腐烂的动物产品）包括农业生产后的各种加工，如：屠宰	C1 畜禽屠宰及肉制品加工 C2 蛋及蛋制品加工 C4 水产品的加工 C5 蜂产品的加工 C6 速冻食品制造
D	加工2（易腐烂的植物产品）	D1 果蔬类产品加工 D2 豆制品加工 D3 凉粉加工
E	加工3（常温下保存期长的产品）	E1 谷物加工 E2 坚果加工 E3 罐头加工 E4 饮用水、饮料的制造 E5 酒精、酒的制造 E6 焙烤类食品的制造 E7 糖果类食品的制造 E8 食用油脂的制造 E9 方便食品（含休闲食品）的加工 E10 制糖 E11 盐加工 E12 制茶 E13 调味品、发酵制品的制造 E14 营养、保健品制造
G	餐饮业	G1 餐饮及服务

二、酸乳企业危害分析与关键控制点（HACCP）体系认证

酸乳等乳制品企业危害分析与关键控制点（HACCP）体系认证依据如下：

（1）GB/T 27341《危害分析与关键控制点（HACCP）体系 食品生产企业通用要求》。

（2）GB/T 27342《危害分析与关键控制点体系 乳制品生产企业要求》。

（3）GB 12693《乳制品企业良好生产规范》。

值得一提的是乳制品企业进行危害分析与关键控制点（HACCP）体系认证还需要建立《食品防护计划》，由于篇幅所限本教材未涉及，具体请参看《食品防护计划及其应用指南 食品生产企业》（GB/T 27320—2010）。

三、认证程序

具体参见乳制品生产企业危害分析与关键控制点（HACCP）体系认证实施规则（试行）（国家认监委 2009 年第 16 号）。

四、认证证书

具体参见乳制品生产企业危害分析与关键控制点（HACCP）体系认证实施规则（试行）

（国家认监委 2009 年第 16 号）。

实训

实训主题：酸乳企业 HACCP 体系认证申请。

专业技能点：酸乳企业 HACCP 体系认证申请。

职业素养技能点：①沟通能力；②演讲能力。

实训组织：对学生进行分组，每个组参照学一学相关知识及利用网络资源，依据《危害分析与关键控制点（HACCP）体系认证实施规则》和《乳制品生产企业危害分析与关键控制点（HACCP）体系认证实施规则》，就"酸乳企业 HACCP 体系认证申请工作"准备所有材料。

实训成果：酸乳企业 HACCP 体系认证申请材料。

实训评价：酸乳企业或主讲教师进行评价。（评价表格，主讲教师结合项目自行设计）

想一想

1. HACCP 体系认证依据和范围？

2. HACCP 体系认证申请提交哪些材料？

3. 食品安全危害的有几种，如何控制？

4. HACCP 体系审核分几个阶段？

5. HACCP 体系认证证书的有效期及应涵盖哪些基本信息？

6. 认证机构在什么情形下可以撤销企业 HACCP 体系认证证书？

查一查

1. 中国认证认可信息网 http：//www. cait. cn//xtxrz_ 1/rzlb/HACCP/。

2. 中国国家认证认可监督管理委员会 http：//www. cnca. gov. cn/cnca/。

3. 食品产业网 http：//search2. foodqs. cn/newslist_ news007_ 18_ . html。

4. 食品伙伴网 http：//www. foodmate. net/zhiliang/。

5. 国家食品安全危害分析与关键控制点应用研究中心 http：//www. statehaccp. org/shouye/。

【项目小结】

本项目讲述了危害分析与关键控制点在食品企业和乳制品企业认证的标准、危害分析与关键控制点体系认证公司的选择、危害分析与关键控制点体系文件的编制、危害分析与关键控制点体系建立运行等。

【拓展学习】

一、本项目涉及需要拓展学习的文件

1. 关于发布危害分析与关键控制点（HACCP）体系认证相关文件的公告（认监委 2011 年第 35 号公告）

2. 国家认监委 2009 年第 16 号公告《关于发布乳制品生产企业危害分析与关键点控制

点（HACCP）体系认证实施规则的公告》

3. 国家认监委 2009 年第 15 号公告《关于发布乳制品生产企业良好生产规范（GMP）认证实施规则的公告》

4. GBT 27341—2009 危害分析与关键控制点体系食品生产企业通用要求

5. GBT 27342—2009 危害分析与关键控制点（HACCP）体系 乳制品生产企业要求

6. GB 14881—2013 食品安全国家标准 食品生产通用卫生规范

7. GB 12693—2010 食品安全国家标准 乳制品良好生产规范

8. GB 19302—2010 食品安全国家标准 发酵乳

二、学习乳粉企业危害分析与关键控制点体系建立、实施和认证工作。

项目七 学习烘焙企业食品安全管理体系 （ISO22000）建立和实施方法

【知识目标】

熟悉《ISO22000：2005 食品安全管理体系——食品链中各组织要求》和《CCAA/CTS0013—2008 0013 食品安全管理体系 烘焙食品生产企业要求》标准条款。

熟悉食品安全管理体系认证过程。

熟练食品安全管理体系文件的编写。

熟练食品安全管理体系申请认证程序。

熟练食品安全管理体系内部审核。

【技能目标】

能够帮助企业申报食品安全管理体系的认证。

能够指导企业编写食品安全管理体系文件。

能够指导企业应对食品安全管理体系内部审核。

能够就该项目对企业食品行业食品安全管理体系进行咨询。

【项目概述】

苏州某面包烘焙企业 2014 年计划申请 ISO22000 食品安全管理体系认证，请指导该企业建立和实施食品安全管理体系，并通过 ISO22000 食品安全管理体系认证。

【项目导入案例】

企业名称：苏州稻香村食品工业有限公司。

公司产品：面包、月饼、蛋糕等近 100 余种产品。

企业人数：500 余人。

企业设计生产能力：年生产能力 5 万 t。

面包生产工艺

1. 工艺流程（见图 7 - 1）

2. 操作要点

（1）制作计划（CCP1）：原料验收，人员、工具、设备、物料、场地、排班的准备。

（2）称料（CCP2）：粉料过筛，蛋液过滤，辅料人工除杂。

（3）中种面团搅拌：搅拌质量；面温记录（26 ~ 28℃）。

（4）种面发酵（第一次发酵）：非隔夜中种 28 ~ 30℃，2 ~ 4h；隔夜中种冷藏 2 ~ 7℃，≤12h。

（5）主面团搅拌：温度记录 面温 26 ~ 28℃。

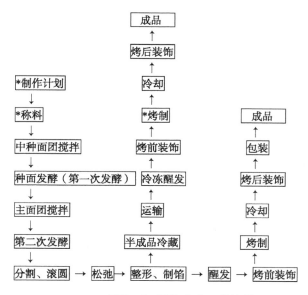

图 7 - 1　面包生产工艺流程

注：标注 * 为关键控制点

（6）第二次发酵：发酵室温度 28 ~ 30℃，30min。

（7）分割、滚圆：准确计量。

（8）松弛：室温静置 15 ~ 20min。

（9）整形、制馅：面团外观检验，卫生及重量抽检；原辅料物理性杂质挑选。

（10）醒发：甜面包 60 ~ 90min，36 ~ 38℃ 湿度 75 ~ 80%（面团的 2 倍或模具 7 分）；丹麦 90 ~ 120min，28 ~ 30℃，湿度 75% ~ 80%（油层清晰）。

（11）烤前装饰：馅料质量；外观检验；标准装饰。

（12）烤制（CCP3）：烤制温度、时间有温度参照表；中心温度抽检 ≥ 85℃；外观检验。

（13）冷却：中心温度 30 ~ 32℃ 或低于室温 5℃；安全有防护。

（14）烤后装饰：交叉污染防止；二次装饰物料处理消毒。

（15）包装：净含量、外观、标识检验；产品装箱规范。

（16）成品：未包装有防护。

食品安全管理体系英文简称"ISO22000：2005"。随着经济全球化的发展、社会文明程度的提高，人们越来越关注食品的安全问题；要求生产、操作和供应食品的组织，证明自己有能力控制食品安全危害和那些影响食品安全的因素。顾客的期望、社会的责任，使食品生产、操作和供应的组织逐渐认识到，应当有标准来指导操作、保障、评价食品安全管理，这种对标准的呼唤，促使食品安全管理体系要求标准的产生。标准既是描述食品安全管理体系要求的使用指导标准，又是可供食品生产、操作和供应的组织认证和注册的依据。

任务一 选择烘焙企业食品安全管理体系认证公司

任务目标：

能够指导烘焙企业按照 ISO22000：2005 标准要求，选择食品安全管理体系认证公司。

一、申请 ISO22000 食品安全管理体系认证的必备要求

通过 ISO22000 食品安全管理体系认证，企业向政府和消费者证明自身的食品质量安全保证能力，证明自己有能力提供满足顾客需求和相关法规的安全食品和服务。因而，有利于开拓市场，获取更大利润；也是提高企业质量管理水平和生产安全食品，提高置信水平的保证。企业要申请认证应满足几个必备条件：

（1）具有法人资格，具有营业执照，具有 QS 生产许可证或其他法规要求的证和照等。

（2）具备按 GMP、SSOP 和 HACCP 基本要求、相关标准建立的食品安全管理体系。

（3）在申请认证前，建立和实施的食品安全管理体系至少运行三个月，至少做过一次内审，并对内审中发现的不合格实施了确认、整改和跟踪验证，并提供足够的证据。

（4）做过至少一次内审和管理评审。

（5）在审核时必须要有生产现场。

（6）ISO22000 认证所需要的材料如下：

营业执照、组织机构代码，（带年检章）；

有效的行业资质证明；

企业简介；

最近一年内国家、行业产品监督抽查情况（如发生）；

食品安全管理手册、程序文件；

组织机构图；

产品描述、周边环境描述、工艺流程图、国家及行业适用的法律法规和强制性标准清单。

二、申请食品安全管理体系认证工作程序

当企业具备了以上的基本条件后，可向有认证资格的认证机构提出意向申请。此时可向认证机构索取公开文件和申请表，了解有关申请者必须具备的条件、认证工作程序、收费标准等有关事项。

1. 查阅食品安全管理体系的适用范围

适用于所有在食品链中期望建立和实施有效的食品安全管理体系的组织，无论该组织类型、规模和所提供的产品如何。这包括直接介入食品链中一个或多个环节的组织（例如，但不仅限于饲料加工者，农作物种植者，辅料生产者，食品生产者，零售商，食品服务商，配餐服务，提供清洁、运输、贮存和分销服务的组织），以及间接介入食品链的组织（如设备、清洁剂、包装材料以及其他与食品接触材料的供应商）。

2. 熟悉申请食品安全管理体系的认证程序

经咨询机构前期在企业内组织建立食品安全管理体系并有效运行满三个月后，可联系认证机构的相关部门或分支机构，并按认证机构的要求填写"食品安全管理体系认证申请表

（委托书）"，提交食品安全管理手册、程序文件、SSOP、ISO22000 计划书及其他有关证实材料供认证机构文件审核。认证机构会根据企业提供的信息进行合同评审等，审核通过，则发给证书（图 7 - 2，图 7 - 3）。

（1）选择咨询公司。

（2）在咨询公司帮助下建立食品安全管理体系并通过内审和管理评审。

（3）由咨询公司推荐或你自己选择合适的认证公司。

（4）向认证公司提交申请书、手册、程序文件等。

（5）认证公司以现场审核。

（6）不符合项整改。

（7）获得证书。

3. 了解食品安全管理体系认证的费用

食品安全管理体系的认证费用基本是以完成审核所需的人日数与每人日收费标准相乘得到的，而认证所需人日数是根据组织的规模、从业人数为计算基数来计算，同时考虑产品的种类、产品安全风险的高低以及组织的实际运作方式等因素进行适当的增减。组织需提供有关情况的详细说明后，认证机构才能准确报价。

图 7 - 2　ISO22000 认证证书

图 7 - 3　ISO22000 标志

三、如何选择食品安全管理体系认证公司

企业选择食品安全管理体系认证是为了向顾客提供足够的信任，这种信任是间接由认证机构来证明的。因此，企业应选择具有较强就是专业能力的权威认证机构，提高企业信誉。选择认证机构着重考虑以下几点。

（1）该认证机构是否已被国家认可机构认可。

（2）该认证机构的注册专业范围是否覆盖本企业申请认证的专业范围。

（3）该认证机构的认证权威和信誉。

（4）不允许选择向本企业提供咨询的机构作为认证机构。

实训一

实训主题：认证咨询公司询价。

专业技能点：商务谈判技巧。

职业素养技能点：①调查能力；②沟通能力。

实训组织：对学生进行分组，每个组参照学一学相关知识，自行设计认证询价表格，通过走访、电话或网络等方式就烘焙企业申请 ISO22000 食品安全管理体系认证调查询价调价。学生。每组将询价情况汇总分析，模拟确定申请认证公司。询价结束后，每组在班级进行汇报，汇报点：询价分析和询价实训提升了自己那些能力。

实训成果：询价分析报告。

实训评价：烘焙企业或主讲教师进行评价。

◤ 实训二

实训主题：填写烘焙企业《食品安全管理体系认证申请书》。

专业技能点：①申请体系认证工作程序；②食品安全管理体系认证申请表。

职业素养技能点：①文字表达能力；②沟通能力。

实训组织：对学生进行分组，每个组参照学一学相关知识及利用网络资源，填写一份烘焙企业《食品安全管理体系认证申请书》。

实训成果：食品安全管理体系认证申请书。

实训评价：由企业质量负责人或主讲教师进行评价（表7-1）。

表7-1　申请书填写评价表

学生姓名	填写的规范性（30分）	内容的完整性（20分）	内容的正确性（30分）	其他（20分）

◤ 想一想

1. 食品企业如何选择食品安全管理体系认证公司？

2. 《食品安全管理体系认证申请书》填写注意事项。

◤ 查一查

1. 中国国家认证认可监督管理委员会 http：//www. cnca. gov. cn/cnca。

2. 认证咨询网 http：// http：//www. rzzxx. com。

3. 中国认证认可信息网 http：//www. cait. cn。

任务二　对烘焙企业相关人员进行《ISO22000：2005 食品安全管理体系 食品链中各类组织的要求》标准和《CCAA/CTS0013—2008 0013 食品安全管理体系 烘焙食品生产企业要求》知识培训

任务目标：

指导学生能够按照《ISO22000：2005 食品安全管理体系——食品链中各组织要求》和《CCAA/CTS0013-2008 0013 食品安全管理体系 烘焙食品生产企业要求》知识对烘焙企业进

行培训。

📖 学一学

根据《食品安全管理体系认证实施规则》国家认监委公告（2010 年第 5 号）规定，食品安全管理体系认证依据由基本认证依据和专项技术要求组成。其中基本认证依据为《ISO22000：2005 食品安全管理体系　食品链中各类组织的要求》，对于焙烤企业专项技术要求为《CCAA/CTS0013 – 2008 0013 食品安全管理体系——烘焙食品生产企业要求》，这意味着做食品安全管理体系认证（ISO22000）时企业建立体系的依据为以上 2 个文件，认证公司对企业进行食品安全管理体系审核的标准也为以上 2 个文件。

一、ISO22000：2005 食品安全管理体系标准条款的理解

1　范围

本标准规定了食品安全管理体系的要求，以便食品链中的组织证实其有能力控制食品安全危害，确保其提供给人类消费的食品是安全的。

本标准适用于食品链中任何方面和任何规模，希望通过实施食品安全管理体系以稳定提供安全产品的所有组织。组织可以通过利用内部和（或）外部资源来实现本标准的要求。

本标准规定的要求使组织能够：

（1）策划、实施、运行、保持和更新食品安全管理体系，确保提供的产品按预期用途对消费者是安全的。

（2）证实其符合适用的食品安全法律法规要求。

（3）评价和评估顾客要求，并证实其符合双方商定的、与食品安全有关的顾客要求，以增强顾客满意度。

（4）与供方、顾客及食品链中的其他相关方在食品安全方面进行有效沟通。

（5）确保符合其声明的食品安全方针。

（6）证实符合其他相关方的要求。

（7）按照本标准，寻求由外部组织对其食品安全管理体系的认证或注册，或进行符合自我评价，或自我声明。

本标准所有要求都是通用的，适用于食品链中各种规模和复杂程度的所有组织，包括直接或间接介入食品链中的一个或多个环节的组织。直接介入的组织包括但不限于：饲料生产者、收获者，农作物种植者，辅料生产者、食品生产制造者、零售商、餐饮服务与经营者，提供清洁和消毒、运输、贮存和分销服务的组织。其他间接介入食品链的组织但不限于：设备、清洁剂、包装材料以及其他与食品接触材料的供应商。

本标准允许任何组织实施外部开发的控制措施组合，特别是小型和（或）欠发达组织（如：小农场、小分包商、小零售或食品服务商）。

注：ISO/TS 22004 提供了本标准的应用指南。

理解要点：

（1）本标准适用于食品链中各种类型、规模和提供各种产品，并有下列需求的组织：

①证实其有能力控制食品安全危害。

②为消费者提供安全的终产品。

③增强顾客满意度。

（2）本标准规定的内容，使组织能达到以下目的：

①策划、设计、实施、运行、保持和更新食品安全管理体系。

②与相关方有效沟通，提供安全的终产品。

③符合适用的法律、法规要求、食品安全方针的承诺和相关方的要求。

④寻求认证或注册。

组织获得食品安全管理体系认证，并不表明其产品也被认证为"安全"产品。

2　规范性引用文件

下列文件中的条款通过本标准的引用而成为本标准的条款。凡是注日期的引用文件，其随后所有的修改单（不包括勘误的内容）或修订版均不适用于本标准。凡是不注日期的引用文件，其最新版本适用于本标准。

GB/T 19000—2000 质量管理体系、基础和术语。

理解要点：

（1）引用的文件　GB/T 19000—2000《质量管理体系——基础和术语》为本标准所引用的文件。

（2）引用的原则

①引用关系的处理原则。

②在引用处标识。

③除专门定义的 13 个术语外，"GB/T 19000"标准中所规定的的其他所有术语同样适用于本标准。

④引用文件的版本。

3　术语和定义

采用 GB/T 19000 中的术语和定义。

本标准共有 17 个术语和定义。

理解要点：

（1）本标准列出了十七条术语，并给出定义。

（2）纠正、纠正措施、验证、确认四个术语引自《质量管理体系 基础和术语》GB/T 19000—2000 标准。

（3）控制措施、关键控制点、关键限值、食品安全、食品安全危害五个术语引自联合国粮农组织和世界卫生组织于 1997 年在罗马出版的 Codex Alimentarius Food Hygiene Basic Texts。

（4）终产品、流程图、食品链、食品安全方针、监视、操作性前提方案、前提方案、更新等八个术语是本标准的特有术语。

3.1　食品安全

食品在按照预期用途进行制备和（或）食用时，不会对消费者造成伤害的概念。

注：食品安全与食品安全危害（3.3）的发生有关，但不包括其他与人类健康相关的方面，如营养不良。

理解要点：

（1）食品安全强调的是满足预期用途，同时对健康不会造成危害。

（2）没有按预期用途食用，造成营养失调或营养不良，不能称该食品不安全。

（3）预期用途可以是拟定的加工、消费和预处理，以及拟定的消费者。

3.2 食品链

从初级生产直至消费的各环节和操作的顺序，涉及食品及其辅料的生产、加工、分销、贮存和处理。

注1：食品链包括食源性动物的饲料生产，和用于生产食品的动物饲料生产。

注2：食品链也包括用于食品接触材料或原材料的生产。

理解要点：

食品链强调的是各个环节食品链之间的关系；包括农作物的生产、食品的加工、储存和流通等；其中初级生产可包括收获、屠宰，挤奶、捕鱼和用于食品生产的动物饲料的生产等。

3.3 食品安全危害

食品中所含有的对健康有潜在不良影响的生物、化学或物理因素或食品存在状况。

注1：术语"危害"不应和"风险"混淆，对食品安全而言，"风险"是食品暴露于特定危害时对健康产生不良影响的概率（如生病）与影响的严重程度（死亡、住院、缺勤等）之间形成的函数。风险在 ISO/IEC 导则 51 中定义为伤害发生的概率和严重程度的组合。

注2：食品安全危害包括过敏源。

注3：在饲料和饲料配料方面，相关食品安全危害是那些可能存在或出现于饲料和饲料配料内，继而通过动物消费饲料转移至食品中，并由此可能导致人类不良健康后果的因素。对饲料和食品的间接操作（如包装材料、清洁剂等的生产者）而言，相关食品安全危害是指那些按所提供产品和（或）服务的预期用途可能直接或间接转移到食品中，并由此可能造成人类不良健康后果的因素。

理解要点：

（1）食品安全强调的是满足预期用途，同时对健康不会造成危害。

（2）没有按预期用途食用，造成营养失调或营养不良，不能称该食品不安全。

（3）预期用途可以是拟定的加工、消费和预处理，以及拟定的消费者。

（4）食品安全危害不仅仅是食品中存在的生物的、化学的和物理的危害物质，而且还包括食品的存在状态；如贝类的贝毒 PSP，动源性食品中的寄生虫和骨头碎渣，以及烫的饮料等。

（5）危害不能等同于风险，在通常情况下，食品中大肠杆菌在湿热环境下较干燥低温环境下，产生危害的风险高。

（6）危害产生的途径可以是直接的，如食品中的亚硝酸盐含量超标，消费者食用后会导致癌症；也可以是间接的，如人类食用带有肝炎病毒的贝类后，导致肝炎。

（7）食品安全危害具有相对性，如针对不同消费人群，消费方式，预期用途和危害的存在状态等，危害发生的概率和严重程度是不同的。

3.4 食品安全方针

由组织的最高管理者正式发布的该组织总的食品安全（3.9）宗旨和方向。

理解要点：

（1）食品安全方针也就是食品生产组织中有关食品安全的政策。

（2）食品安全方针应经最高管理者批准并发布。

3.5　终产品

组织不再进一步加工或转化的产品。

注：需其他组织进一步加工或转化的产品，是该组织的终产品或下游组织的原料或辅料。

理解要点：

（1）食品链中的每个组织都有自己的终产品。

（2）该组织的终产品可能是食品链中下游组织的生产原料或辅料。

（3）终产品有时是整个食品链的成品。

3.6　流程图

以图解的方式系统地表达各环节之间的顺序及相互作用。

理解要点：

（1）流程图的目的是为危害分析做准备，可包括工艺流程图，人流和物流图，水流和气流图，以及设备布置图等。

（2）流程图是以图解方式直观地展现各个步骤之间的关系。

3.7　控制措施

能够用于防止或消除食品安全危害（3.3）或将其降低到可接受水平的行动或活动。

理解要点：

（1）食品安全危害是指食品中所含有的对健康有潜在不良影响的生物、化学或物理因素或食品存在条件。

（2）防止食品安全危害是指在食品生产过程中避免产生危害。

（3）消除食品安全危害是指在食品生产过程中通过采取措施去除已经存在的食品安全危害。

（4）降低食品安全危害到可接受的水平，是指在食品中的有害因素不能防止或完全消除时，通过采取措施减少有害因素的不良影响。

（5）控制措施：HACCP计划、操作性前提方案。

3.8　前提方案

在整个食品链（3.2）中为保持卫生环境所必需的基本条件和活动，以适合生产、处理和提供安全终产品和人类消费的安全食品。

注：前提方案决定于组织在食品链中的位置及类型（见附录C），等同术语例如：良好农业操作规范（GAP）、良好兽医操作规范（GVP）、良好操作规范（GMP）、良好卫生操作规范（GHP）、良好生产操作规范（GPP）、良好分销操作规范（GDP）、良好贸易操作规范（GTP）。

理解要点：

（1）"良好制造规范（GMP）"、"良好农业规范（GAP）"、"良好卫生规范（GHP）"、"良好分销规范（GDP）"、"良好兽医规范（GVP）"、"良好生产规范（GPP）"、"良好贸易规范（GTP）"都是前提方案的一种，只不过称谓发生变化。

（2）前提方案也可以简单的理解为食品企业为保证有效控制食品安全危害而首要准备的工作程序和作业指导书。

（3）前提方案的制定应考虑组织的规模和性质；如小型或欠发达组织可通过采用外部

开发设计的前提方案；大型或发达组织可自行开发设计的前提方案，无论哪种方式，均应适合本组织特点。

3.9　操作性前提方案（operational prerequisite program，OPRP）

为控制食品安全危害（3.3）在产品或产品加工环境中引入和（或）污染或扩散的可能性，通过危害分析确定的必不可少的前提方案（3.8）。

理解要点：

操作性前提方案是通过危害分析所制定的程序或指导书，以管理控制食品安全危害的控制措施；其可靠性的结果可通过经常的监视获得。

3.10　关键控制点（critical control point，CCP）

能够进行控制，并且该控制对防止、消除某一食品安全危害（3.3）或将其降低到可接受水平是所必需的某一步骤。

理解要点：

关键控制点是可以实现食品安全控制的控制措施之一，同时，这种控制措施对特定的食品安全危害控制是必需的，且可以实现。如食品加工过程中后一段工艺还会造成食品污染，则前一段的杀菌处理就不能称为关键控制点；如果后一段工艺不会造成食品污染，则前一段的杀菌处理就是关键控制点。

3.11　关键限值（critical limit，CL）

区分可接收和不可接收的判定值。

注：设定关键限值保证关键控制点（CCP）（3.10）受控。当超出或违反关键限值时，受影响产品应视为潜在不安全产品进行处理。

理解要点：

（1）设定关键限值目的是保证关键控制点达到受控的效果，但关键限值不能同工艺加工参数混淆。

（2）关键限值可以是一个点，也可以是一个区间，即控制区间。超出关键限值即可判断为不可以接受的产品。

3.12　监视

为评估控制措施（3.7）是否按预期运行，对控制参数进行策划并实施一系列的观察或测量活动。

理解要点：

（1）监控的目的是评价控制措施的有效性；

（2）监控可以用测试设备，也可以用其他观察手段，总之采用的监控方法要在有效的前提下，尽量简捷易行；

（3）应对监控进行策划，策划内容可包括监控的对象、方法、采用的频率、操作者和记录要求等内容。

3.13　纠正

为消除已发现的不合格所采取的措施。［GB/T 19000—2000，定义3.6.6］

注1：在本准则中，纠正与潜在不安全产品的处理有关，所以可以连同纠正措施（3.14）一起实施。

注2：纠正可以是重新加工，进一步加工和（或）消除不合格的不良影响（如改做其他

用途或特定标识）等。

理解要点：

纠正是在异常情况下所采取的控制措施；一般包括恢复受控、重新加工、改做其他用途等。如发现杀菌过程中杀菌参数偏离，将参数调整回原来的状态；同时，将评价为不安全的食品重新杀菌，或将加工的食品隔离并做好标识。

3.14　纠正措施

为消除已发现的不合格或其他不期望情况的原因所采取的措施。［GB/T19000—2000，定义3.6.5］

注1：一个不合格可以有若干个原因。

注2：纠正措施包括原因分析和采取措施防止再发生。

理解要点：

（1）纠正措施是改进的一种手段。

（2）所确定的纠正措施应注重消除产生不合格的原因，以避免其再发生。

（3）是否查明了不合格的真正原因，应评价所采取的措施能否消除上述原因，能否避免不合格的再发生。

3.15　确认

获取证据以证实由HACCP计划和OPRP安排的控制措施有效。

理解要点：

（1）确认与食品安全管理体系过程的有效性相关，是针对食品安全管理体系的科技输入信息进行评价，确保支持食品安全管理体系信息的正确性。

（2）确认提供证据以支持食品安全管理体系，因此在体系实施和变化后进行。

（3）"已确认"一词用于表明相应状态。

（4）使用的方法可以是实际的或是模拟的。

3.16　验证

通过提供客观证据对规定要求已得到满足的认定。［GB/T19000—2000，定义3.8.4］

理解要点：

（1）验证的目的是整个体系的有效性。

（2）验证与确认不同，确认是运行前和变化后实施的评定，目的在于证明各（或组合的）控制措施能够达到预期的控制水平（或满足可接受水平）；验证是在运行中和运行后进行的评定，目的在于证明确实达到了预期的控制水平（和/或满足了可接受水平）。

3.17　更新

为确保应用最新信息而进行的即时和（或）有计划的活动。

理解要点：

（1）标准"更新"是指预备信息、前提方案和HACCP的更新。

（2）更新应考虑策划和（或）临时发生的情况，以便将获得的最新信息应用到食品安全管理体系的相关方面。

4　食品安全管理体系

4.1　总要求

组织应按本标准要求建立有效的食品安全管理体系，并形成文件，加以实施和保持，并在必要时进行更新。

组织应确定食品安全管理体系的范围。该范围应规定食品安全管理体系中所涉及的产品或产品类别、过程和生产场地。

组织应：

a）确保在体系范围内合理预期发生的、与产品相关的食品安全危害得以识别、评价和控制，以避免组织的产品直接或间接伤害消费者。

b）在整个食品链范围内沟通与产品安全有关的适宜信息。

c）在组织内就有关食品安全管理体系建立、实施和更新进行必要的信息沟通，以确保满足本标准的要求，确保食品安全。

d）定期评价食品安全管理体系，必要时进行更新，以确保体系反映组织的活动并包含需控制的食品安全危害的最新信息。

组织应确保控制所选择的任何可能影响终产品符合性的源于外部的过程，并应在食品安全管理体系中加以识别，形成文件。

理解要点：

（1）组织应按本标准建立（形成文件）、实施、保持、更新食品安全管理体系。

（2）组织应确定其食品安全管理体系的范围。

（3）在建立、实施和保持食品安全管理体系时，组织应：

识别合理预期的、可能发生的危害；

加强在组织内部及整个食品链中的沟通；

定期评价食品安全管理体系，需要时进行更新；

识别、控制来源于外部的产品和过程。

（4）小型经营者可从源于外部的某些过程获益，并提供必要的方式实施基础设施要求的活动。

4.2 文件要求

4.2.1 总则

食品安全管理体系文件应包括：

a）形成文件的食品安全方针和相关目标的声明（见5.2）；

b）本标准要求的形成文件的程序和记录；

c）组织为确保食品安全管理体系有效建立、实施和更新所需的文件。

理解要点：

（1）组织应规定为建立、实施、保持和更新食品安全管理体系所需的文件（包括相关记录）。

（2）不同组织，食品安全管理体系形成文件的多少与详略程度不同。

（3）文件可采用任何形式或类型的媒体。

（4）通常，组织的食品安全管理体系文件包括：食品安全方针和目标；程序和记录。

（5）组织根据人员素质、操作的难易程度、一致性及文件的作用等诸多因素考虑需要制订的其他文件（包括记录）。

（6）除要求形成文件的程序外，还有一些地方要求形成文件，如食品安全方针和目标、操作性前提方案，HACCP计划，原料、辅料及产品接触材料的信息，终产品特性，关键限值选定的合理性证据等。

4.2.2　文件控制

食品安全管理体系所要求的文件应予以控制。记录是一种特殊类型的文件，应依据4.2.3 的要求进行控制。

文件控制应确保所有提出的更改在实施前加以评审，以明确其对食品安全的效果以及以食品安全管理体系的影响。

应编制形成文件的程序，以规定以下方面所需的控制：

a）文件发布前得到批准，以确保文件是充分与适宜的；

b）必要时进行评审与更新，并再次批准；

c）确保文件的更改和现行修订状态得到识别；

d）确保在使用处可获得适用文件的有关版本；

e）确保文件保持清晰、易于识别；

f）确保相关的外来文件得到识别，并控制其分发；

g）防止作废文件的非预期使用，若因任何原因而保留作废文件时，对这些文件进行适当的标识。

理解要点：

（1）编制形成文件的程序，并对以下方面做出规定：

❖文件的批准

❖文件的使用及管理

❖文件的更改

❖外来文件

❖作废文件

（2）记录被视为一种特殊形式的文件，其表格按本条款要求控制；食品安全方针和目标应按本条款要求进行控制。

4.2.3　记录控制

应建立并保持记录，以提供符合要求和质量安全管理体系有效运行的证据。记录应保持清晰、易于识别和检索。应编制形成文件的程序，以规定记录的标识、贮存、保护、检索、保存期限和处置所需的控制。

理解要点：

(1) 本标准中要求的记录有 25 项。

（2）除标准中要求的记录外，组织可自由决定保留哪些记录，但应能证实与过程、产品和食品安全管理体系的符合性。

（3）对记录的控制应编制形成文件的程序。

（4）记录的保存期应考虑法律法规要求、顾客要求和产品的保存期。

（5）记录管理流程。

❖设计——编制——审批——填写（要求：字迹清晰、内容齐全）

❖收集——整理——分类——编目——标识——归档——保存——检索——保存期——处置

（要求：防潮、防虫、防鼠、防火）

5　管理职责

5.1　管理承诺

最高管理者应通过以下活动，对其建立、实施食品安全管理体系并持续改进其有效性的承诺提供证据：

a）表明组织的经营目标支持食品安全；

b）向组织传达满足与食品安全相关的法律法规、本标准以及顾客要求的重要性；

c）制订食品安全方针；

d）进行管理评审；

e）确保资源的获得。

理解要点：

（1）最高管理者指在最高层指挥和控制组织的一个人或一组人。

（2）最高管理者的承诺可以通过下列方面来体现：

❖最高管理者本人对制订与宣传食品安全方针的参与程度；

❖了解本组织食品安全管理体系的概况及目前状态；

❖了解本组织在食品安全方面的业绩；

❖对与食品安全有关的信息及时采取措施的情况，如对投诉、抱怨的处理；

❖与体系程序规定的一致性，包括管理评审活动。

（3）最高管理者承诺的证据可以是正式签署的文件，也可是其他任何证据。

5.2　食品安全方针

最高管理者应制定食品安全方针，形成文件并对其进行沟通。

最高管理者应确保食品安全方针：

a）与组织在食品链中的作用相适宜；

b）既符合法律法规要求，又符合与顾客商定的对食品安全的要求；

c）在组织的各层次得以沟通、实施并保持；

d）在持续适宜性方面得到评审（5.8）；

e）充分体现沟通（5.6）；

f）由可测量的目标来支持。

理解要点：

（1）食品安全方针是由组织的最高管理者正式发布的该组织总的食品安全宗旨和方向，它应是其总方针和战略的组成部分，并与其保持一致。

（2）组织在制订时应当考虑：

❖组织在食品链中的作用与地位；

❖相关的食品安全法律法规要求，与顾客商定的食品安全要求；

❖使用容易理解的语言，在组织内沟通；

❖相互沟通的安排；

❖方针与目标之间的关联性。

❖为了实现目标，规定相应的措施。

5.3　食品安全管理体系策划

最高管理者应确保：

a）对食品安全管理体系的策划，满足4.1的要求，同时实现支持食品安全的组织目标；

b）在对食品安全管理体系的变更进行策划和实施时，保持体系的完整性。

理解要点：

（1）为了实现食品安全方针与目标，最高管理者应对组织的食品安全管理体系进行策划。

（2）组织应有一套策划的机制，当食品安全管理体系（如产品、工艺、生产设备、人员等）发生变更时进行策划，确保该变更不会给食品安全带来负面影响，并且确保体系的完整性和持续性。

（3）策划内容应包括组织机构、职责分配、食品安全方针、目标、文件等。

5.4　职责和权限

最高管理者应确保规定各项职责和权限并在组织内进行沟通，以确保食品安全管理体系有效运行和保持。

所有员工有责任向指定人员报告与食品安全管理体系有关的问题。指定人员应有明确的职责和权限，并采取措施予以记录。

理解要点：

（1）为确保食品安全管理体系有效运行和保持，最高管理者应当在适宜的组织机构基础上，对职责、权限做出规定，并要求在职能层次间进行相互沟通。

（2）职责、权限和沟通方式确定的合适与否，应以能否促进组织食品安全活动的协调性与有效性为依据。

（3）员工有责任汇报与食品安全管理体系有关的问题，但应当明确规定发生问题时应向谁报告；相关的指定人员具有明确的职责和权限，可采取适当措施，并记录结果。

5.5　食品安全小组组长

最高管理者应指定一名食品安全小组组长，无论其在其他方面的职责如何，应具有以下方面的职责和权限：

a）管理食品安全小组（7.3.2），并组织其工作；

b）确保食品安全小组成员的相关培训和教育；

c）确保建立、实施、保持和更新食品安全管理体系；

d）向组织的最高管理者报告食品安全管理体系的有效性和适宜性；

注：食品安全小组组长的职责包括与食品安全管理体系有关事宜的外部联络。

理解要点：

（1）由最高管理者任命食品安全小组组长。

（2）授权的食品安全小组组长可负责以下工作：

❖组织食品安全小组的工作；

❖对建立、实施、保持和更新食品安全管理体系进行管理；

❖向最高管理者报告体系运行情况，并将此作为体系改进的基础；

❖为食品安全小组成员安排相关的培训和教育；

❖与食品安全管理体系有关事宜的外部联络。

（3）食品安全组长宜是该组织的成员，至少具备食品安全的基本知识，但小组中其他成员应能够提供相应的专家意见；组长在具备必备的食品安全知识并得到授权时，可负责与食品安全管理体系有关事宜的外部沟通。

5.6　沟通

5.6.1　外部沟通

为确保在整个食品链中能够获得充分的食品安全方面的信息，组织应制订、实施和保持有效的措施，以便于与下列各方进行沟通：

a）供方和分包商。

b）顾客或消费者，特别是在产品信息（包括有关预期用途、特定贮存要求以及保质期等信息的说明）、问询、合同或订单处理及其修改，以及顾客反馈信息（包括抱怨）等方面进行沟通。

c）立法和监管部门。

d）对食品安全管理体系的有效性或更新产生影响或将受其影响的其他组织。

e）外部沟通应提供组织的产品在食品安全方面的信息，这些信息可能与食品链中其他组织相关。这种沟通尤其适用于那些需要由食品链中其他组织控制的已知的食品安全危害。沟通记录应予以保持。

f）应获得来自顾客和监管部门的食品安全要求。

g）指定人员应具有规定的职责和权限以进行有关食品安全信息的对外沟通。通过外部沟通获得的信息应作为体系更新（见8.5.2）和管理评审（见5.8.2）的输入。

理解要点：

（1）外部沟通具有以下3项主要目的。

❖与顾客的互动沟通，旨在提供（顾客）要求的食品安全水平相互接受的基础。

❖与食品链的相互沟通，旨在确保充分和相关的知识分享；以能有效的进行危害识别、评定和控制。

❖与食品主管部门和各组织间的沟通，旨在为已确定食品安全水平的公众认可和组织有能力达到该水平的可靠性提供基础。

（2）应满足双方达成一致的、与食品安全有关的顾客要求；

（3）应指定专门人员，作为与外部进行有关食品安全沟通的途径。

5.6.2　内部沟通

组织应制订、实施和保持有效的安排，以便与有关人员就影响食品安全的事项进行沟通。

为保持食品安全管理体系的有效性，组织就确保食品安全小组及时获得变更的信息，包括但不限于以下方面。

a）产品或新产品；

b）原料、辅料和服务；

c）生产系统和设备；

d）生产场所，设备位置，周边环境；

e）清洁和消毒程序；

f）包装、贮存和分销系统；

g）人员资格水平和（或）职责及权限分配；

h）法律法规及有关标准要求；

i）与食品安全危害和控制措施有关的知识；

j）组织遵守的顾客、行业和其他要求；

k）来自外部相关方的有关问询；

l）表明与产品有关的食品安全危害的抱怨；

m）影响食品安全的其他条件。

n）食品安全小组应确保食品安全管理体系的更新（见8.5.2）包括上述信息。

o）最高管理者应确保将相关信息作为管理评审的输入（见5.8.2）。

理解要点：

（1）内部沟通旨在确保组织内进行的各种运作和程序都能获得充分的相关信息和数据。

（2）沟通可以依据不同情况而采取不同的形式。

（3）不同部门和层次的人员应通过适当的方法及时沟通。

（4）对新产品的开发和投放、原料和辅料、生产系统和设备、顾客、人员资格水平和职责的预期变化进行明确地沟通。

（5）应关注新的法律法规要求、突发或新的食品安全危害及其处理方法的新知识。

5.7　应急准备和响应

最高管理者应建立、实施并保持程序，以管理能力影响食品安全的潜在紧急情况和事故，并应与组织在食品链中的作用相适宜。

理解要点：

（1）最高管理者宜确保该组织建立和保持相应程序，以识别潜在事故、紧急情况和事件，并对其做出响应。

（2）对潜在紧急情况和事故管理可包括如下方面：

❖ 首先应确定可能的紧急情况和事故，针对这类情况，应采取必要的事前预防措施；

❖ 在有关程序中规定紧急情况和事故发生时的应急办法（应急预案），并预防或减少由此产生的不利影响；

❖ 一旦发生紧急情况和事故，应根据程序做出响应，事后分析原因，对应急程序进行评审，必要时进行修订；

❖ 条件可行时应对应急程序进行演练，以判断和证实有效性。

5.8　管理评审

5.8.1　总则

最高管理者应按策划的时间间隔评审食品安全管理体系，以确保其持续的适宜性、充分性和有效性。评审应包括评价食品安全管理体系改进的机会和变更的需要，包括食品安全方针。

管理评审的记录应予以保持（见4.2.3）。

理解要点：

（1）管理评审是最高管理者的重要职责，是其对食品安全管理体系的适应性、充分性、有效性按策划的时间间隔进行的系统的、正式的评价，通常由最高管理者、部门负责人及相关人员参加。

（2）评审的频次可考虑组织的策划的结果，体系变化的需求等来确定；特别是，当组织连续出现重大食品安全事故或被顾客投诉或置疑体系的有效性时，也应考虑及时进行管理评审。

（3）管理评审的记录应妥善保存。

5.8.2　评审输入

管理评审输入应包括但不限于以下信息：

a）以往管理评审的跟踪措施。

b）验证活动结果的分析（见8.4.3）。

c）可能影响食品安全的环境变化（见5.6.2）。

d）紧急情况、事故（见5.7）和撤回（见7.10.4）。

e）体系更新活动的评审结果（见8.5.2）。

f）包括顾客反馈的信息沟通活动的评审（见5.6.1）。

g）外部审核或检验。

提交给最高管理者的资料的形式，应能使其理解所含信息与已声明的食品安全管理体系的目标相联系。

理解要点：

（1）管理评审是对组织运行是否满足其食品安全目标的整体评定。

（2）在管理评审输入中，体系验证活动结果（包括内部审核的结果）的分析应作为体系更新的输入，识别食品安全管理体系改进或更新的需要；而体系更新活动的结果，应与突发事件准备和响应和召回作为管理评审的输入。

（3）适宜时，可以考虑供方的控制情况、组织机构和资源的适宜性、有关组织未来需求的战略策划和可能影响食品安全的环境变化。

（4）提交给最高管理者的管理输入信息的形式，应便于最高者使用。

5.8.3　评审输出

管理评审输出的决定和措施应与以下方面有关：

a）食品安全保证（见4.1）；

b）食品安全管理体系有效性的改进（见8.5）；

c）资源需求（见6.1）；

d）组织食品安全方针和相关目标的修订（见5.2）。

理解要点：

（1）评审输出是管理评审活动的结果，组织应根据输出制订有关的决定和措施，予以实施，形成持续改进。

（2）管理评审输出应包括与以下方面有关的决定和措施：食品安全管理体系有效性的改进：对体系进行更新，包括危害分析、操作性前提方案和HACCP计划等内容，确保体系体现必须控制的食品安全危害的最新信息；

❖ 食品安全保证：满足本标准总要求（见4.1）；

❖ 资源需求：考虑资源的适宜性和充分性；

❖ 组织食品安全方针和目标的修订：依据管理评审的结果，对食品安全方针和目标进行评审，以适应食品安全管理体系现状和变化的要求。

（3）输出形式：管理评审报告、改进计划、纠正/预防措施单。

6　资源管理

6.1　资源提供

组织应提供充足资源，以建立、实施、保持和更新食品安全管理体系。

理解要点：

（1）组织应确定建立、实施、保持和更新食品安全管理体系所需资源，以确保组织食品安全管理体系的适宜性、充分性和有效性。

（2）资源可包括：人员、基础设施、工作环境等。

（3）组织的资源是否满足要求，评价的依据主要有：

❖ 组织的性质、规模、方针、产品特性

❖ 与组织相关的法律法规、规范和标准的要求

❖ 相关方的要求

❖ 当组织的食品安全管理体系发生变化时

6.2　人力资源

6.2.1　总则

食品安全小组和其他从事影响食品安全活动的人员应是能够胜任的，并受到适当的教育、培训，具有适当的技能和经验。

当需要外部专家帮助建立、实施、运行或评价食品安全管理体系时，应在签订的协议或合同中对这些专家的职责和权限予以规定。

理解要点：

（1）组织中任何可能影响食品安全的人员都应具备必要的能力（专业能力、技能、经验），以便胜任其所从事的工作。

（2）可能影响食品安全的人员可以是：食品安全小组的成员、食品安全过程的监视人员、食品检测人员、食品安全信息的外部沟通人员等。

（3）对于上述人员不能胜任时，可以对其进行相应的教育和培训。

（4）组织可根据需要，聘请外部专家，但应以协议或合同的方式对专家的职责和权限做出规定，并予以保存。

6.2.2　能力、意识和培训

组织应：

a）确定从事影响食品安全活动的人员所必需的能力；

b）提供必要的培训或采取其他措施以确保人员具有这些必要的能力；

c）确保对食品安全管理体系负责监视、纠正、纠正措施的人员受到培训；

d）评价上述a）、b）和c）的实施及其有效性；

e）确保这些人员认识到其活动对实现食品安全的相关性和重要性；

f）确保所有影响食品安全的人员能够理解有效沟通（见5.6）的要求；

g）保持b）和c）中规定的培训和措施的适当记录。

理解要点：

（1）组织应确定所有对食品安全活动有影响的人员的技能和能力需求，可包括教育、食品安全方面的培训、技能和经验并考核。

（2）组织可以提供必要的教育和（或）培训，包括：

❖ 负责监视食品安全过程的人员；

❖ 所有影响食品安全的人员。

（3）使组织的人员具有食品安全意识；使影响食品安全的人员具有有效的外部沟通和内部沟通的意识。

（4）对上述培训或教育的效果进行评价。

（5）保存教育、培训、技能和经验方面的记录。

6.3　基础设施

组织应提供资源以建立和保持实现本标准要求所需的基础设施。

理解要点：

（1）基础设施是根据食品安全管理体系建立和保持的需要，组织运行必须提供的设施、设备和服务的体系。可包括：建筑物、工作场所和配套设施，具体要求见7.2.2所规定的内容。

（2）为了建立和保持符合食品安全管理体系要求所需的基础设施，组织应：

❖ 根据组织所生产产品的性质和相关的法律法规要求以及相关方的要求，识别并确定基础设施的需求。

❖ 满足上述需求，提供必需的基础设施。

❖ 保持基础设施应达到的能力，做好维护和修理。

6.4　工作环境

组织应提供资源以建立、管理和保持实现本标准要求所需的工作环境。

理解要点：

（1）工作环境是指工作时所处的一组条件。

（2）本条款工作环境是指"符合食品安全管理体系要求所需的工作环境"，又称对产品质量安全构成影响的环境，如厂区地理位置及周边环境、加工车间内的生产环境（温度、湿度、光线、洁净度、粉尘等）、周围环境中害虫出没和其他卫生控制要求。

（3）组织应根据产品及形成的特性确定并管理工作环境，以达到产品符合食品安全要求，而保持良好的工作环境。

7　安全产品的策划和实现

7.1　总则

组织应策划和开发实现安全产品所需的过程。

组织应实施、运行所策划的活动及其更改并确保有效；包括前提方案、操作性前提方案和（或）HACCP计划。

理解要点：

（1）组织应识别安全产品的实现中所需要的过程。

（2）组织应对这些过程进行策划和开发，在本章的7.2~7.8条款中包括了这些过程的策划要求。

（3）应在安全产品的实现的过程管理中进行P—D—C—A方法的总体策划。

7.2　前提方案［PRP（s）］

7.2.1　组织应建立、实施和保持前提方案［PRP（s）］，以利于控制：

食品安全危害通过工作环境进入产品的可能性；

产品的生物性、化学性和物理性污染，包括产品之间的交叉污染；

产品和产品加工环境的食品安全危害水平。

理解要点：

（1）建立、实施和保持前提方案［PRP（s）］的目的：

❖ 控制危害通过工作环境进入产品；

❖ 控制产品污染和产品之间的交叉污染；

❖ 控制产品和工作环境的危害水平。

（2）前提方案设计的要求：

❖ 适应食品安全需求；

❖ 对食品安全危害控制的相关性和适宜性；

❖ 在选择和设计前提方案时，组织应考虑和利用现有的、适当的信息（如法规、顾客要求、指南、法典原则和操作规范、国家、国际或行业标准）。

（3）前提方案包括两种类型：

❖ 基础设施和维护方案；

❖ 操作性前提方案。

（4）前提方案的设计和实施的步骤：

❖ 识别、确定适用的法规、指南、标准、相关方要求；

❖ 结合组织的产品特性制定相应的前提方案；

❖ 按照前提方案的要求实施；

❖ 识别相关要求的变化；

❖ 确保PRP（S）的适宜性和持续有效性。

7.2.2 前提方案［PRP（s）］应：

与组织在食品安全方面的需求相适宜；

与组织运行的规模和类型、制造和（或）处置的产品性质相适宜；

无论是普遍适用还是适用于特定产品或生产线，前提方案都应在整个生产系统中实施；

并获得食品安全小组的批准；

组织应识别与以上相关的法律法规要求。

理解要点：

（1）组织应根据其性质和对食品安全的要求及相应的食品法典和指南，建立并保持符合食品安全要求的基础设施。

（2）适用时，基础设施包括标准中明确的四个方面。

（3）应策划对已实施基础设施和维护方案效果的验证。

（4）基于验证和危害分析的结果（见7.4），确定基础设施变动的适宜性和可行性；变动的内容应作为记录予以保存。

7.2.3 当选择和（或）制定前提方案［PRP（s）］时，组织应考虑和利用适当信息（如法律法规要求、顾客要求、公认的指南、国际食品法典委员会的法典原则和操作规范、国际或行业标准）。

在制定这些方案时，组织应考虑以下信息：

建筑物和相关设施的构造和布局；

包括工作空间和员工设施在内的厂房布局；

空气、水、能源和其他基础条件的供给；

包括废弃物和污水处理在内的支持性服务；

设备的适宜性，及其清洁、保养和预防性维护的可实现性；

对采购材料（如原料、辅料、化学品和包装材料）、供给（如水、空气、蒸汽、冰等）、清理（如废弃物和污水处理）和产品处置（如贮存和运输）的管理。

交叉污染的预防措施；

清洁和消毒；

虫害控制；

人员卫生；

其他适用的方面。

应对前提方案的验证进行策划（见7.8），必要时应对前提方案进行更改（7.7）。应保持验证和更改的记录。

文件宜规定如何管理前提方案中包括的活动。

理解要点：

（1）操作性前提方案是组织管理已确定的食品安全危害控制措施的一种重要手段。

（2）操作性前提方案控制措施的严格程度应使确定的食品安全危害受控。

（3）操作性前提方案应与组织的规模、类型、产品性质相适应，因其可直接影响操作性前提方案的复杂程度和包含的要素。

（4）操作性前提方案需形成文件。

（5）确认通过操作性前提方案管理的控制措施（7.4.4和8.4）。

（6）操作性前提方案管理的控制措施按7.7修订。

（7）说明OPRP类似于SSOP，但超出了SSOP的范围。

（8）可加入GMP和ISO9001的一些内容。

7.3　实施危害分析的预备步骤

7.3.1　总则

应收集、保持和更新实施危害分析所需的所有相关信息，并形成文件，并保持记录。

理解要点：

（1）7.3.1是7.3条款的总原则，规定了应收集和保持实施危害分析所需的所有相关信息的要求。

（2）本条款目的是为实施危害分析提供必要的准备，以确保危害分析的充分性。

（3）"相关信息"是指通过采取预备步骤所获得的信息，应形成文件。

（4）收集、保持和更新这些信息后形成的文件应是受控的。应保持收集、保持和更新这些信息的记录。

7.3.2　食品安全小组

应任命食品安全小组。

食品安全小组应具备多学科的知识和建立与实施食品安全管理体系的经验。这些知识和经验包括但不限于组织的食品安全管理体系范围内的产品、过程、设备和食品安全危害。

应保持记录，以证实食品安全小组具备所要求的知识和经验（见6.2.2）。

理解要点：

（1）为确保食品安全管理体系的策划、实施、保持和更新，组织应组建食品安全小组。

（2）小组应由多种专业和具备实施食品安全管理体系经验的人员组成。

（3）食品安全小组应根据组织的规模和性质确定小组的组成形式。

（4）能够证明人员能力的证据，包括外聘专家，如学历证明，从业经验证明，技术职称或技能登记证书，都要作记录并保存。

7.3.3 产品特性

7.3.3.1 原料、辅料和与产品接触的材料

应在文件中对所有原料、辅料和与产品接触的材料予以描述，其详略程度应足以实施危害分析（见7.4）。适宜时，描述内容包括以下方面：

a）化学、生物和物理特性；

b）配制辅料的组成，包括添加剂和加工助剂；

c）产地；

d）生产方法；

e）包装和交付方式；

f）贮存条件和保质期；

g）使用或生产前的预处理；

h）与采购材料和辅料预期用途相适宜的有关食品安全的接收准则或规范。

组织就识别与以上方面有关的食品安全法律法规要求。

上述描述应保持更新，需要时，包括按照7.7要求进行的更新。

理解要点：

（1）以文件的形式对原料、辅料和与产品接触的材料的特性进行适当的描述，以确保所提供的信息足以识别和评价其中的危害。

（2）采购的原料和辅料，在接收准则或规范中，还要关注与其预期用途相适应的食品安全要求，如农药残留或兽药残留，以及添加剂的要求。

（3）组织在进行上述描述时，应识别与其有关的法规要求。

7.3.3.2 终产品特性

终产品特性应在文件中予以规定，其详略程度应足以进行危害分析（见7.4），适宜时，描述内容包括以下方面的信息：

a）产品名称或类似标识；

b）成分；

c）与食品安全有关的化学、生物和物理特性；

d）预期的保质期和贮存条件；

e）包装；

f）与食品安全有关的标识，和（或）处理、制备及使用的说明书；

g）分销方式。

组织应确定与以上方面有关的食品安全法规要求。

上述描述应保持更新，需要时，包括按照7.7的要求进行的更新。

理解要点：

（1）应以文件的形式对终产品的特性进行适当地描述，以确保描述所提供的信息足以识别和评价其中的危害。

（2）终产品特性直接影响到终产品本身存在的、固有（内在）的危害和影响危害存在的因素。

（3）包装方式直接影响到产品的保质期，同时，也可以影响危害存在的条件。

（4）通过标识可以提示消费者，如：控制摄入量来实施特定的危害控制措施。

（5）在产品的分销方式中表明预期客户和潜在的加工方式。

（6）组织在进行上述描述时，应识别与其有关的法规要求。同时，包含上述与食品安全特性信息有关的文件要随着上述信息的变化而变化，使之持续有效。

7.3.4　预期用途

应考虑终产品的预期用途和合理的预期处理，以及非预期但可能发生的错误处置和误用，并应将其在文件中描述，其详略程度为实施危害分析所需（见7.4）。

应识别每种产品的使用群体，适用时，应识别其消费群体；并应考虑对特定食品安全危害的易感消费群体。

上述描述应保持更新，包括需要时按照7.7要求进行的更新。

理解要点：

（1）在终端产品特性中，可通过合同、订单或口头方式、与产品的使用者和消费者沟通以及经验和市场调查所获得的信息来识别预期用途和合理预期的处理。

（2）可将预期用途和合理预期的处理作为标签加在产品包装上。

（3）预期用途中还要考虑预期使用人和消费者，特别是其中的易感人群；可以在标签中明确。

7.3.5　流程图、过程步骤和控制措施

7.3.5.1　流程图

应绘制食品安全管理体系所覆盖产品或过程类别的流程图，流程图应为评价可能出现、增加或引入的食品安全危害提供基础。

流程图应清晰、准确和足够详尽。适宜时，流程图应包括：

a）操作中所有步骤的顺序和相互关系；

b）源于外部的过程和分包工作；

c）原料、辅料和中间产品投入点；

d）返工点和循环点；

e）终产品、中间产品和副产品放行点及废弃物的排放点。

根据7.8的要求，食品安全小组应通过现场核对来验证流程图的准确性。经过验证的流程图应作为记录予以保持。

理解要点：

（1）组织根据食品安全管理体系覆盖的范围，绘制体系范围内的产品和过程的流程图，以有助于识别通过其他预备步骤可能识别不出的，可能产生、引入危害和危害水平增加的情况。

（2）过程流程图为危害分析提供了分析的框架。必要且适用时，为有助于危害识别、危害评价和控制措施评价，还可绘制其他的图表/车间示意图或描述（如气流、人员流、设备流、物流等），以显示其他控制措施的相关位置及食品安全危害可能引入和重新分布的情况。

（3）应识别流程图中返工和循环点并加以控制。

（4）食品安全小组应通过现场比对以验证所绘制的流程图的准确性，并将经验证的流程图作为记录保存。

（5）流程图也要随着工艺、基础设施及其变动而变化，并对这种变化记录予以保持。

7.3.5.2　过程步骤和控制措施的描述

应描述现有的控制措施、过程参数和（或）及其实施的严格程度，或影响食品安全的程序，其详略程度足以实施危害分析（见7.4）。

还应描述可能影响控制措施的选择及其严格程度的外部要求（如来自监管部门或顾客）。

上述描述应根据7.7的要求进行更新。

理解要点：

（1）应对过程流程图中的步骤进行描述；其中各步骤所引入、增加或控制的每种危害及其控制措施都要求尽量详尽描述。

（2）控制措施可包括但不限于下列措施：

❖ 拟包含或已包含于操作性前提方案的控制措施，如虫害的控制；

❖ 在过程流程图里规定的步骤中应用的控制措施，如杀菌；

❖ 应用于终产品中作为内在因素的控制措施；如终产品的 pH 值；

❖ 外部组织（如顾客或权威部门）识别的，且将包含于危害评价（7.4.3）的任何控制措施；如法规中规定的食品添加剂的添加量；

❖ 描述应当包括相应过程参数（如温度、添加物的点或形式，流程等）、应用强度（或严格程度）（如时间、水平、浓度等）和加工差异性（相关时）；

❖ 应用于食品链其他阶段（如原料供应商、分包方和顾客）和（或）通过社会方案实施（如通常的环保措施），并预期包含于危害评价中的控制措施。

（3）在危害分析之前已制订了 HACCP 计划和操作性前提方案的组织，在描述中应将已实施的控制措施包含于和（或）构成上述规范。上述规范应按照7.7的要求进行更新。

7.4　危害分析

7.4.1　总则

食品安全小组应实施危害分析，以确定需要控制的危害，确定为确保食品安全所要求的控制程度，并确定所要求的控制措施组合。

理解要点：

（1）本条款是危害分析的总则。

（2）食品安全小组应是实施危害分析的主体，不仅要识别产品和（或）过程中合理预期发生的食品安全危害，而且还要识别导致危害变化的需求，以便确保危害分析结果的持续适宜性和有效性。

（3）合理预期的食品安全危害可以是通过沟通获得的信息，也可以是预备步骤获得的信息；包括但不限于经验、证实的案例和本组织或同业组织的历史记录。

7.4.2　危害识别和可接受水平的确定

7.4.2.1　应识别并记录与产品类别和实际生产设施相关的所有合理预期发生的食品安全危害。识别应基于以下方面。

a）根据7.3收集的预备信息和数据；

b）经验；

c）外部信息，尽可能包括流行病学和其他历史数据；

d）来自食品链中，可能与终产品、中间产品和消费食品的安全相关的食品安全危害信息；应指出可能引入每一食品安全危害的步骤（从原料、生产和分销）。

7.4.2.2　在识别危害时，应考虑：

a）特定操作的前后步骤；

b）生产设备、设施和（或）服务和周边环境；

c）在食品链中的前后关联。

7.4.2.3　针对每个识别的食品安全危害，只要可能，应确定终产品中食品安全危害的可接受水平。确定的水平应考虑已发布的法律法规要求、顾客对食品安全的要求、顾客对产品的预期用途以及其他相关数据。确定的依据和结果应予以记录。

理解要点：

（1）首先识别产品本身、生产过程和实际生产设施涉及的合理预期发生的食品安全危害。其中可能产生两个危害清单：

由危害识别（7.4.2）产生的"初步"清单，列出了在产品类型和生产设施类型潜在可能（即理论上的）发生的危害；

由危害评估（7.4.3）产生的"执行"清单，列出了需由组织加以控制的危害。

（2）危害识别可基于以下信息（及随后的评价）：

a）根据7.3预备步骤中所获得的信息；

b）通过获得本组织历史性经验和外部信息，查询时，可考虑以下方面：

原料、配料或食物接触物中危害的流行状况；

来自设备、加工环境和生产人员的污染；

来自设备、加工环境和生产人员的间接污染；

残留的微生物或化学药剂；

微生物的增长或化学药剂的累积/形成，和厂区出现的危害（危害的未知传播途径）。

7.4.3　危害评估

应对每种已识别的食品安全危害（7.4.2）进行危害评估，以确定消除危害或将危害降至可接受水平是否是生产安全食品所必需的；以及是否需要将危害控制到规定的可接受水平。

应根据食品安全危害造成不良健康后果的严重性及其发生的可能性，对每种食品安全危害进行评价。应描述所采用的方法，并记录食品安全危害评价的结果。

理解要点：

（1）危害评估的作用是评估7.4.2识别的"初步"危害清单，以便识别需组织控制的危害（"执行"危害清单）。在进行危害评价时，须考虑以下方面：

❖ 危害的来源；

❖ 危害发生的可能性；

❖ 危害的性质；

❖ 危害可能产生的不利健康影响的严重程度。

（2）评估危害发生的可能性时，应当考虑同一体系中该特定操作之前和之后的环节、生产设备、生产服务、周边环境，以及食品链前后的关联。

（3）食品安全小组内进行危害评价所需的信息不充分时，可通过科学文献、数据库、公众权威和专业咨询获得额外的信息。

（4）对危害评价的方法和产生的结果应作为记录保存。评估危害的可能性：

①该危害发生的概率多大？每个危害分配一个规定的可能性：

❖ 频繁-经常发生，消费者持续暴露；

❖ 经常-发生几次，消费者经常暴露；

❖ 偶尔-将会发生，零星发生；

❖ 很少-可能发生，很少发生在消费者身上；

❖ 不可能-极少发生在消费者身上。

②如危害的确发生，将产生多大副作用？评估每个危害，并确定其严重性：

❖ 灾难性－食品污染导致消费者死亡；

❖ 严重-食品污染导致消费者严重疾病；

❖ 中度-食品污染导致消费者轻微性疾病；

❖ 可忽略-食品污染导致较少轻微性疾病。

7.4.4 控制措施的选择和评价

基于7.4.3的危害评估，应选择适宜的控制措施组合，使食品安全危害得到预防、消除或降低至规定的可接受水平。

在选定的组合中，应对7.3.5.2中所描述的每个控制措施，评审其控制确定食品安全危害的有效性。

应按照控制措施是需要通过操作性前提方案还是通过 HACCP 计划进行管理，对所选择的控制措施进行分类。

应使用符合逻辑的方法对控制措施选择和分类，逻辑方法包括与以下方面有关的评估：

针对实施的严格程度，控制措施对确定的食品安全危害的控制效果；

对控制措施进行监视的可行性（如适时监视以便于立即纠正的能力）；

相对其他控制措施该控制措施在系统中的位置；

控制措施作用失效的可能性或过程发生显著变异的可能性；

一旦该控制措施的作用失效，结果的严重程度；

控制措施是否有针对性地建立并用于消除或显著降低危害水平；

协同效应（即两个或更多措施作用的组合效果优于每个措施单独效果的总和）。

属于 HACCP 计划管理的控制措施就按照7.6实施，其他控制措施应作为操作性前提方案按照7.5实施。

应在文件中描述所使用的分类方法学和参数，并记录评估的结果。

理解要点：

（1）本条款是识别和评价"执行"清单中对确定危害进行控制的控制措施。

（2）控制某一特定的食品安全危害经常需要一种以上的控制措施，而同一种控制措施可同时控制多种食品安全危害。直接针对食品安全危害的原因或根源的控制措施，与其他控制措施相比证明更为有效。

（3）对控制措施分类的逻辑方法和参数应以文件的形式规定，对控制措施评价结果的记录应予以保持。

（4）可考虑以下信息对控制措施的效果评价：

❖ 对微生物危害影响的性质；

❖ 将影响哪一类已确定的危害；

❖ 控制措施被预期应用的阶段或位置；

❖ 加工参数，操作的不确定性（如操作失败的概率），以及实际操作的严格程度；

❖ 操作性质，如由于使用和调整频次而调整和变动的可能性。

（5）还需考虑下列相关信息：

❖ 与该控制措施之前和（或）随后相关控制措施的位置；

❖ 控制措施是否有针对性地设计并用于消除或显著降低危害的水平；

❖ 两种或更多控制措施的组合是否能够达到相互促进的效果；

❖ 以后危害再发生的可能性和随后的控制措施的应用；

❖ 某一预期对危害控制或重大加工变化，起到重要作用的控制措施存在操作失败的可能性。

7.5　操作性前提方案的建立

操作性前提方案［OPRP（s）］应形成文件，其中每个方案应包括以下信息：

a）由方案控制的食品安全危害（见7.4.4）；

b）控制措施（见7.4.4）；

c）监视程序，以证实实施了操作性前提方案；

d）当监视显示操作性前提方案失控时，采取的纠正和纠正措施（分别见7.10.1和7.10.2）；

e）职责和权限；

f）监视的记录。

理解要点：

（1）操作性前提方案计划的制订可仿照HACCP计划（7.6.1）的形式设计。其中也可使用包含限值与监视的方案。方案中常有对控制较低程度的监视，如每周对相关参数进行检查。

（2）操作性前提方案应进行必要的更新，原因是：

❖ 食品安全危害的变化；

❖ 可接受水平的变化；

❖ 最初预计或以往在操作性前提方案中应用的控制措施不再适用或该控制措施已由先前的操作性前提方案中转移到HACCP计划内；

❖ 环境等的其他变化。

7.6　HACCP计划的建立

7.6.1　HACCP计划

应将HACCP计划形成文件；针对每个已确定的关键控制点（CCP），应包括以下信息：

a）该关键控制点（见7.4.4）所控制的食品安全危害；

b）控制措施（CCPs）（见7.4.4）；

c) 关键限值（见7.6.3）；

d) 监视程序（见7.6.4）；

e) 关键限值超出时，应采取的纠正和纠正措施（见7.6.5）；

f) 职责和权限；

g) 监视的记录。

理解要点：

（1）本条款给出了HACCP计划的框架要求。

（2）HACCP计划中可包括程序或作业指导书。

（3）可接受水平的变动，需控制的确定食品安全危害的变动，以及由于某一控制措施是否仍需要或是否需要实施新的控制措施，导致环境的其他变化都可能影响HACCP计划，因此HACCP计划有必要进行更新。

7.6.2　关键控制点（CCPs）的确定

对HACCP计划所要控制的每种危害，应针对确定的控制措施确定关键控制点（见7.4.4）。

理解要点：

（1）当对控制措施的识别和评价（见7.4.4）不能识别关键控制点时，潜在的危害须由操作性前提方案控制。

（2）对同一危害可能由不止一个关键控制点来实施控制；而在某些产品生产中也可能识别不出关键控制点。

7.6.3　关键控制点的关键限值的确定

应对每个关键控制点所设定的监视确定其关键限值。

关键限值的建立应确保终产品（见7.4.2）安全危害不超过已知的可接受水平。

关键限值应是可测量的。

关键限值选定的理由和依据应形成文件。

基于主观信息（如对产品、过程、处置等的视觉检验）的关键限值，应有指导书、规范和（或）教育及培训的支持。

理解要点：

（1）关键限值表明了在关键控制点上的严格程度。当确定同一控制措施控制一种以上的食品安全危害时，通常由对该控制措施最不敏感的危害来决定此严格程度。

（2）对于直接监视的危害，如微生物的增长，就需要有一个良好的指示性参数，最好是依据危害来描述该关键限值，即增长可表达为允许该特定微生物最多可允许繁殖的代数。

（3）当关键限值建立在主观数据的基础上时，如对产品、过程和处理等的目视检查，就要求有指导书或规范的支持和（或）进行教育和培训。

（4）为避免产生不安全产品，行业应用时经常会引入耐受限值，但在关键限值被超过后，产品必须被视为是不安全的。

（5）对每个关键控制点应建立监视系统，以证实关键控制点处于受控状态。该系统应包括对所有策划的有关关键限值的测量或观察。

（6）监视系统应由相关程序、指导书和表格构成，包括以下内容：

在适宜的时间框架内提供结果的测量或监视观察；

所用的监视装置；

适用的校准方法（见8.2）；

监视频率；

与监视和评价监视结果有关的职责和权限；

记录监视要求和方法。

（7）监视的方法和频率应能够及时识别是否超出关键限值，以便在产品使用或消费前对产品进行隔离。

7.6.4　关键控制点的监视系统

对每个关键控制点应建立监视系统，以证实关键控制点处于受控状态。该系统应包括所有针对关键限值的、有计划的测量或观察。

监视系统应由相关程序、指导书和表格构成，包括以下内容：

在适当的时间内提供结果的测量或观察；

所用的监视装置；

适用的校准方法（见8.3）；

监视频次；

与监视和评价监视结果有关的职责和权限；

记录的要求和方法。

监视的方法和频率应能够及时确定关键限值何时超出，以便在产品使用或消费前对产品进行隔离。

理解要点：

（1）大多关键控制点的监控程序应当提供实时的与在线过程相关的信息。

（2）监视应当及时提供信息以便进行调整，从而确保过程受控，避免偏离关键限值。因此，没有时间进行很冗长的分析检测。

（3）由于物理或化学方法比较快捷，又能经常指示出产品的微生物控制，所以常用于监视中，而微生物检测可以用于确认和验证。

（4）应记录所有监控数据，而不仅是出现偏差时。

7.6.5　监视结果超出关键限值时采取的措施

应在HACCP计划中规定关键限值超出时所采取的策划的纠正和纠正措施。这些措施应确保查明不符合的原因，使关键控制点控制的参数恢复受控，并防止再次发生（见7.10.2）。

应建立和保持形成文件的程序，以适当处置潜在不安全产品，确保评价后再放行（见7.10.3）。

理解要点：

在HACCP计划中应规定关键控制点偏离关键限值时所采取的措施：

使关键控制点恢复受控；

分析并查明超出的原因，以防止再发生；

对偏离时所生产的产品，应按照潜在不安全产品程序进行处置；处置后的产品经评价合格后才能放行。

7.7　预备信息的更新、规定前提方案和HACCP计划的文件的更新制订操作性前提方案（见7.5）和（或）HACCP计划（7.6）后，必要时，组织应更新以下信息：

产品特性（见7.3.3）；

预期用途（见7.3.4）；

流程图（见7.3.5.1）；

过程步骤（见7.3.5.2）；

控制措施（见7.3.5.2）。

必要时，应对HACCP计划（见7.6.1）以及描述前提方案（见7.2）的程序和指导书进行修改。

理解要点：

进行危害分析后有必要进行文件的更新，原因是：

（1）危害分析可能会导致最初预计的和（或）先前应用的情况发生变化，如：

控制措施的取消或增加，控制措施分类结果可能已产生变化；

控制措施的应用强度（或严格程度）可能发生变化；

控制措施组合的再设计会影响前提方案和（或）HACCP计划（包括监控程序及纠正措施和纠正的其他要素）。

（2）相关信息可能源于与规范有关的实践，该规范用于危害分析输入（7.3）。

7.8　验证的策划

验证策划应规定验证活动的目的、方法、频次和职责。验证活动应确保：

a）操作性前提方案得以实施（见7.2）；

b）危害分析（见7.3）的输入持续更新；

c）HACCP计划（见7.6.1）中的要素和操作性前提方案（见7.5）得以实施且有效；

d）危害水平在确定的可接受水平之内（见7.4.2）；

e）组织要求的其他程序得以实施，且有效。

f）该策划的输出应采用与组织动作方法相适宜的形式。

g）应记录验证的结果，且传达到食品安全小组。应提供验证的结果以进行验证活动结果的分析（见8.4.3）。

h）当体系的验证是基于终产品的测试，且测试的样品未满足食品安全危害的可接受水平时（见7.4.2），受影响批次的产品应作为潜在不安全产品，按照7.10.3的规定进行处置。

理解要点：

（1）验证是为组织所实施的食品安全管理体系的能力提供信任的工具。本标准对食品安全管理体系进行单独要素和整体绩效两方面的验证。条款7.8关注的是前者，而条款8.4.3则关注后者。

（2）超出组织控制之外进行的控制措施验证，可以包括检查与验收准则和（或）原材料进货规范的一致性，以及用实施的方法确认原定的分销条件得到实际应用。

（3）对是否满足确定的危害水平的验证方法可包括分析性测试，需制订特殊的抽样计划。

（4）验证频次取决于控制措施效果的不确定性。

（5）验证策划的输出形式可以根据组织的需求来确定，可以是表格、程序或作业指导书的形式。

7.9　可追溯性系统

组织应建立且实施可追溯性系统，以确保能够识别产品批次及其与原料批次、生产和交付记录的关系。

可追溯性系统应能够识别直接供方的进料和终产品初次分销途径。

应按规定的期限保持可追溯性记录，以便对体系进行评估，使潜在不安全产品得于处理；在产品撤回时，也应按规定的期限保持记录。可追溯性记录应符合法律法规要求、顾客要求，例如可以是基于终产品的批次标识。

理解要点：

（1）组织可通过标识在容器和产品上的编码以辨别产品、组成成分和服务的批次或来源。

（2）记录提供产品的交付地和采购方。

（3）可采取定期演练的方式或对实际发生的问题产品进行追溯，确保潜在不安全产品的召回，以证实可追溯系统的有效性。

（4）可追溯记录的保存期应权衡终产品的保质期、顾客和法规要求来制定。

7.10　不符合控制

7.10.1　纠正

当关键控制点的关键限值超出（见7.6.5）或操作性前提方案失效时，组织应确保根据产品的用途和放行要求，识别和控制受影响的产品。

应建立和保持形成文件的程序，规定：

a）识别和评估受影响的终产品，以确定对它们进行适宜的处置（见7.9.4）

b）评审所实施的纠正。

超出关键限值的条件下生产的产品是潜在不安全产品，应按7.10.3进行处置。不符合操作性前提方案条件下生产的产品，评价时应考虑不符合原因和由此对食品安全造成的后果；必要时，按7.10.3进行处置。评价应予以记录。

所有纠正应由负责人批准并予以记录，记录还应包括不符合的性质及其产生原因和后果，以及不合格批次的可追溯信息。

理解要点：

（1）受不符合关键控制点影响（见7.6.5）的终端产品，授权的人根据终端产品的预期用途和可接受水平，还可通过可追溯性系统和对终端产品抽样检测的方法等以识别和评价受影响的产品。在同一生产批量中，当某种危害分布不均匀时，用产品抽样方法决定该产品是否安全可能无效。评价为不安全的产品，按照7.9.4要求进行处置，评价应予记录。

（2）超出关键限值的条件下生产的产品视为潜在不安全产品。

（3）对于不符合操作性前提方案时所生产出的终端产品，应根据不符合原因及其对终端产品的影响程度进行评价，确定为不安全的产品根据7.9.4处置。

7.10.2　纠正措施

通过监视操作性前提方案和关键控制点所得到的数据，应由指定的、具备足够知识（见6.2）和权限（见5.4）的人员进行评价，以启动纠正措施。

当关键限值发生超出（见7.6.5）和不符合操作性前提方案时，应采取纠正措施。

组织应建立和保持形成文件的程序，规定适宜的措施以识别和消除已发现的不符合的原因，防止其再次发生，并在不符合发生后，使相应的过程或体系恢复受控状态。这些措施包括：

a）评审不符合（包括顾客抱怨）；

b）评审监视结果可能向失控发展的趋势；

c）确定不符合的原因；

d）评价采取措施需求，以确保不符合不再发生；

e）确定和实施所需的措施；

f）记录所采取纠正措施的结果；

g）评审采取的纠正措施，以确保其有效。

纠正措施应予以记录。

理解要点：

（1）监控的结果，包括关键控制点偏离和操作性前提方案不符合的结果，是纠正和纠正措施的输入。

（2）由组织授权的人实施纠正措施，以识别和消除不符合发生的原因。

（3）组织应针对所实施的纠正措施建立程序，以识别不符合及其趋势，确定不符合原因，并对所采取的措施进行评价。

（4）识别不符合可以通过监控直接获得的结果，分析监控结果的趋势和对产品的抽样检测等。

（5）为确保能发现不符合原因，记录应由规定权限的人员实施，并对可能引起不符合原因的相关因素进行记录。针对确定的不符合原因，应确定所采取措施的适宜性和可靠性，并对措施实施后的效果进行评审。

7.10.3　潜在不安全产品的处置

7.10.3.1　总则

除非组织能确保以下情况，否则应采取措施处置所有不合格产品，以防止不合格产品进入食品链。

a）相关的食品安全危害已降至规定的可接受水平；

b）相关的食品安全危害在产品进入食品链前将降至确定的可接受水平（7.4.2）；

c）尽管不符合，但产品仍能满足相关食品安全危害规定的可接受水平。

可能受不符合影响的所有批次产品应在评价前处于组织的控制之中。

当产品在组织的控制之外，并继而确定为不安全时，组织应通知相关方，并启动撤回（7.10.4）。

处理潜在不安全产品的控制要求、相关响应和授权应形成文件。

7.10.3.2　放行的评价

受不符合影响的每批产品应在符合下列任一条件时，才可在分销前作为安全产品放行：

a）除监视系统外的其他证据证实控制措施有效；

b）证据表明，针对特定产品的控制措施的组合作用达到预期效果（即符合7.4.2确定的可接受水平）；

c）抽样、分析和（或）其他验证活动证实受影响批次的产品符合确定的相关食品安全危害的可接受水平。

7.10.3.3　不合格品处置

评价后，当产品不能放行时，产品应按以下之一处理：

a）在组织内或组织外重新加工或进一步加工，以确保食品安全危害消除或降至可接受水平；

b）销毁和（或）按废物处理。

理解要点：

（1）在潜在不安全产品进入食品链之前，需对其进行评价，以确保安全的产品进入食品链。

（2）标准里提到的不符合并不一定是不安全。

（3）组织应建立程序，以规定潜在不安全产品的控制及其相关响应，并在文件中明确不安全产品和导致潜在不安全产品的过程评审、处置和放行人员的权限。

（4）对潜在不安全产品的评审，可包括抽样检测，如根据抽样规则抽样，或扩大抽样等。

（5）对造成潜在不安全产品的过程，可采取对监视结果的验证，特定危害控制措施组合有效性的验证来评价。

（6）当确认潜在不安全产品的食品安全危害已经降低到可接受水平时，由授权人员实施放行；确定为不安全产品，可采取销毁和再加工等方式处置。

7.10.4　撤回

为能够并便于安全、及时地撤回确定为不安全批次的终产品：

最高管理者应指定有权启动撤回的人员和负责执行撤回的人员；

组织应建立、保持形成文件的程序，以便：

通知相关方（如：立法和监管部门、顾客和（或）消费者）；

处置撤回产品及库存中受影响的产品；

安排采取措施的顺序。

撤回的产品在被销毁、改变预期用途、确定按原有（或其他）预期用途使用是安全的、或为确保安全重新加工之前，应被封存或在监督下予以保留。

撤回的原因、范围和结果应予以记录，并向最高管理者报告，作为管理评审（见5.8.2）的输入。

组织应通过应用适宜技术验证并记录撤回方案的有效性（如模拟撤回或实际撤回）。

理解要点：

（1）组织应建立形成文件的程序，以识别和评价待召回产品，通知相关方，防止食品安全危害的扩散。

（2）召回的原因可是顾客投诉，主管部门检查时发现和媒体报道。在获得不安全产品的信息后，组织应对该批次的产品留样，甚至对相邻批次产品的留样进行复查，以证实不安全及其原因。

（3）当证实不安全产品后，应通知相关方，包括主管部门、相关产品顾客。

（4）对不安全产品可通过电视、媒体广告、互联网等途径进行召回。

（5）组织应对召回程序的有效性进行验证，验证的方式可以通过模拟召回、验证实验和实际召回的方式。

（6）召回后的不安全产品按照 7.9.4 要求处置。

8　确认、验证和改进

8.1　总则

食品安全小组应策划和实施对控制措施和控制措施组合进行确认所需的过程，并验证和改进食品安全管理体系。

理解要点：

食品安全小组应对验证、确认和更新食品安全管理体系所需的过程进行策划和实施。这些活动的结果应：

证明符合本准则及组织关于食品安全目标的要求（见 5.2）；

确保在需要时对食品安全管理体系进行更新。

应包括适用方法的确定，包括统计技术及其应用范围。

8.2　控制措施组合的确认

实施包含在操作性前提方案和 HACCP 计划中的控制措施之前以及在变更后（见8.5.2），组织应确认：

a）所选择的控制措施能使其针对的食品安全危害实现预期控制；

b）控制措施及其组合有效，能确保控制已确定的食品安全危害，并获得满足规定可接受水平的终产品。

当确认结果表明不能满足一个或两个上述要素时，应对控制措施和（或）其组合进行修改和重新评估（见 7.4.4）。

修改可能包括控制措施［即过程参数、严格度和（或）其组合］的变更，和（或）原料、生产技术、终产品特性、分销方式、终产品预期用途的变更。

8.3　监视和测量的控制

组织应提供证据表明采用的监视、测量方法和设备是适宜的，以确保监视和测量程序的成效。

为确保结果有效，必要时，所使用的测量设备方法应：

a）对照能溯源到国际或国家标准的测量标准，在规定的时间间隔或在使用前进行校准或检定。当不存在上述标准时，校准或检定的依据应予以记录；

b）进行调整或必要时再调整；

c）得到识别，以确定其校准状态；

d）防止可能使测量结果失效的调整；

e）防止损坏或失效。

校准和检定记录应予以保持。

此外，当发现设备或过程不符合要求时，组织应对以往测量结果的有效性进行评估，当测量设备不符合时，组织应对该设备以及任何受影响的产品采取适当的措施。这种评估和相应措施的记录应予以保持。

当计算机软件用于规定要求的监视和测量时，应确认其满足预期用途的能力。确认应在初次使用前进行。必要时，再确认。

理解要点：

（1）组织应决定用什么方法和步骤进行监测，才能保证监控和确认活动的有效性。

（2）不一定在任何场合都需使用监视和测量设备，但如需使用，则应证实所用监视和测量设备及方法满足食品安全管理体系的需要（如量程、准确度、灵敏度、校验情况、方法的公认性）。

（3）应保存校准和验证记录。

（4）运行中如果发现测量设备不符合要求，应修复设备，并评价不符合时受影响的产品，评价结果及所采取的后续措施应加以记录并保存。

8.4　食品安全管理体系的验证

8.4.1　内部审核

组织应按照策划的时间间隔进行内部审核，以确定食品安全管理体系是否：

a）符合策划的安排，组织所建立的食品安全管理体系的要求和本标准的要求；

b）得到有效实施和更新。

策划审核方案要考虑拟审核过程和区域的状况和重要性，以及以往审核（见8.5.2和5.8.2）产生的更新措施。应规定审核的准则、范围、频次和方法。审核员的选择和审核的实施应确保审核过程的客观性和公正性。审核员不应审核自己的工作。

应在形成文件的程序中规定策划、实施审核、报告结果和保持记录的职责和要求。

负责受审核区域的管理者应确保及时采取措施，以消除所发现的不符合情况及原因，不能不适当地延误。跟踪活动应包括对所采取措施的验证和验证结果的报告。

理解要点：

（1）组织应建立形成文件的内审程序，对制订内审计划、组织实施、报告结果和保持记录等工作职责和要求加以规定（包括准则、范围、频率、办法）。

（2）为保证客观性，标准明确提出审核员不审核自己所做工作，这些与质量管理体系内审要求基本相同。

（3）本标准强调，审核结果应以适当形式向最高管理者汇报，并作为管理评审和更新食品安全管理体系输入。

8.4.2　单项验证结果的评价

食品安全小组应系统地评价所策划验证（见7.8）的每个结果。

当验证证实不符合策划的安排时，组织应采取措施达到规定的要求。该措施应包括但不限于评审以下方面：

a）现有的程序和沟通渠道（见5.6和7.7）；

b）危害分析的结论（见7.4）、已建立的操作性前提方案（见7.5）和HACCP计划（见7.6.1）；

c）前提方案PRP（s）（见7.2）；

d）人力资源管理和培训活动（见6.2）有效性。

理解要点：

（1）验证活动发现的不符合可以是硬件设备方面，也可能是管理系统方面。标准列举了可能会出现的四个方面问题，但实际发生的不符合可能不止这四种。

（2）标准要求验证活动本身应进行策划（7.8），而且对其结果评价也应系统化。

（3）本项验证活动可由各部门进行，但结果应向食品安全小组报告，由食品安全小组进行分析。

（4）当通过检测终产品来进行验证时，若发现不符合，应将所有相关批次产品作为潜在不安全产品处理，按7.9.4条款实施。

（5）当验证表明不符合时，应考虑的措施可包括但不限于以下几项：

对监控程序进行评审（见7.5和7.6.4），决定是否对其进行调整（如采用不同参数或增加频率），以及对确认记录的评审（8.4）；

对危害分析进行评审，必要时重新分析（见7.4）；

对食品安全管理体系或危害分析的设计进行重新确认（见8.4）；

对更新程序（7.2，7.3，7.5，7.6和8.5）进行评审，包括沟通（5.6）；

对包括培训活动（6.2）在内的资源管理（6）进行评审。

8.4.3　验证活动结果的分析

食品安全小组应分析验证活动的结果，包括内部审核和外部审核的结果。应进行分析，以便：

a）证实体系的整体运行满足策划的安排和本组织建立食品安全管理体系的要求；

b）识别食品安全管理体系改进或更新的需求；

c）识别表明潜在不安全产品高事故风险的趋势；

d）确定信息，用于策划与受审核区域状况和重要性有关的内部审核方案；

e）提供证据证明已采取纠正和纠正措施的有效性。

分析的结果和由此产生的活动应予以记录，并以相关的形式向最高管理者报告，作为管理评审的输入，也应用作食品安全管理体系更新的输入。

理解要点：

食品安全小组应分析验证活动结果的变化趋势，以识别改进的机会，分析结果和产生的活动应形成文件并作为管理评审和体系更新的输入。

8.5　改进

8.5.1　持续改进

最高管理者应确保组织通过以下活动，持续改进食品安全管理体系的有效性：沟通（见5.6）、管理评审（见5.8）、内部审核（见8.4.1）、单项验证结果的评价（见8.4.2）、验证活动结果的分析（见8.4.3）、控制措施组合的确认（见8.2）、纠正措施（见7.10.2）和食品安全管理体系更新（见8.5.2）。

理解要点：

在保证实现食品安全的要求下，组织应不断改进食品安全管理。本标准提出了改进的途径和方法。

8.5.2　食品安全管理体系的更新

最高管理者应确保食品安全管理体系持续更新。

为此，食品安全小组应按策划的时间间隔评价食品安全管理体系，应考虑评审危害分析（7.4）、已建立的操作性前提方案（7.5）和HACCP计划（7.6.1）的必要性。

评价和更新活动应基于：

a）5.6中所述的内部和外部沟通信息的输入；

b）与食品安全管理体系适宜性、充分性和有效性的其他信息的输入；

c）验证活动结果分析（8.4.3）的输出；

d）管理评审的输出（5.8.3）。

体系更新活动应以适当的形式予以记录和报告，作为管理评审的输入（见5.8.2）。

理解要点：

（1）最高管理层对于及时更新体系负有领导责任。

（2）食品安全管理体系更新的具体执行由食品安全小组落实。

（3）本标准对更新的输入做了具体规定，并明确应有输出记录。

（4）更新活动的情况向最高管理层报告。

二、CCAA/CTS0013-2008 0013 食品安全管理体系——烘焙食品生产企业要求知识的理解

《CCAA/CTS0013-2008 0013 食品安全管理体系——烘焙食品生产企业要求》是食品安全管理体系审核的专项技术要求，是食品安全管理体系认证审核的依据。

CCAA/CTS0013-2008 0013 标准框架如下：

0　引言

1　范围

2　规范性引用文件

3　术语和定义

4　人力资源

4.1　食品安全小组

4.2　人员能力、意识与培训

4.3　人员健康和卫生要求

5　前提方案（PRP）

5.1　工厂设计

5.2　厂区环境

5.3　厂房及设施（表7-2）

表7-2　各生产车间、工序环境清洁度划分表

清洁度区分	车间或工序区域	空气沉降菌要求 （cfu/皿）
清洁生产区	半成品冷却区与暂存区、西点冷作车间、内包装间	≤30
准清洁生产区	配料与调制间、成型工序、成型胚品暂存区、烘焙工序、外包装车间	
一般生产区	原料预清洁区、原料前预处理工序、选蛋工序原（辅）料仓库、包装材料仓库、成品仓库、检验室（微检室除外）	企业自定

5.4　机械设备

5.5　其他前提方案

6　关键过程控制

6.1　原（辅）料及包装材料

215

实训一

实训主题：策划《ISO22000 食品安全管理体系内审员》培训方案。

专业技能点：食品安全管理体系内审员知识。

职业素养技能点：①组织管理能力；②活动策划能力。

实训组织：对学生进行分组，每个组参照学一学相关知识及利用网络资源，策划一份《ISO22000 食品安全管理体系内审员》培训方案。

实训成果：内审员培训方案。

实训评价：由烘焙企业质量负责人或主讲教师对相关内容进行评价（表7-3）。

表7-3　内审员培训方案评价表

学生姓名	理论知识熟练程度（20分）	规划的合理性（20分）	过程的完整性（20分）	方案的可行性（40分）

实训二

实训主题：对烘焙企业相关人员进行 ISO22000 知识培训。

专业技能点：ISO22000 食品安全管理体系条款。

职业素养技能点：①演讲能力；②沟通能力；③应变能力。

实训组织：对学生进行分组，每个组参照学一学相关知识及利用网络资源，就"ISO22000 食品安全管理体系知识培训"这个主题制作 PPT，在烘焙企业或班级进行培训讲解。

实训成果：ISO22000 标准培训 PPT。

实训评价：烘焙企业或主讲教师进行评价（表7-4）。

表7-4　烘焙食品企业知识培训评价表

学生姓名	理论熟练程度（20分）	教态仪表（20分）	语言表达（20分）	培训教学效果（20分）	PPT 制作（20分）

🖊 **实训三**

实训主题：食品安全管理体系——烘焙食品生产企业要求知识培训。

专业技能点：食品安全管理体系——烘焙食品生产企业要求知识。

职业素养技能点：①演讲能力；②沟通能力；③应变能力。

实训组织：对学生进行分组，每个组参照学一学相关知识及利用网络资源，就"食品安全管理体系——烘焙食品生产企业要求知识培训"这个主题制作 PPT，在烘焙企业或班级进行培训讲解。

实训成果：烘焙食品生产企业要求知识培训 PPT。

实训评价：烘焙企业或主讲教师进行评价（表 7－4）。

👓 **想一想**

1. 简述 ISO22000 食品安全管理体系标准条款。

2. CCAA/CTS0013—2008 0013 食品安全管理体系烘焙食品生产企业要求。

3. 分析说明 ISO22000 食品安全管理体系与 HACCP、GMP、SSOP、ISO9001 之间的关系。

🔍 **查一查**

1. 中国国家认证认可监督管理委员会 http://www.cnca.gov.cn/cnca。

2. 认证咨询网 http://www.rzzxx.com。

3. 中国认证认可信息网 http://www.cait.cn。

任务三　编制烘焙企业食品安全管理体系文件

任务目标：

能够指导企业按照 ISO22000：2005 标准要求，编制烘焙食品安全管理体系文件。

📖 **学一学**

一、食品安全管理体系文件的基本要求

企业食品安全管理体系文件是客观地描述企业食品安全管理体系的法规性文件，为企业全体人员了解食品安全管理体系创造了必要条件。企业向客户或认证机构提供的《食品安全管理手册》起到了对外声明的作用。

二、食品安全管理体系文件的基本结构

为便于运作并具有可操作性，食品安全管理体系文件分成 3 个层次，即管理手册、程序文件、作业文件和记录等。

1. 食品安全管理手册

食品安全管理手册是阐明组织的食品安全方针并描述其食品安全管理体系的文件。

2. 食品安全程序文件

食品安全程序文件是描述开展食品安全管理体系活动过程的文件。

程序是针对食品安全管理手册所提出的管理与控制要求、具体实施办法。程序文件为完成食品安全体系的主要活动规定了职责和权限、方法和指导。

3. 其他作业文件

作业文件是为程序文件提供更详细的操作方法。指导执行具体的工作方法，如安全使用规程、操作指导书等。作业文件和程序文件的区别在于，作业文件只涉及到一项独立的具体任务，而程序文件涉及到食品安全体系某个过程的整修活动。如前提方案、操作性前提方案，原料、辅料及产品接触材料的信息，终产品特性，关键限值的合理证据，HACCP 计划，作业指导书，规范，指南，图样，报告，表格等。

4. 记录

记录是食品安全体系运行的证据。食品安全记录一般是以其他文件为载体存在的，在不同层次的文件中都有可能存在。

三、食品安全管理体系文件编写步骤

1. 文件编制的准备

（1）指定文件编写机构（一般为食品安全小组），指导和协调文件编写工作。

（2）收集整理企业现有文件。

（3）对编写人员进行培训，使之明白编写的要求、方法、原则和注意事项。

（4）编写指导文件为了使食品安全管理体系文件统一协调，达到规范化和标准化要求，应编写指导性文件，就文件的要求、内容、体例和格式等作出规定。

2. 文件编制的策划与组织实施

（1）确定要编写的文件目录。

（2）制定编写计划，落实编写、审核、批准人员，拟订编写进度。

3. 文件编写的注意事项

（1）遵守文件编制的原则。

（2）文字精练、准确、通顺。

（3）使用便于文件管理的格式。

（4）对于同类文件，尽量做到格式统一。

（5）注意逻辑性，避免前后矛盾。

（6）术语使用要严谨。

四、食品安全管理体系文件编写方式

编写食品安全管理体系文件也可采取以下的编写方式：

（1）自上而下依序展开方式。即按管理手册、程序文件、作业文件和记录的顺序编写，这样有利于上一层次文件与下一层次文件的衔接，但对文件编写人员的素质要求较高，文件编写所需时间较长，且可能需要反复修改。

（2）自下而上的编写方式。即按基础性作业文件、程序文件、管理手册的顺序编写。这种方法适用于管理基础较好的公司。

（3）从程序文件开始，向两边扩展的编写方式。即先编写程序文件，再编写管理手册和基础性作业文件。从分析活动、确定活动程序开始，将 ISO22000 标准要求与公司实际紧密结合，可缩短文件编写时间。

五、食品安全管理体系文件的编制

（一）食品安全管理手册的编制

食品安全管理手册是对食品安全管理体系进行总体性描述，展示食品安全的总框架，描述组织的方针、目标，为食品安全管理体系的有效运行提供纲领性和权威原则。

1. 食品安全管理手册的结构

封面

手册发布令

目录

手册说明

手册管理

术语和定义

企业概况

方针和目标

组织结构与职责

要素描述或引用程序文件

手册使用指南

支持性文件附录

修订页

2. 食品安全管理手册的内容

（1）封面：公司的名称、手册标题、文件编号、手册版本、颁布日期、批准人签字、手册发放号。

（2）任命书：管理者代表/HACCP 小组任命书、员工代表确认书。

（3）手册目录：手册各章节的题目。

（4）手册说明：适用的产品/服务、手册依据的标准、产品/服务的范围、适用的食品安全体系要素。

（5）术语和定义：使用国际或国家的术语和定义、特有术语和概念定义。

（6）公司概况：公司名称、主要产品/服务、业务情况、主要背景、历史和规模、地点及通讯方法，公司发展历史和背景、公司组织结构图、公司主要生产流程、主要产品及消费者群体、目标市场和主要客户。

（7）食品安全方针和目标：公司食品安全方针、目标、最高管理者批准签名。

（8）组织机构、责任和权限：组织机构设置——组织机构图、与食品安全管理相关部门和人员的责任、权限及相互关系。

（9）食品安全管理体系要素描述或引用程序文件。

①食品安全管理体系要素描述的原则：

符合所选定的标准的要求；符合实际运作的需要，职责落实；全面考虑各要素的相关要求；相关标准；满足法规要求、合同要求。

②要素描述各章的结构和内容：

目的：阐明实施要素要求的目的。

责任：阐明实施要素要求过程中所涉及到的部门或人员的责任。

适用范围：阐明实施要素要求适用的活动。

程序：阐明实施要素要求的全部活动的原则和要求。

参考文件：列出实施要素要求所需的各类可供参考的文件。

（10）手册使用：需要时设立本章，目的是便于查阅食品安全手册。

（11）支持性文件附录：需要时设立本章，附录可能列入支持性的文件：程序文件、作业文件、技术标准及管理标准和其他。

（12）修订页：用修订记录表的形式说明手册中各部分的修改情况。

案例：《食品安全管理手册》

目录

Ⅰ．范围

Ⅱ．公司介绍

Ⅲ．经理声明

Ⅳ．食品安全管理体系

Ⅴ．管理职责

Ⅵ．资源管理

Ⅶ．安全产品的策划和实现

Ⅷ．食品安全管理体系的确认、验证和改进

Ⅸ．文件更改记录表

Ⅹ．附件一：食品安全职能分配表

附件二：组织机构设置图

附件三：生产流程图

附件四：程序文件、操作规程清单

附件五：文件分发清单

（二）程序文件的编制

程序文件的作用在于使食品安全活动受控，对影响食品安全的各项活动规定方法和评定的准则；阐明与食品安全有关人员的职责和权限，是执行、评审食品安全活动的依据。

ISO22000 标准并不要求公司对每一个体系要素都制定程序文件，中小企业由于生产经营活动简单，只需少数几个程序就可以满足标准要求，大型企业生产经营活动相对复杂，在建立食品安全管理体系时则需策划较多的程序。

1. 程序文件的基本内容

（1）目的：说明程序所控制的目的及活动。

（2）适用范围：规定程序所涉及的有关产品、活动、过程、部门、相关人员。

（3）职责：规定实施该程序的部门或人员及其责任和权限。

（4）工作程序：按活动的顺序描述开展该项活动的各个细节，采用过程方法。PDCA 的思路。

（5）引用的相关文件：包括相关程序文件、引用的作业文件、操作规程及其他技术文件，以及所使用的记录。

2. 程序文件的结构设计

（1）列出每个程序涉及的活动及其对应的要素。

（2）按活动的顺序展开。

（3）将具体活动方法进行分析写入相应的内容。

（4）程序文件实施后留下的记录。

3. 编写方法

程序文件的编写方法如下：

（1）将程序文件结构的流程进行展开。

（2）将流程关键内容作为程序文件的主要条款（表7－5）。

（3）根据上述构架增加具体的内容细则，作为主要条款的分条款。

（4）结构内容应主要描述"谁"来实施，"如何"实施及实施后留下的记录等。

表7－5　常见程序文件一览表

序号	文件名称	文件编号
1	文件控制程序	ZJ2 - 01 - A/0
2	记录控制程序	ZJ2 - 02 - A/0
3	应急准备和响应训控制程序	ZJ2 - 03 - A/0
4	管理评审控制程序	ZJ2 - 04 - A/0
5	人力资源控制程序	ZJ2 - 05 - A/0
6	基础设施控制程序	ZJ2 - 06 - A/0
7	采购控制程序	ZJ2 - 07 - A/0
8	生产控制程序	ZJ2 - 08 - A/0
9	产品检验控制程序	ZJ2 - 09 - A/0
10	危害分析与HACCP计划建立控制程序	ZJ2 - 10 - A/0
11	确认与验证控制程序	ZJ2 - 11 - A/0
12	产品标识和追溯性控制程序	ZJ2 - 12 - A/0
13	纠正和预防措施控制程序	ZJ2 - 13 - A/0
14	潜在不安全产品和不合格品控制程序	ZJ2 - 14 - A/0
15	产品撤回控制程序	ZJ2 - 15 - A/0
16	监测装置控制程序	ZJ2 - 16 - A/0
17	内部审核控制程序	ZJ2 - 17 - A/0
18	更新控制程序	ZJ2 - 18 - A/0

案例：《不合格产品控制程序》

1　目的

为防止不合格品流入下道工序或出厂，以防止不合格品的非预期使用 制定本程序。

2　适用范围

本程序适合于苏州稻香村食品有限公司不合格品的控制

3　程序管理

本程序由食品有限公司负责编制、审核、修订。本程序经由公司主管领导批准后生效。

4 不合格产品控制程序

4.1 不合格品的来源

4.2 不合格品的确认

4.3 不合格品的标识和记录

4.4 标识，隔离不合格品

5 不合格原料的处理

5.1 过期原材料一经发现必须由现场品控抽样到化验室进行化验，由化验室的结果，来决定可用性，经经理同意将没有变质的原料可与保质期内的原料进行混用，不能使用的原料立即退回库房。

5.2 生产车间在生产过程中发现的不合格原料进行隔离（将不合格品放在不合格区域内），并适时对不合格品进行分类整理贴上不合格品标识卡，然后开出"退料单"退回原料库房。

5.3 对退回库房不合格品的处理

6 不合格半成品的处置

6.1 不合格的半成品：通过自检和质检认可后，不允许继续生产加工，进行综合处理和利用。

6.2 不合格的成品

7 不合格品的分级

7.1 严重不合格品：以不能在作它用的大批量的不合格品由质量保证室负责确认、审批。

7.2 重要不合格品：不合格品数量较多的现场品控员不能确认的由质量部检验员确认审批。

7.3 一般不合格品：在生产加工现场出现的不合格品能及时纠正的由现场品控员和生产小组负责人负责确认和审批。

7.4 不可进行返工的不合格品或严重出现质量不合格特性的只能作报废处理的不合格品直接由现场品控员处理决定。

8 不合格产品异议处理

8.1 如发生不合格品的人员对不合格品的确认和处置结论有异议时，应向质量部检验人员和确认责任部门反映，如发生分歧可向上级领导反映，可请上级领导判定，在未改变决定前各生产组及个人必须无条件执行，接受异议处理必须及时有效，防止因不合格品产生其他不利影响。

8.2 为确保质量，对生产加工过程中出现不合格品，质量保证室的管理人员有权采取措施，并立即通知生产管理人员，质量保证室人员立即在车间进行调查。

9 再发生，出现不合格品，应对其进行质量分析，努力做到"三不放过"：

9.1 原因未查清不放过

9.2 责任未明确不放过

9.3 措施未落实不放过

10 附表（表7-6）

表 7-6 次品处理单

年　月　日							呈报人：		
类别 品名	单位	数量	单价	金额	次品原因	处理结果	组长签字	备注

现场品控员：　　　　　　　　　　　　　　生产部签字：

（三）工作规程（作业指导书）的编制

工作规程（作业指导书）是围绕质量和食品安全管理手册、程序文件的要求，描述具体的工作岗位和工作现场如何完成某项工作任务的具体做法，主要供个人或小组使用。

1. 工作规程（作业指导书）的作用和要求

工作规程（作业指导书）是程序文件的支持性文件。为了使各项活动具有可操作性，一个程序文件可能需要几个工作规程文件支持，但程序文件可以描述清楚的活动，就不必再编写工作规程（作业指导书），工作规程（作业指导书）是一个详细的工作文件，比程序文件要求更加具体，通常包括活动的目的和范围，做什么和谁来做，何时、何地以及如何做，采用什么方法和工具，采用哪些关键控制点对活动进行控制和记录。

2. 工作规程（作业指导书）的内容与格式

（1）文件标题　标题应明确说明开展的活动及其特点。

（2）目的和使用范围　一般简单说明开展这项活动的目的和涉及的范围。

（3）职责　批准实施文件部门及其职责、权限、接口及相互关系。

（4）文件内容　作为文件的核心部分，应列出并开展此项活动的步骤，保持合理的编写顺序，明确各项活动的接口关系、职责、措施，明确每个过程中各项活动由谁做，什么时间做，什么场合（地点）做，做什么，怎么做，如何控制，及所要达到的要求，需形成记录和报告的内容，出现例外情况的处理措施等，必要时辅以流程图。

3. 工作规程（作业指导书）的编制程序

（1）清理和分析现行文件　根据程序文件的要求，收集、清理现行的各种制度、规定和办法等文件，其中一些具有作业文件的功能，根据程序文件的要求和公司资源，按工作规程（作业指导书）内容及格式要求进行改写。

（2）主管部门负责编写　程序文件的主管部门根据标准和体系的规定，根据部门资源和条件，对照程序文件的要求，按照操作步骤顺序，逐一编写工作规程（作业指导书）。

案例：《FRESH—100A 面包切片机操作规程》

（1）插上电源插头，接通电源。

（2）打开机器上的电源开关（在机座右侧下方）。

（3）根据待切片产品标准，通过机座后面金属旋钮或来调节切片的厚薄，切片厚薄由机器右侧的刻度显示。

（4）放入待切物品，放时面向着刀开，并用压板将产品压住。

（5）根据待切物品宽度调左侧档板，以恰能将产品卡住为宜。

（6）打开机器上的开关（绿色按钮）开始切片。

（7）根据需要可通过调速开关，（右上方黑色旋钮）控制切片速度。

（8）将切出的面包片用手托住，以防掉下变形，当停机时，移开档板，取出最后一片面包。

（9）操作中若发生意外，可按急停开关停机（右方红色旋钮）。

（10）当刀口不锋利时，可通过调左边的砂轮磨刀。

（11）操作中应远离刀口，小心切手。

（12）结束时，关闭机器右侧下方的开关。

（13）清洁机器。

（四）安全记录的编制

记录是食品安全文件最基础的部分，它是已完成的活动或达到结果的客观证据，是证明公司各部门食品安全是否达到要求和检查食品安全管理体系运行是否有效的证据，它具有可追溯的特点。

1. 安全记录的作用

记录包括各类图表、表格、报告、登记表、许可证、活动记录等，如人事记录、未成年工登记表、工作时间记录卡、工人产量记录、工资单、事故报告、会议记录、审核报告、工人投诉，以及客户和利益相关者的信息反馈记录等。

记录为已完成的活动或达到的结果的客观证据，它是重要的信息资料。食品安全记录覆盖体系运行过程中的各个阶段，它是体系文件的组成部分，是食品安全职能活动的反映和载体。它是食品安全体系运行结果是否达到预期目标的主要证据，是体系运行是否有效的证明文件，它还为采取补救行动和纠正行动提供了依据。

2. 安全记录的结构和内容

（1）记录名称：简短反映记录对象和结果特征。

（2）记录编码：编码是每种记录的识别标记，每种记录只有一个编码。

（3）记录内容：按记录对象要求，确定编写内容。

（4）记录人员：记录填写人、会签人和审批人等。

（5）记录时间：按活动时间填写，一般写清年、月、日。

（6）记录单位名称。

3. 安全记录的编制要求

安全记录的设计应与编制程序文件和作业文件同步进行，使安全记录与程序文件和管理作业文件协调一致、接口清楚。

（1）编制记录总体要求：根据标准、手册和程序文件的要求，对体系中所需记录进行统一规划，对记录表格和记录要求作出统一的规定。

（2）记录设计：在编制程序文件与作业文件的同时，分别制定与各程序相适应的记录表格。必要时可附在程序文件和作业文件的后面。

案例：关键点控制记录（表7-7、表7-8、表7-9）。

表7-7 关键点控制记录　　　　　　　　年　月　日

工序名称	控制项目	运行状态	责任人
原料验收			
配料			
油炸（烘烤、蒸煮）			

表7－8 过程检验记录

产品名称	生产日期	
检验项目	标准要求	检验结果
调粉	按照配方进行调粉，保证面团软硬合适	
成型	形状美观，大小一致，无露馅破损	
外观和感官	外行整齐、色泽均匀、组织均匀无空洞、咸甜适度无异味、无明显杂质	
包装	包装后的成品包装整齐美观、不松散、无破损	
		检验人：

表7－9 设备、设施维护保养、清洗、消毒记录

时间	消毒液名称	配比浓度
设备设施名称		责任人

清洗、消毒方式：

　　　　紫外线灯照射（　　　min）

消毒液浸泡（　　min）清水冲洗（　　次）

消毒液喷洒（　　次）清水冲洗（　　次）

其他方式：

实训一

实训主题：编制《烘焙企业食品安全管理手册》。

专业技能点：食品安全管理体系。

职业素养技能点：①调研能力；②学习能力。

实训组织：对学生进行分组，每个组参照学一学相关知识，通过网络查找资料，以烘焙企业为例编制一份烘焙企业食品安全管理手册。编制完成后，在企业或班级汇报编制的食品安全管理手册。

实训成果：烘焙企业食品安全管理手册

实训评价：由烘焙企业质量负责人或主讲教师对编制质量进行评价（表7－10）。

表7－10 烘焙企业食品安全管理手册编制评价表

学生姓名	理论知识熟练程度（20分）	标题和要素的合理性（20分）	手册的完整性（20分）	与体系标准的符合度（40分）

实训二

实训主题：编制烘焙企业文件控制程序。

专业技能点：食品安全管理体系知识。

职业素养技能点：①管理能力；②学习能力。

实训组织：对学生进行分组，每个组参照学一学相关知识，通过网络查找资料，以烘焙

企业为例编制一份烘焙企业文件控制程序。编制完成后，在企业或班级汇报编制的文件控制程序。

实训成果：烘焙企业文件控制程序。

实训评价：由烘焙企业质量负责人或主讲教师对编制质量进行评价（表7-11）。

表7-11 烘焙企业文件控制程序

学生姓名	理论知识熟练程度（20分）	内容的合理性（20分）	程序的完整性（20分）	程序的可操作性（40分）

想一想

1. 食品安全管理体系文件的类型及层次。
2. 食品安全管理体系程序文件有哪些？
3. 食品安全管理手册、程序文件、作业指导书的基本格式和内容。

查一查

1. 中国国家认证认可监督管理委员会 http：//www. cnca. gov. cn/cnca。
2. 认证咨询网 http：//www. rzzxx. com。
3. 中国认证认可信息网 http：//www. cait. cn。

任务四 指导烘焙企业推行食品安全管理体系

任务目标：

能够指导烘焙企业按照 ISO22000：2005 标准建立和推行食品安全管理体系。

学一学

一、食品安全管理体系的策划与总体设计

第一步：确定体系建立人员及其相应的职责权限。

企业成立食品安全管理体系建立与实施机构（一般为食品安全小组），最高管理者应在管理层中指定一名担任食品安全小组组长，代表最高管理者负责企业食品安全管理体系的建立和实施。组织机构见图7-4。

第二步：进行标准培训。

召开企业员工进行 ISO 食品安全管理体系标准条款的培训，重点学习食品安全管理体系的基本概念、基本术语和食品安全管理体系的基本要求。阐明企业建立和实施食品安全管理体系的必要性，强调实施食品安全管理体系对企业的重要性，要求全体员工积极参与食品安全管理体系的建立与实施。

第三步：系统策划建立食品安全管理体系所需过程。

为了实现食品安全目标，组织应系统识别并策划建立食品安全管理体系所需的过程，包

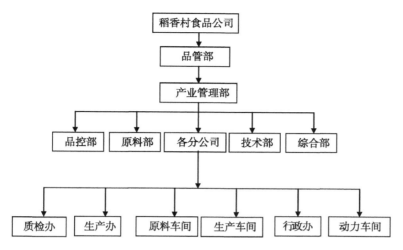

图7-4 食品企业治理机构

括一个过程应包括哪些子过程和活动。

第四步：对关键过程和关键指标进行确认。

根据建立 ISO22000 食品安全管理体系的要求，对烘焙食品生产工艺流程及操作要点识别、分析和控制食品安全有关的危害，对关键过程和关键指标进行确认。

第五步：确定食品安全管理体系过程有效运行所需的岗位及其相应的职责权限。

食品安全管理体系由组织结构、程序、过程和资源构成，组织应系统识别并确定食品安全管理体系过程有效运行所需的岗位及其相应的职责权限。明确每一过程的输入和输出的要求；用网络图或文字，科学而合理地描述这些过程的逻辑顺序、接口和相互关系；明确过程的责任部门和责任人，并规定其职责。

第六步：资源识别和配置。

针对食品安全管理体系的实现，识别其必需的资源。资源主要包括：人力资源、基础设施、工作环境、信息、财务资源、自然资源和供方及合作方提供的资源等。

二、食品安全管理体系文件的编制

第一步：确定文件编制原则。

食品安全管理体系文件是描述食品安全管理体系的一整套文件，是食品安全管理体系的具体表现和食品安全管理体系运行的法规，也是食品安全管理审核的依据。编制食品安全管理体系文件应依据 ISO22000 食品安全管理体系要求和相关法规，在体系文件的编制时应遵从的原则：

符合性：食品安全管理体系文件必须符合企业的食品安全方针和目标。

确定性：在描述任何食品安全控制活动过程时，必须使其具有确定性。即何时、何地，由谁，依据什么文件，怎么做及应保留什么记录等必须加以明确规定，排除人为的随意性。只有这样才能保证过程的一致性，才能保障食品安全的稳定性。

可操作性：食品安全管理体系文件都必须符合企业的客观实际，具有可操作性。这是文件得以有效贯彻实施的重要前提。因此，应该做到编写人员深入生产实际进行调查研究，使用人员及时反馈使用中存在的问题，力求尽快改进和完善，确保文件可以操作且行之有效。

系统性：食品安全管理体系本应是一个由组织结构、程序、过程和资源构成的有机整体。体系文件之间的支撑关系必须清晰：体系程序要支撑食品安全手册，即对食品安全手册提出的各种控制要求都有交待、有控制的安排。作业文件也应如此支撑体系程序。

第二步：确定所需文件清单。

作为一个完整体系标准，ISO22000：2005 食品安全管理体系涉及的文件清单：食品安全管理手册、程序文件、前提方案（GMP、SSOP）、HACCP 计划、作业指导书（操作规程、规章制度）、各种记录表格等。

第三步：确定文件编制的人员分工。

一般由食品安全小组负责指导和协调体系文件编制工作。编制人员以企业品管部门为主，由参与食品安全管理过程和活动的人员具体编制，采用上下结合、分工合作的方式开展文件编制。

第四步：编制体系文件。

编制体系文件必须熟悉和理解 ISO22000 食品安全管理体系标准。食品安全小组应编制一份体系文件总体安排计划，从成立编制小组、培训、进行体系策划、确定体系结构方案、制定体系文件目录和编制实施计划到体系文件的编制、修改、审核、批准、发布实施、完善改进，应按上述程序制定进度安排和要求。

第五步：讨论修改体系文件。

起草体系文件应按文件编制的原则和要求，突出 ISO22000 标准所具有的特点，可先制定初稿，经讨论、协调、修改后提出征求意见稿，在广泛征求各职能部门意见基础上形成报审稿，这一过程可能要反复 2～3 次，然后进行统稿形成报批稿，提交组织审核批准。

第六步：体系文件的批准和发放。

体系文件发放前，要由授权人审批，发放时应做好记录，以便修改、收回。

三、食品安全管理体系的实施与运行

第一步：内部审核员培训。

按照 ISO22000 标准的要求，凡是推行食品安全管理体系的组织，每年都要进行一定频次的内部审核。内部食品安全管理体系审核需由经过系统培训且取得内审员资格的人员来执行审核工作。企业可根据具体情况，培训若干名内审员承担企业体系的审核。

第二步：食品安全管理体系试运行。

在食品安全管理体系文件正式发布或即将发布而未实施之前，企业各部门、各级人员通过学习、了解食品安全管理体系文件对本部门、本岗位的要求以及与其他部门、岗位的关系和要求，确保食品安全管理体系文件在整个组织内得以有效实施。

食品安全管理体系运行主要反映在两个方面：一是组织所有食品安全活动都是依据食品安全策划以及食品安全管理体系文件的要求进行实施；二是组织所有食品安全活动都能提供证实，证实食品安全管理体系运行符合要求并得到有效实施和保持。

若在体系试运行过程中发现有关食品安全管理体系文件存在问题和不足，应及时按程序的规定进行修改。

第三步：内部审核。

组织在食品安全管理体系试运行一段时间后，应该组织内审员对体系运行情况进行内部审核，以确保食品安全管理体系是否符合食品安全管理手册和程序文件的规定、能否正常运行以及对于实现本企业食品安全方针和目标的有效性。

组织在申请食品安全管理体系认证之前，至少要进行一次以上的体系内部审核。

第四步：管理评审。

管理评审是由组织最高管理者，根据食品安全方针和食品安全目标，对食品安全管理体系的现状、适宜性、充分性和有效性以及方针和目标的贯彻落实及实现情况进行正式评价，其目的就是通过这种评价活动来总结食品安全管理体系的业绩，并从当前业绩上考虑找出改进的机会和变更的需要，包括食品安全方针、目标变更的需要。

组织申请食品安全管理体系认证之前，至少要进行一次以上的管理评审。

内部审核和管理评审都是组织自我评价、自我完善机制的一种重要手段，组织应每年按策划的时间间隔实施管理评审。在通过内部审核和管理评审确认食品安全管理体系运行符合体系要求且有效的基础上，组织可向食品安全管理体系认证机构提出认证申请。

实训一

实训主题：食品安全管理体系模拟内部审核。

专业技能点：食品安全管理体系审核。

职业素养技能点：①观察能力；②分析判断能力。

实训组织：对学生进行分组，每个组参照学一学相关知识，通过网络查找资料，以烘焙企业为例编制一份内审计划，通过模拟内审完成内部审核报告，并在企业或班级汇报内审过程和内审结论。

实训成果：内部审核报告。

实训评价：由烘焙企业质量负责人或主讲教师对内审过程进行评价（表7－12）。

表7－12　食品安全管理体系过程评价表

学生姓名	评审的规范性（20分）	评审过程的完整性（20分）	评审结论的准确性（30分）	评审报告（30分）

实训二

实训主题：食品安全管理体系模拟管理评审。

专业技能点：食品安全管理体系管理评审。

职业素养技能点：①管理能力；②分析判断能力。

实训组织：对学生进行分组，每个组参照学一学相关知识，通过网络查找资料，以烘焙企业为例编制一份管理评审计划，通过模拟评审完成管理评审报告，并在企业或班级汇报评审过程和评审结论。

实训成果：管理评审报告。

实训评价：由烘焙企业质量负责人或主讲教师对管理评审过程进行评价（表7－12）。

想一想

1. 企业建立和推行食品安全管理体系的过程。

2. 列出企业建立食品安全管理体系文件清单。

查一查

1. 中国国家认证认可监督管理委员会 http：//www. cnca. gov. cn/cnca。
2. 认证咨询网 http：//www. rzzxx. com。
3. 中国认证认可信息网 http：//www. cait. cn。

任务五　指导烘焙企业进行食品安全管理体系进行认证

任务目标：

能够指导烘焙企业申请食品安全管理体系认证，并顺利通过认证。

学一学

一、食品安全管理体系认证的作用与意义

（1）提高食品的安全性，增强客户的信心，形成良好的公众形象。

（2）增强竞争优势，提高市场占有率。

（3）增强组织的食品风险意识，减少责任事故，降低企业风险。

（4）强化食品及原料的可追溯性，改善企业内部运营机制。

（5）使食品符合检验标准，满足市场和政府的要求。

（6）对品牌产品增加安全性。

二、食品安全管理体系认证的程序

（一）准备资料

（1）食品安全管理体系认证申请。

（2）由各法规规定的行政许可文件证明文件（营业执照/QS 证书/卫生许可证）。

（3）组织机构代码证书复印件。

（4）食品安全管理文件。

（5）加工生产线、HACCP 认证和班次的详细信息。

（6）申请认证产品的生产、加工或服务工艺流程图、操作性前提方案和 HACCP 计划。

（7）生产、加工或服务过程中遵守的相关法律、法规、标准和规范清单；产品执行企业标准时，提供加盖当地政府标准化行政主管部门备案印章的产品标准文本复印件。

（8）承诺遵守法律法规、认证机构要求、提供材料真实性的自我声明。

（9）产品符合卫生安全要求的相关证据和自我声明。

（10）生产、加工设备清单和检验设备清单。

（11）厂区平面图、生产车间布局图。

（二）认证流程

通常认证流程分为四个阶段，即企业申请阶段——认证审核阶段——证书保持阶段——复审换证阶段。

（1）企业申请阶段　企业向认证公司申请认证，具体要求查阅认证公司网站。

（2）认证审核阶段　认证机构安排国家注册审核员对企业进行认证审核。审核通过认证机构将向申请人颁发认证证书。

（3）证书保持阶段　认证证书有效期通常为三年，但是证书保持期间在不多于 12 个月内必须进行监督审核。

（4）再认证阶段　认证证书 3 年结束，企业继续认证，认证机构必须对企业进行再认证审核。

实训一

实训主题：填写危害分析工作单。

专业技能点：①食品危害分析；②确定关键控制点。

职业素养技能点：危害分析单填写技巧。

实训组织：对学生进行分组，每个组参照学—学相关知识及利用网络资源下载危害分析工作单，就面包（蛋糕）生产为例进行危害分析，并利用 CCP 判断树，判断确定 CCP，并填写相关危害分析工作单。完成后，应在烘焙企业或班级进行汇报交流。

实训成果：危害分析工作单。

实训评价：烘焙企业或主讲教师进行评价（表 7 – 13）。

表 7 – 13　危害分析工作单评价表

学生姓名	理论知识熟练程度（10 分）	危害分析的全面性（20 分）	显著危害判断的准确性（20 分）	危害控制措施的有效性（20 分）	CCP 判断的准确性（30 分）

实训二

实训主题：填写 HACCP 计划表。

专业技能点：关键限值、监控措施、纠偏措施及应保存记录的确定。

职业素养技能点：①调研能力；②分析能力。

实训组织：对学生进行分组，每个组参照学—学相关知识及利用网络资源下载 HACCP 计划表，就面包（蛋糕）生产为例，在危害分析和确定关键控制点的基础上，确定关键限值、监控措施、纠偏措施、应保存记录及验证程序的确定，并填写 HACCP 计划表。完成后，应在烘焙企业或班级进行汇报交流。

实训成果：HACCP 计划表。

实训评价：烘焙企业或主讲教师进行评价（表 7 – 14）。

表 7 – 14　HACCP 计划评价表

学生姓名	理论知识熟练程度（20 分）	关键限值的准确性（20 分）	监控的科学性与有效性（20 分）	纠偏措施的可操作性（20 分）	交流质疑的逻辑性（20 分）

想一想

1. 简述食品安全管理体系认证程序。
2. 《危害分析工作单》、《HACCP 计划表》填写注意事项。

查一查

1. 中国国家认证认可监督管理委员会 http：//www. cnca. gov. cn/cnca。
2. 认证咨询网 http：//www. rzzxx. com。
3. 中国认证认可信息网 http：//www. cait. cn。

【项目小结】

本项目讲述了焙烤企业食品安全管理体系（ISO22000）认证公司选择、ISO22000 标准和焙烤企业专项技术要求理解，食品安全管理体系文件编制、食品安全管理体系建立方法等。

【拓展学习】

一、本项目涉及及需要拓展学习的文件
GB/T 27301—2008 食品安全管理体系 肉及肉制品生产企业要求
GB/T 27302—2008 食品安全管理体系 速冻方便食品生产企业要求
GB/T 27303—2008 食品安全管理体系 罐头食品生产企业要求
GB/T 27304—2008 食品安全管理体系 水产品加工企业要求
GB/T 27305—2008 食品安全管理体系 果汁和蔬菜汁类生产企业要求 .
GB/T 27306—2008 食品安全管理体系 餐饮业要求
GB/T 27307—2008 食品安全管理体系 速冻果蔬生产企业要求
CCAA/CTS 0006—2008 CNCA/CTS 0006—2008 谷物磨制品生产企业要求
CCAA/CTS 0007—2008 CNCA/CTS 0007—2008 食品安全管理体系 饲料加工企业要求
CCAA/CTS 0008—2008 CNCA/CTS 0008—2008 食品安全管理体系 食用植物油生产企业要求
CCAA/CTS 0009—2008 CNCA/CTS 0009—2008 食品安全管理体系 制糖企业要求
CCAA/CTS 0010—2008 CNCA/CTS 0010—2008 淀粉及淀粉制品生产企业要求
CCAA/CTS 0011—2008 CNCA/CTS 0011—2008 豆制品生产企业要求
CCAA/CTS 0012—2008 CNCA/CTS 0012—2008 蛋制品生产企业要求
CCAA/CTS 0013—2008 CNCA/CTS 0013—2008 烘焙食品生产企业要求
CCAA/CTS 0014—2008 CNCA/CTS 0014—2008 食品安全管理体系 糖果、巧克力及蜜饯生产企业要求
CCAA/CTS 0016—2008 CNCA/CTS 0016—2008 调味品、发酵制品生产企业要求
CCAA/CTS 0017—2008 CNCA/CTS 0017—2008 食品安全管理体系味精生产企业要求
CCAA/CTS 0018—2008 CNCA/CTS 0018—2008 食品安全管理体系 营养保健品生产企业要求

CCAA/CTS 0019—2008 CNCA/CTS 0019—2008 冷冻饮品及食用冰生产企业要求

CCAA/CTS 0020—2008 CNCA/CTS 0020—2008 食品安全管理体系食品及饲料添加剂生产企业要求

CCAA/CTS 0021—2008 CNCA/CTS 0021—2008 食品安全管理体系食用酒精生产企业要求

CCAA/CTS0022—2008 CNCA/CTS 0022—2008 白酒生产企业要求

CCAA/CTS 0023—2008 CNCA/CTS 0023—2008 啤酒生产企业要求

CCAA/CTS 0024—2008 CNCA/CTS 0024—2008 黄酒生产企业要求

CCAA/CTS 0025—2008 CNCA/CTS 0025—2008 葡萄酒生产企业要求

CCAA/CTS 0026—2008 CNCA/CTS 0026—2008 食品安全管理体系 饮料生产企业要求

CCAA/CTS 0027—2008 CNCA/CTS 0027—2008 茶叶加工企业要求

CCAA/CTS 0028—2008 CNCA/CTS 0028—2008 其他未列明的食品生产企业要求

二、学习火腿肠企业食品安全管理体系建立、实施和认证

项目八　学习啤酒企业环境管理体系
（ISO14001）建立和实施方法

【知识目标】

了解环境管理体系认证对食品企业的作用。

理解 ISO 14001 环境管理体系文件的内容。

掌握食品企业建立环境管理体系的方法、步骤。

熟练自我环境管理体系审核依据。

熟练自我环境管理体系认证的硬件、软件准备要点。

【技能目标】

能够帮助企业申报环境管理体系认证。

能够指导企业应对环境管理体系认证审查。

能够就该项目对企业食品行业环境管理体系认证进行咨询。

【项目概述】

北京市某啤酒生产企业 2014 年计划申请环境管理体系认证，请指导该企业取得环境管理体系证书。

【项目导入案例】

企业名称：北京健康啤酒有限公司

公司产品：10°清爽型啤酒，11°纯生啤酒，鲜啤

企业人数：200 人

企业设计生产能力：年生产能力 8 万吨啤酒

啤酒工艺流程：

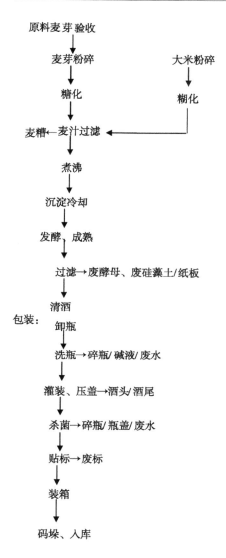

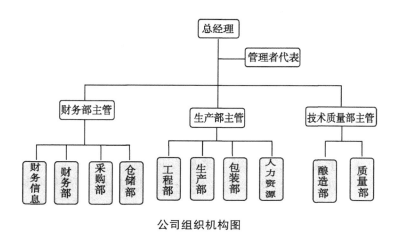

公司组织机构图

任务一　选择啤酒企业环境管理体系认证公司

任务目标：

指导学生能够就企业需要选择合适的认证公司。

学一学

选择环境管理体系认证公司

选择环境管理体系认证公司，可以从中国国家认证认可监督管理委员会官网 http：//www.cnca.gov.cn/cnca/的查询专区 http：//www.cnca.gov.cn/cnca/cxzq/default.shtml，选择认证机构名录 http：//www.cnca.gov.cn/cnca/cxzq/rkcx/4424.shtml，选择环境管理体系项查询即可得到相关具有环境管理体系认证资格的认证机构名单。点击相应的认证机构，可得到该机构的批准编号、分支机构、法定代表人、电话、传真、批准日期、证书有效期限、换证日期、网址、地址、邮编、批准的认证范围、分支机构等信息。

例如：选择北京新世纪检验认证有限公司，在其网站 http：//www.bcc.com.cn/ 点击体系认证 ISO 14001，即可看到 ISO 14000 标准简介，ISO 14001（CNAS 认可）专业范围，包括有 1～19、22、23、25～39 专业大类代码的农业、渔业、采矿业及采石业、食品、饮料和烟草、纺织品及纺织制品、皮革及皮革制品、机械及设备等内容。如果专业范围涵盖了企业的体系认证范围，则企业可以考虑选择该认证公司。

接下来的工作就是根据网站提供的联系电话，与认证公司的业务人员具体咨询：本企业员工数量与认证费用问题，是否能介绍咨询、咨询费用多少、能否提供企业内训，还是仅提供认证服务，CNAS 证书还仅是机构证书等。双方协商一致后即可签署相关合同。

图 8-1 为企业环境管理体系认证证书样本。

图 8-1　企业环境管理体系认证证书样本

实训

实训主题：指导拟进行环境管理体系认证的啤酒企业选择环境管理体系认证机构。

专业技能点：①询价能力；②鉴别认证公司真伪能力。

职业素养技能点：①沟通能力；②理解老总关注事项。

实训组织：对学生进行分组，每个组参照学一学相关知识及利用网络资源，就"啤酒企业选择环境管理体系认证机构"进行选择，在啤酒企业或班级进行汇报培训。

实训成果：报告。

实训评价：对啤酒企业或主讲教师进行评价。

想一想

1. 认证和认可的区别是什么？
2. 我国认证认可制度有什么特点？

查一查

1. 中国认证认可协会 http：//www. ccaa. org. cn。
2. 北京新世纪检验认证有限公司 http：//www. bcc. com. cn。

任务二　对啤酒企业相关人员进行《ISO 14001：2004 环境管理体系　要求及使用指南》标准知识培训

任务目标：

指导学生能够就 ISO 14001：2004《环境管理体系 要求及使用指南》标准知识对啤酒生产企业进行培训。

学一学

一、ISO14001 标准的适用范围、特点和运行模式

1. 适用范围

ISO14001 标准适用于任何类型与规模的组织，既可以是企业，也可以是事业单位及其结合体，甚至可以是政府机构和社会团体，且适用于各种地理、文化和社会条件。

2. 运行模式

运行模式如图 8-2 所示。

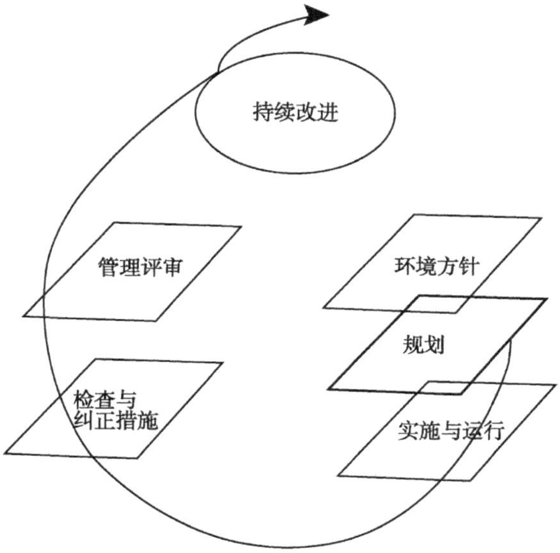

二、术语与定义的理解

GB/T24001：2004/idt ISO14001：2004 给出了常用术语，在对标准的其他内容学习之前，正确理解这些术语及其定义，为标准的理解提供基础。

1. 环境

组织运行活动的外部存在，包括空气、水、土地、自然资源、植物、动物、人，以及它们之间的相互关系。

注：在这一意义上，外部存在从组织内部延伸到全球系统。

理解要点：

图 8-2　运行模式

（1）在此定义中，作为主体的是组织及其运行活动，所强调的运行即指一个组织的具体活动或操作，从这意义上讲环境可以理解为一个组织的活动或操作的外部存在。

（2）外部存在是多种介质的组合，如水、空气、土地、自然资源、动植物等。

（3）外部存在还包括受体，即当介质改变时会受到影响的群体，如植物、动物、人。受体往往是被保护的对象，植物、动物自我保护能力有限，需人类的特别保护才能得以生存。

（4）自然资源是环境的特殊组成部分，是人类生存和发展不可缺少的，如水、石油、煤炭、天然气、各种矿物等。

（5）环境并不是以上几方面的零散集合，而是一个有机整体，包括以上所有物质与形态的组合，即相互关系。它们共存于环境中，相互影响、相互依赖、相互制约，并保持着一定的动态平衡。

2. 环境因素

一个组织的活动、产品或服务中能与环境发生相互作用的要素。

注：重要环境因素是指具有或能够产生重大环境影响的环境因素。

理解要点：

（1）环境因素是组织活动、产品或服务中具有的某种特性，这种特性能与环境发生作用，其结果就是造成了环境的变化即影响。如汽车行驶中尾气的排放，造成了空气污染，那么汽车的使用是活动，尾气的排放是环境因素，空气污染进一步影响人体的健康是环境影响。

（2）可以简单地认为：环境因素和环境影响之间的关系是因果关系，环境因素的重要性与其可能造成的环境影响的严重程度是一致的。能产生重大环境影响的环境因素叫做重要环境因素。

（3）环境影响是环境因素的结果。重要环境因素使之具有或能够产生重大环境影响的环境因素。一个组织的环境因素很多，不可能对所有环境因素都进行管理，但首先要把能识别的都识别出来，以免遗漏重要环境因素。

3. 环境影响

全部或部分地由组织的环境因素给环境造成的任何有害或有益的变化。

理解要点：

（1）环境影响强调一种"变化"，如环境的组成要素或相互关系发生了改变，即具有了环境影响。如河流水质的改变、空气成分变化等，这些变化可能是有害的，也可能是有益的。

（2）环境影响的根源在于"组织的活动、产品或服务"；活动可包括组织的生产、管理、经营等多种类型，是人类有目的、有组织的进行。

4. 环境绩效

组织对其环境因素进行管理所取得的可测量结果。

注：在环境管理体系条件下，可对照组织的环境方针、环境目标、环境指标及其他环境绩效要求对结果进行测量。

理解要点：

（1）简单地说，环境绩效就是组织对环境进行管理的结果。环境绩效不一定都是满意的，它取决于管理的好坏。

（2）绩效应是可测量的，但不局限于用仪器设备测量出来的数值，只要能与设定的评价准则进行对照考核即可。

5. 环境方针

由最高管理者就组织的环境绩效正式表述的总体意图和方向。

注：环境方针为采取措施，以及建立环境目标和环境指标提供了一个框架。

理解要点：

环境方针是一个组织基于自身现状的环境管理的总体指导方向，是组织开展环境管理工作的指导思想和行为准则，是组织对环境管理的基本承诺。它所声明的关于组织环境绩效的总体意图和方向，指导组织应该在哪些方面建立怎样的环境目标和指标，并采取哪些措施使得方针得以实现。

6. 环境目标

组织依据其环境方针规定的自己所要实现的总体环境目的。

理解要点：

环境目标是依据环境方针所表达的意向，在它所规定的框架内，针对具体的运行活动，全面地制定目标，环境目标是环境方针的具体化。

7. 环境指标

由环境目标产生，或为实现环境目标所须规定并满足的具体的绩效要求，它们可适用于整个组织或其局部。

理解要点：

（1）环境指标是组织直接要实现的环境绩效要求，它包括两种情况：一种情况是环境目标本身不够具体，为了实现环境目标，将它进一步分解，形成环境指标。例如：将一个车间全年的节水目标2000t分解到各工种。一般说来，环境指标是环境目标的细化；另一种情况是目标本身就是指标，例如：公司全年节水目标是比去年节约5%，它同时也是一个环境指标。

（2）环境指标可以适用于整个组织，如上面举例的公司全年节水指标情况，也可以是针对局部，如工艺流程中某个工序的节水指标。

8. 环境管理体系

组织管理体系的一部分，用来制定和实施其环境方针，并管理其环境因素。

注1：管理体系是用来建立方针和目标，并进而实现这些目标的一系列相互关联的要素的集合。

注2：管理体系包括组织结构、策划活动、职责、惯例、程序、过程和资源。

理解要点：

（1）组织的管理工作除环境管理以外，还会存在其他方面的管理，如质量管理、职业健康安全管理、风险管理、财务管理等，它们共同构成一个管理体系。环境管理只是其中的一部分，应当把它有机地融入组织的整体管理中，与其他管理活动一起协调开展。

（2）环境管理体系是由环境方针、策划、实施与运行、检查与纠正措施和管理评审等一级要素和若干二级要素组成。

（3）环境管理体系实施与运作的所有过程将围绕环境方针展开，包括制定、实施、实现、评审和保持环境方针等若干过程。

9. 相关方

关注组织的环境绩效或受其环境绩效影响的个人或团体。

理解要点：

（1）相关方包括两类人，一类是主观上相关组织的环境绩效，如有关政府部门、环保团体、周边居民等；另一类是客观上受其影响的，如产品用户、排污企业下游居民等。当然也有些人兼有这两方面性质，如组织周边的居民以及组织的内部人员等。

（2）标准的目的是为了支持环境保护，而最终目的是为了满足人类社会健康生存和可持续发展的需要。无论出于自身利益，还是出于社会责任感，组织在环境管理中都必须充分考虑相关方的期望和利益。

10. 污染预防

为了降低有害的环境影响而采用（或综合采用）过程、惯例、技术、材料、产品、服务或能源以避免、减少或控制任何类型的污染物或废物的产生、排放或废弃。

注：污染预防可包括污染源削减或消除措施，过程、产品或服务的更改，资源的有效利用，材料或能源替代，再利用、回收、再循环、再生和处理。

理解要点：

污染预防是建立和保持环境管理体系的主导思想。它着眼于从源头上消除或减少污染，标准规定的环境管理体系融入了这一先进理念，要求组织在环境方针和目标中做出污染预防的承诺。

注释中指出进行污染预防可采取措施的优先度，其中，首先考虑的是采取各种污染源削减或消除措施，包括有过程、产品或服务的更改，资源的有效利用，材料或能源替代等；其次是对材料的再利用、回收、再循环、再生等措施；最后才是对污染物和废物进行处理，处理的目的同样是为了降低有害的环境影响，进行污染预防。

11. 持续改进

不断对环境管理体系进行强化的过程，目的是根据组织的环境方针，实现对整体环境绩效的改进。

注：该过程不必同时发生于活动的所有方面。

理解要点：

（1）持续改进是本标准的灵魂。组织可以从两方面去考虑：即环境管理体系运行绩效的持续改进，如采用更清洁的能源或原材料、新技术、工艺改进等，不断提高资源和能源的利用率，减少单位产品资源和能源的消耗量等；另一方面是管理绩效的持续改进，组织通过人员培训、纠正和预防措施、体系运行的监测、内部审核和管理评审等对组织的环境管理体系进行持续的调整、完善，不断提高体系运行的水平和效率。

（2）持续改进不必同时发生在活动的所有方面。这是因为组织的人力、财力和资源有限，而组织的环境问题涉及面很广，组织不可能同时在活动的所有方面改建其环境绩效。因此，应根据自身情况，首先改进组织活动中对环境有重大影响的方面，抓住重点问题，按优先顺序解决，实现环境绩效的持续改进。

12. 内部审核

客观地获取审核证据并予以评价，以判定组织对其设定的环境管理体系审核准则满足程度的系统的、独立的、形成文件的过程。

注：在许多情况下，尤其是对于小型组织，独立性可通过与所审核活动无责任关系来体现。

理解要点：

（1）内部审核是一个系统化、获取证据的评价过程，这一评价过程应满足客观性、系统性和文件化的要求。审核对象是组织以 ISO14001 标准为依据建立的环境管理体系。

（2）审核准则通常包括：ISO14001 标准、适用的环境法律法规以及其他要求、组织制定的环境管理体系文件等。

（3）审核是客观的、独立的、系统的和文件化的验证过程。应覆盖环境管理体系的所有要素，重点围绕组织重要环境因素的管理和控制状况，审核应有计划和有步骤地进行，满足审核过程的客观性要求。审核过程应文件化，并有文件程序的支持。

（4）审核完成后应形成报告，并呈报给管理者。

13. 不符合

未满足要求。

注：此术语在 GB/T 19000－2008 中为"不合格（不符合）"。

理解要点：

（1）这里的"要求"不识一个泛泛的概念，它特指本标准的要求和组织所建立的环境管理体系的所规定的具体要求。

（2）这里的所说的"不符合"和"不合规"是两个不同的概念。未满足法律法规和其他要求，并不必然导致不符合。

三、环境管理体系要求理解要点

GB/T24001：2004 idt ISO14001：2004 的第 4 章为本标准的核心内容，无论是组织建立的环境管理体系，还是认证审核机构对环境管理体系进行认证审核，都必须以这些要求为依据。因此，正确理解并把握这些要求的实质，对于环境管理体系的建立和审核都极为重要。

4.1　总要求

组织应根据本标准的要求建立、实施、保持和持续改进环境管理体系，确定如何实现这些要求，并形成文件。

组织应界定环境管理体系的范围，并形成文件。

理解要点：

该条款概括性地提出了对组织建立环境管理体系的要求。

首先要求组织根据本标准的要求建立环境管理体系，结合组织的具体情况，将标准的要求转化为具体的环境管理体系要求，以适应其环境管理的需要。同时要求环境管理体系要形成文件，并要求组织明确界定环境管理体系的覆盖范围，以便涵盖应管理的所有环境因素。环境管理体系的范围不仅限于组织的地域范围，还可以包含其管理权限和活动领域的范围。因此，组织部直接控制的活动、产品和服务，如供方或合同方所提供的产品和服务中的环境因素，也可纳入体系的覆盖范围。当然组织界定的范围必须合理，该范围内的环境因素不超出其影响力所及，且必须能管得到。

4.2　环境方针

最高管理者应确定本组织的环境方针，并在界定的环境管理体系范围内，确保其：

a）适合于组织活动、产品和服务的性质、规模和环境影响；

b）包括对持续改进和污染预防的承诺；

c）包括对遵守与其环境因素有关的适用法律法规要求和其他要求的承诺；

d）提供建立和评审环境目标和指标的框架；

e）形成文件，付诸实施，并予以保持；

f）传达到所有为组织或代表组织工作的人员；

g）可为公众所获取。

理解要点：

（1）组织的环境管理活动始于环境方针，组织的环境方针必须适合组织的具体情况，并且具有针对性。环境方针的内容必须包括持续改进、污染预防和遵守适用法律法规和其他要求的承诺。

（2）环境方针要为组织提供建立和评审环境目标和指标的框架。

（3）环境方针在制定时应注重：①适合于组织的特点；②形成文件，传达到组织所界定的环境管理体系范围内的员工及合同方，对合同方采取的形式可以为规定规则、指令和程序等；③公众可以通过各种渠道，如电视、广播、组织的宣传材料等获取组织的环境方针，从而可以对组织的环境绩效和行为进行客观评价和有效监督。

4.3 策划

4.3.1 环境因素

组织应建立、实施并保持一个或多个程序，用来：

a）识别其环境管理体系覆盖范围内的活动、产品和服务中能够控制、或能够施加影响的环境因素，此时应考虑到已纳入计划的或新的开发、新的或修改的活动、产品和服务等因素；

b）确定对环境具有、或可能具有重大影响的因素（即重要环境因素）。

组织应将这些信息形成文件并及时更新。

组织应确保在建立、实施和保持环境管理体系时，对重要环境因素加以考虑。

理解要点：

（1）环境管理体系的管理对象是组织的环境因素，因此对环境因素识别和评价的质量决定了环境管理体系的完整性。

（2）根据程序的指导，对组织环境管理体系覆盖范围内的活动、产品和服务中环境因素进行尽可能全面的识别；要考虑到组织能够直接控制的，也要考虑组织能够通过施加影响而间接控制的。哪些因素应予以重点控制，要根据评价重要环境因素的环节来确定；识别时，不仅要考虑当前存在的，还要考虑过去的和将来的考虑正常的运行状态，还要考虑异常状态和紧急状态。

组织不必对每一种具体产品、部件和输入的原材料分别进行分析，而可以按活动、产品和服务的类别识别环节因素。尽管对环境因素的识别不存在唯一的方法，但通常要考虑下列情况：

a）向大气的排放；

b）向水体的排放；

c）向土地的排放；

d）原材料和自然资源的使用；

e）能源使用；

f）能量释放（如热、辐射、振动等）；

g）废物和副产品；

h）物理属性，如大小、形状、颜色、外观等。

应当考虑与组织的活动、产品和服务有关的因素，如：

——设计和开发；

——制造过程；

——包装和运输；

——合同方和供方的环境绩效和操作方式；

——废物管理；

——原材料和自然资源的获取和分配；

——产品的分销、使用和报废；

——野生动植物和生物多样性。

同时，在识别环境因素时，要考虑到那些计划中的、新出现的或经过修改的活动、产品和服务，以免发生遗漏。

（3）对重要环境因素的判定有多种方法，可根据组织的具体情况设立不同的评价准则或综合评价准则，如从环境影响的严重程度、规模、延续时间、发生概率、治理难度和费用、相关方关注程度、组织对该环境因素的控制难度等方面进行考虑。但无论如何，法律法规关注的环境因素都属于重要环境因素，必须纳入管理。另外，由于组织内、外部情况的变化，环境因素的重要性也可能随着发生改变。

（4）由于组织内、外部情况的变化，如法律法规和其他要求的变化、所在区域性质的变化、技术的进步、新工艺或新设备的引进、生产规模的扩大等，都可能引起环境因素的变化，或者对重要环境因素评价准则的更改，因此，环境因素识别和评价的信息应文件化并及时更新。

4.3.2　法律与其他要求

组织应建立、实施并保持一个或多个程序，用来：

a）识别适用于其活动、产品和服务中环境因素的法律法规和其他应遵守的要求，并建立获取这些要求的渠道；

b）确定这些要求如何应用于组织的环境因素。

组织应确保在建立、实施和保持环境管理体系时，对这些适用的法律法规和其他要求加以考虑。

理解要点：

（1）遵守法律法规和其他要求是组织建立和保持环境管理体系应达到的基本要求。

（2）这里所说的法律法规是指与组织的环境因素相关的由国家、行业部门和地方政府发布或授予的具有法律效力的各种要求或授权。其他要求包括与顾客的协议、产业实施规范、非规范性指南、社区团体或非政府组织的协议等。

（3）组织应有畅通的渠道能及时获取这些新的法律和其他要求，保证组织持续地符合有关要求。渠道包括有各级环保部门、政府部门、专业出版社、各种媒体、网络或商业数据库、行业协会、咨询公司、与顾客及相关方沟通等。

（4）组织应通过这些渠道跟踪相关的法律法规及其他要求的变化，从而及时调整组织自身的环境行为，确保组织持续满足法律法规和其他要求。

4.3.3　目标、指标和方案

组织应对其内部有关职能和层次，建立、实施并保持形成文件的环境目标和指标。

如可行，目标和指标应可测量。目标和指标应符合环境方针，包括对污染预防、持续改进和遵守适用的法律法规和其他要求的承诺。

组织在建立和评审环境目标和指标时，应考虑法律法规和其他要求，以及自身的重要环境因素。此外，还应考虑可选的技术方案，财务、运行和经营要求，以及相关方的观点。

组织应制定、实施并保持一个或多个用于实现其目标和指标的方案，其中应包括：

a）规定组织内各有关职能与层次实现目标和指标的职责；

b）实现目标和指标的方法与时间表。

理解要点：

（1）组织的环境目标是依据环境方针制定的具体环境目的，是环境方针的具体体现。为实现环境方针，组织必须在有关职能和层次上建立和保持相应的经过分解的环境目标和指标。

（2）组织制定目标和指标时要考虑其内、外部条件。内部条件包括其自身的环境影响、性质、规模、经济技术等；外部条件包括科技发展水平、可选技术方案、竞争条件、相关方期望等。另外标准要求目标、指标是有层次的，是一个逐渐细化、分解的过程。目标要符合国家环境规划、环境技术政策的要求，指标的制定要体现先进性、可操作性、可调整性和量化的要求。

（3）组织应制定一个或多个环境管理方案以实现所制定的环境目标和指标，方案的内容一般包括：各职能部门或个人实现环境目标和指标的职责；实现环境目标和指标的方法、具体行动措施及时间进度；方案形成过程的评审和方案执行中的控制；项目的文件记录方法等。

（4）为更好地实现目标、指标，方案也应随着客观环境的变化而有所调整，如工艺的改变，生产条件变化等。

4.4　实施与运行

4.4.1　资源、作用、职责和权限

管理者应确保为环境管理体系的建立、实施、保持和改进提供必要的资源。资源包括人力资源和专项技能、组织的基础设施、以及技术和财力资源。

为便于环境管理工作的有效开展，应对作用、职责和权限做出明确规定，形成文件，并予以传达。

组织的最高管理者应任命专门的管理者代表，无论他（们）是否还负有其他方面的责任，应明确规定其作用、职责和权限，以便：

a）确保按照本标准的要求建立、实施和保持环境管理体系；

b）向最高管理者报告环境管理体系的运行表现（绩效情况）以供评审，并提出改进建议。

理解要点：

（1）本条款中的管理者是指各层管理者、包括高层管理者（总经理、董事长等）、中层管理者（部门经理、总工等）及基层管理者（车间主任、工段长等）。

（2）环境管理体系的运行和保持需要充足的资源，包括有：文件、场所、基础设施、资金、工作环境等。因而组织的管理者应确保充分的资源来建立、实施、保持和持续改进组织的环境管理体系。

（3）环境管理体系是一个结构化的体系，组织应明确规定各职能部门在体系中的职责、权限和部门之间的接口关系，以文件的形式予以规定并传达到全体员工。

（4）标准强调的是全体员工的参与，只有全员参与环境管理，组织的环境绩效才能得到更好改进。另外，最高管理者要指定管理者代表来具体负责环境管理体系的建立、实施和保持工作，对具体的职责、权限和作用予以明确。

4.4.2 培训、意识与能力

组织应确保所有为它或代表它从事组织所确定的可能具有重大环境影响的工作人员，都具备相应的能力。该能力基于必要的教育、培训，或经历。组织应保存相关的记录。

组织应确定与其环境因素和环境管理体系有关的培训需求并提供培训，或采取其他措施来满足这些需求。应保存相关的记录。

组织应建立、实施并保持一个或多个程序，使为它或代表它工作的人员都意识到：

a）符合环境方针与程序和符合环境管理体系要求的重要性；

b）他们工作中的重要环境因素和实际的或潜在的环境影响，以及个人工作的改进所能带来的环境效益；

c）他们在实现环境管理体系要求符合性方面的作用与职责；

d）偏离规定运行程序的潜在后果。

理解要点：

（1）该条款首先要求组织应确定的培训的需求，确保相关的人员都经过培训，特别是从事可能具有重大环境影响工作的人员重点培训。培训要根据岗位职责的不同需要，对人员进行分层次的、有针对性地提供培训或采取其他措施，使其能胜任各自岗位工作的需要。

（2）培训的目的是增强全员的环境意识和参与意识，特别是对环境可能造成重大影响的某些在岗人员，如有毒有害化学品仓库、锅炉房、污水处理站等的人员，必须使他们认识到自己岗位的重要性、相关重要环境因素和实际的或潜在的环境影响、个人工作的改进所能带来的环境效益以及偏离规定的运行程序的潜在后果等，保证他们有能力胜任自己的工作。

（3）组织应建立全体员工的个人培训记录，对培训效果要定期评价，及时调整培训内容和培训计划。

4.4.3　信息交流

组织应建立、实施并保持一个或多个程序，用于有关其环境因素和环境管理体系的：

a）组织内部各层次和职能间的信息交流；

b）与外部相关方联络的接收、形成文件和回应。

组织应决定是否就其重要环境因素与外界进行信息交流，并将决定形成文件。如决定进行外部交流，则应规定交流的方式并予以实施。

理解要点：

（1）条款要求组织对与其环境因素和环境管理体系有关的信息进行程序化管理，以保证畅通有序的交流内部与外部信息。涉及重要环境因素的外部信息还应做到有序的、文件化的接收、处理与答复。

（2）信息交流包括内部信息交流和外部交流。内部交流是指组织机构内部各职能部门和各层次之间的关于环境信息方面进行沟通，采取的方式有文件传达、电子邮件、电话、出版内部刊物和召开会议等；外部交流包括组织的环境方针、组织环境污染治理情况和环境管理情况等，交流的方式有电话及传真、业务通讯、举行公众接待日、安排参观访问和宣传材料等，信息交流是双向的。无论是内部还是外部交流应有相应的程序规定，并有相应的记录，以反映交流的内容，对有关问题的处理结果等。

4.4.4　文件

环境管理体系文件应包括：

a）环境方针、目标和指标；

b）对环境管理体系覆盖范围的描述；

c）对环境管理体系主要要素及其相互作用的描述，以及相关文件的查询途径；

d）本标准要求的文件，包括记录；

e）组织为确保对涉及重要环境因素的过程进行有效策划、运行和控制所需的文件和记录。

理解要点：

（1）条款要求以文件的形式描述组织的环境管理体系，并提供相关文件的查询途径，组织一般形成一整套环境管理文件系统，全面支持其环境管理体系，为组织的内部管理和外部审核提供依据。

（2）标准对环境管理体系文件的结构没有提出具体要求，编写时，可参考组织原有的管理体系文件，如 ISO9001 体系文件。一般来说，可将体系文件分为三个层次：即环境管理手册；环境管理程序文件；其他工作文件，如作业指导书、操作规程、记录、表格等。

4.4.5　文件控制

应对本标准和环境管理体系所要求的文件进行控制。记录是一种特殊的文件，应根据4.5.4 的要求进行控制。

组织应建立、实施并保持一个或多个程序，以规定：

a）在文件发布前进行审批，确保其充分性和适宜性；

b）必要时对文件进行评审和修订，并重新审批；

c）确保对文件的更改和现行修订状态做出标识；

d）确保在使用处能得到适用文件的有关版本；

e）确保文件字迹清楚，易于识别；

f）确保对策划和运行环境管理体系所需的外来文件做出标识，并对其发放予以控制；

g）防止对过期文件的非预期使用。如须将其保留，要做出适当的标识。

理解要点：

（1）文件是各种环境管理活动和运行的重要支撑。文件控制是指对文件的批准、发放、使用、更改、报废、回收等的管理工作，目的是确保在文件的使用现场得到有关文件的适用版本，防止作废文件的使用。

（2）组织的内部文件包括环境管理手册、程序文件、作业指导书等。与环境管理体系有关的外来文件包括有环境影响评价报告、排污许可证、环境监测报告、收集到的环境法律法规、环保设施运行资料等。

（3）组织应保证岗位工作人员能获得适宜的文件指导其工作，特别是对环境管理体系的运行有重要影响的关键岗位。

（4）对作废的、无效的或暂时不用的文件，组织应做出相应的标识，并从发放和使用场所及时收回，防止被误用。

4.4.6　运行控制

组织应根据其方针、目标和指标，识别和策划与所确定的重要环境因素有关的运行，以确保其通过下列方式在规定的条件下进行：

a）应建立、实施并保持一个或多个形成文件的程序，以控制因缺乏程序文件而导致偏离环境方针、目标和指标的情况，

b）在程序中规定运行准则；

c）对于组织使用的产品和服务中所确定的重要环境因素，应建立、实施并保持程序，并将适用的程序和要求通报供方及合同方。

理解要点：

（1）组织要根据其环境方针和目标、指标，重点控制与重要环境因素相关的活动。组织应策划出在哪些地方、出于何种目的实施运行控制，确定控制的类型和水平，并定期评价所采取的运行控制，以保持其持续有效。

（2）运行控制是环境管理体系中最具实践工作内容的要素之一，它直接体现了组织环境管理要求。控制的对象既包括与重要环境因素相关的管理与生产活动，也包括产品设计开发、采购、贮运、生产与维护过程、废弃物处理等。当然并不是所有与重要环境因素有关的运行都要建立程序来管理，控制针对的是其中的关键运行，特别那些如果缺乏程序指导会导致偏离环境方针、目标和指标的运行和活动，应制定相应的运行控制程序来管理。

（3）运行控制程序应明确规定运行准则，即运行控制过程中必须执行的规程及应达到的要求，运行准则可以是定性的，也可以是定量的。

4.4.7　应急准备与响应

组织应建立、实施并保持一个或多个程序，用于识别可能对环境造成影响的潜在紧急情况和事故，并规定响应措施。

组织应对实际发生的紧急情况和事故做出响应，并预防或减少随之产生的有害环境影响。

组织应定期评审其应急准备和响应程序，必要时对其进行修订，特别是当事故或紧急情况发生后。

可行时，组织还应定期试验上述程序。

理解要点：

（1）紧急情况和事故的特点是通常不会发生，而一旦发生，产生的后果往往是灾难性的，对环境的影响较大，需要耗费较大的人力、物力、财力及较长时间才能恢复。因此对事故和紧急情况控制的重点是预防为主，而不是事后补救。

（2）标准要求对可能的事故和紧急情况进行程序化管理，程序中应识别组织可能存在的事故或紧急情况，规定如何预防事故的发生，并在事故发生时做出响应，减少环境影响。

（3）组织应根据内外部情况的变化定期评价应急准备和响应措施，以确保其适宜性，特别是紧急情况和事故发生后，这表明程序，特别是预防措施方面可能存在问题，应组织有关人员对程序进行评审和修订，防止此类事故再发生。

（4）可行时，应定期演练，以测试和检验应急准备和相应程序是否有效，并做好相关记录。

4.5 检查

4.5.1 监测和测量

组织应建立、实施并保持一个或多个程序，对可能具有重大环境影响的运行的关键特性进行例行监测和测量。程序中应规定将监测环境绩效、适用的运行控制、目标和指标符合情况的信息形成文件。

组织应确保所使用的监测和测量设备经过校准和检验，并予以妥善维护，且应保存相关的记录。

理解要点：

（1）条款要求用文件化的程序来规定组织的环境监测活动，检测的关键特性是指组织在决定如何管理重要环境因素、实现环境目标和指标时考虑的那些特性，监测的内容包括组织的环境绩效、组织与重要环境因素有关的运行控制执行情况、组织的目标、指标实现情况等。对于组织没有能力进行的监测和测量活动，如水体污染物参数、大气污染物参数等，可以委托具备能力和资格的环境监测部门代为进行。

（2）组织应对用于监测的测量设备规定其校准和维护办法，监测所使用的方法应符合国家有关监测方法的规定。仪器校准的频率与方法应在程序中予以规定。

4.5.2 合规性评价

（1）为了履行遵守法律法规要求的承诺，组织应建立、实施并保持一个或多个程序，以定期评价对适用法律法规的遵守情况。

组织应保存对上述定期评价结果的记录。

（2）组织应评价对其他要求的遵守情况。这可以和（1）中所要求的评价一起进行，也可以另外制定程序，分别进行评价。

组织应保存上述定期评价结果的记录。

理解要点：

（1）组织通过定期将自己的行为与环境法律法规及其他应遵守的要求对照，评价其符合性，对未达到的地方，应及时采取纠正措施予以改进，确保组织持续遵守法律法规及其他要求，评价的结果应予以记录。

（2）组织应根据自身的规模、类型和复杂程度，规定适当的合规性评价方法和评价频次，评价可针对多项或单项法律法规要求，评价的方法包括有审核、对设施的检查、面谈、常规抽样分析等。

4.5.3 不符合、纠正措施和预防措施

组织应建立、实施并保持一个或多个程序，用来处理实际或潜在的不符合，采取纠正措施和预防措施。程序中应规定以下方面的要求：

a）识别和纠正不符合，并采取措施减少所造成的环境影响；

b）对不符合进行调查，确定其产生原因，并采取措施以避免再度发生；

c）评价采取预防措施的需求；实施所制定的适当措施，以避免不符合的发生；

d）记录采取纠正措施和预防措施的结果；

e）评审所采取的纠正措施和预防措施的有效性。

所采取的措施应与问题和环境影响的严重程度相符。

组织应确保对环境管理体系文件进行必要的更改。

理解要点：

（1）组织环境管理体系运行过程中出现不符合是不可避免的，因而组织应建立一套发现问题、解决问题和有效杜绝问题再发生的自我完善机制，也就是用来处理实际或潜在不符合现象的程序，程序应规定如何调查发生不符合现象的原因，采取纠正和预防措施，减少产生的环境影响并防止类似问题的再次发生。

（2）凡违背了环境管理体系要求的行为、管理活动等均称为不符合。包括违反日常操作规定、监测结果不符合法规要求，内审中的问题，管理评审中的问题等。组织决定采取的纠正和预防措施应与问题的严重性和伴随的环境影响相适宜。

（3）对发生过的问题、事后的处理结果及引起的相关文件的变化均应予以翔实记录。

4.5.4　记录控制

组织应根据需要，建立并保持必要的记录，用来证实对环境管理体系和本标准的要求符合，以及所实现的结果。

组织应建立、实施并保持一个或多个程序，用于记录的标识、存放、保护、检索、留存和处置。

环境记录应字迹清楚，标识明确，并具有可追溯性。

理解要点：

（1）环境记录是环境管理体系运行的证据。应重点管理实施与运行管理体系所需的记录及环境目标和指标实现程度的记录。环境记录包括：有关法律法规和其他要求的信息；投诉记录；员工培训记录；内部信息交流记录；产品信息；检查、维护与校准记录；有关的供方与承包方信息；事故报告；应急准备与响应信息；重要环境因素信息；内部审核；管理评审等。

（2）组织应对环境记录实施程序化管理，记录的管理包括记录的标识、保存、处置等。环境记录应具有可追溯性，内容填写应清晰可辨，记录的管理应明确标识以便于查阅、避免损坏、变质和丢失。应根据记录的重要程度规定相应的保存期限。

4.5.5　内部审核

组织应确保按照计划的间隔对环境管理体系进行内部审核。目的是：

a）判定环境管理体系：

是否符合组织对环境管理工作的预定安排和本标准的要求；

是否得到了恰当的实施和保持。

b）向管理者报告审核结果。

组织应策划、制定、实施和保持一个或多个审核方案，此时，应考虑到相关运行的环境重要性和以往审核的结果。

应建立、实施和保持一个或多个审核程序，用来规定：

——策划和实施审核及报告审核结果、保存相关记录的职责和要求；

——审核准则、范围、频次和方法。

审核员的选择和审核的实施均应确保审核过程的客观性和公正性。

理解要点：

内部审核是组织对环境管理体系的自我检查、自我评价和自我完善的重要手段。由具备资格和能力的组织内部或外部人员进行。完整的内部审核应覆盖组织的所有场所、活动及运行及标准中的所有要素，应重点关注具有重大环境影响的运行及环境管理薄弱的部门。

4.6 管理评审

最高管理者应按计划的时间间隔，对组织的环境管理体系进行评审，以确保其持续适宜性、充分性和有效性。评审应包括评价改进的机会和对环境管理体系进行修改的需求，包括环境方针、环境目标和指标的修改需求。应保存管理评审记录。

管理评审的输入应包括：

a）内部审核和合规性评价的结果；

b）来自外部相关方的交流信息，包括抱怨；

c）组织的环境绩效；

d）目标和指标的实现程度；

e）纠正和预防措施的状况；

f）以前管理评审的后续措施；

g）客观环境的变化，包括与组织环境因素有关的法律法规和其他要求的发展变化；

h）改进建议。

管理评审的输出应包括为实现持续改进的承诺而做出的，与环境方针、目标、指标以及其他环境管理体系要素的修改有关的决策和行动。

理解要点：

（1）管理评审是组织环境管理体系运行的重要环节，在体系 PDCA 循环中起着承前启后的作用。组织的最高管理者按计划的时间间隔进行管理评审，系统评价组织体系的适宜性、充分性和有效性。

（2）管理评审的内容主要为环境管理体系的运行情况，包括环境方针、目标、指标的实现程度、纠正和预防措施的状况和客观环境的变化等。

（3）管理评审的输入要充分，如内审的结果，外部要求的变化等。输出应对体系的适用性、充分性和有效性做出判断，对组织需要改进的方面要有措施。

（4）管理评审的结果与建议都应在评审后予以实施。评审过程应形成记录。

实训一

实训主题：啤酒企业员工进行环境管理体系标准条款4.3.1环境因素的培训

专业技能点：①如何识别环境因素；②啤酒生产、管理活动中涉及的环境因素。

职业素养技能点：①演讲能力；②沟通能力。

实训组织：带领学生到啤酒企业实地考察，体验企业对环境控制所采取的方法，从而进一步了解企业的环境管理理念，为下一步的环境管理体系讲解做准备。

对学生进行分组，每个组参照学一学相关知识及利用网络资源，就"啤酒企业环境管理体系标准4.3.1"这个主题制作幻灯片，在啤酒企业或班级进行汇报培训。

实训成果：幻灯片。

实训评价：啤酒企业或主讲教师进行评价。

实训二

实训主题：啤酒企业员工进行环境管理体系标准条款4.4.3信息交流的培训。

专业技能点：①了解信息交流的内容；②啤酒生产、管理活动中涉及的关于环境的信息交流。

职业素养技能点：①演讲能力；②沟通能力。

实训组织：带领学生到啤酒企业实地考察，体验企业对环境信息交流所采取的方法，从而进一步了解企业的环境管理理念，为下一步的环境管理体系讲解做准备。

对学生进行分组，每个组参照学一学相关知识及利用网络资源，就"啤酒企业环境管理体系标准4.4.3"这个主题制作幻灯片，在啤酒企业或班级进行汇报培训。

实训成果：幻灯片。

实训评价：啤酒企业或主讲教师进行评价。

想一想

1. ISO 14001 标准的特点是什么？

2. 绘制环境管理体系运行模式，并予以说明。

3. 什么是环境、环境因素、环境管理体系？

4. 环境目标、环境指标和环境管理方案之间的关系是什么？

5. 环境管理方案应包括哪些内容？

6. 企业建立、实施环境管理体系的意义是什么？

查一查

1. 中国环境标准网：http：//www. es. org. cn/cn/index. html。

2. 中国环境影响评价网：http：//www. china－eia. com/。

3. 环境保护部环境认证中心 中环联合（北京）认证中心有限公司：

http：//www. sepacec. com/。

任务三　编制啤酒企业环境管理体系文件

任务目标：

能够指导啤酒企业正确编制环境管理体系文件。

学一学

ISO14001：2004 标准条款 4.1 环境管理体系总要求中规定："组织应根据本标准的要求建立环境管理体系，形成文件、实施、保持和持续改进环境管理体系，并确定它将如何实现这些要求。组织应确定环境管理体系覆盖的范围并形成文件"。

一、环境管理体系文件的内容

ISO14001：2004 标准条款 4.4.4 "文件" 要求中规定：环境管理体系文件应包括以下内容：

①环境方针、目标和指标；

②对环境管理体系覆盖范围的描述；

③对环境管理体系主要要素及其相互作用的描述，相关文件的查寻途径；

④本标准要求的文件包括记录；

⑤组织为确保对涉及重要环境因素的过程进行有效策划、运行和控制所需的文件，包括记录。

二、环境管理体系文件的结构

文件的编制要根据企业的经营宗旨或环境宗旨制、环境方针、制订目标、指标、环境管理方案，在环境方针的框架下建立体系文件，该体系大体可以分为 4 个层次的文件：

第一层次：《环境管理手册》（不要求专门编制手册，可与程序文件合并）。该文件是纲领性的文件，确定了组织的机构和职责，对体系的建立起指导作用。

第二层次：程序文件。程序文件至少应包含标准所明示的 "应建立并保持的程序"，此外企业应根据实际的情况识别环境管理体系运行所需的程序并形成文件。该类文件是对某个管理过程的规范性文件，文件的多少根据企业的规模及实际的运营状况制定。

第三层次：各类作业指导书或各类操作规范。这些文件是细化到每个工序的指导性文件，具有指导标准作业的作用。

第四层次：各类记录。要求易于检索，实现可追溯，通常的做法是建立《记录一览表》，在一览表中规定各种记录的编号、版本和保存期限。体系运行所涉及的记录均应纳入控制并与以上三个层次的文件相对应。

三、环境管理体系文件中程序文件案例

环境因素识别与评价控制程序

1　目的

对公司产品、活动和服务中能够控制或可望施加影响的环境因素进行识别，评价并确定对环境具有重大影响或可能具有重大影响的环境因素，确保重大环境因素能够得到充分的重视和有效控制。

2　适用范围

适用于公司在管理活动和生产活动全过程中能够控制或可望施加影响的环境因素的识别和评价。

3　引用文件及标准

GB/T24001：2004《环境管理体系　规范及使用指南》

4　职责

4.1　技术质量部负责本章的制（修）订和实施，对各部门识别出来的环境因素进行确认、汇总、登记、存档、更新，建立《公司环境因素清单》，组织有关人员对环境因素进行评价，确定重大环境因素，编制《重要环境因素清单》。

4.2　管理者代表负责《重要环境因素清单》的审查批准。

4.3　各部门环保员负责识别所属范围内环境因素，建立本部门的《环境因素清单》。

5　工作程序

5.1 识别环境因素

5.1.1 主要通过环境因素现场调查和调查问卷的方法来识别环境因素。

5.1.2 环保员组织本部门人员从其管理和生产活动中找出能够控制或可望施加影响的环境因素，填入《环境因素调查表》内，将其反馈给技术质量部，同时，作为本部门的环境因素清单。

5.1.3 技术质量部对《环境因素调查表》的内容进行确认、汇总、登记，形成公司《环境因素清单》。并反馈给各部门，完善环境因素清单。

5.1.4 技术质量部组织有关人员对公司环境因素进行评价，确定出公司重大环境因素，建立《重大环境因素清单》。

5.1.5 技术质量部将《重要环境因素清单》报管理者代表审批后，下发到各有关部门和项目部。

5.1.6 环境因素的范围必须覆盖公司生产过程和行政生活的各个方面，还应考虑到组织可控制的与可望施加影响的环境因素。

5.2 环境因素的更新

5.2.1 一般情况下，各部门环保员每季度向工程部填报一次《环境因素调查表》，反馈新出现、新识别出的环境因素（若未出现新的环境因素则在《环境因素调查表》"环境因素"一栏内填写"无"），并依此补充本单位的《环境因素清单》。技术质量部根据上报的环境因素补充、更新公司《环境因素清单》及《重要环境因素清单》。

5.2.2 当生产环境发生变化、改建设、或扩建工程时，环保员应在两周内识别补充本部门环境因素，并填报《环境因素调查表》上报技术质量部，技术质量部依此对公司《环境因素清单》及《重要环境因素清单》进行识别，执行本章5.1的内容。

5.2.3 为保持信息的有效性，由技术质量部每年（间隔不超过12个月）组织有关人员对公司环境因素重新识别、评价，如有变化予以更新。

5.2.4 有下列情况时，技术部应及时组织进行环境因素的识别、评价和更新：法律、法规及其他要求发生较大变化；公司活动、产品、服务发生较大变化时；相关方有合理抱怨时；公司环境方针有变化时。

5.3 识别环境因素的依据

识别环境因素应考虑三种状态，三种时态和六个方面：

三种状态：正常状态、异常状态、紧急状态。

三种时态：过去、现在、将来。

六个方面：向大气的排放、向水体的排放、废弃物和副产品管理、土地污染、原材料和自然资源的使用、其他当地环境问题和社区性问题。

5.4 环境因素的评价原则

5.4.1 公司的产品、活动服务中出现社区强烈关注、客户的合理抱怨对公司形象有影响或不符合环境法律、法规和行业规定的环境因素，均需把它确定为重大环境因素。

5.4.2 对污染物（粉尘、物体、气体、废弃物、废水、光污染、化学品等）及噪声排放的评价考虑以下几个方面：对环境影响的规模和范围；对环境影响严重程度；对环境影响发生频次；法律、法规符合性；对环境影响社区关注度。

5.4.3 对能源、资源消耗评价方法应考虑以下两个方面：人均产值年消耗量；可节约的程度。

5.5　环境因素的评价方法

5.5.1　对环境因素的评价采用打分法，由技术质量部组织本公司有环境保护工作经验的专业技术人员进行打分，分值经算术平均或加权平均后作为环境因素的评价得分。

对污染物、噪声排放及产生量的评价：

1）评价按下表进行。

内容	得分
a. 影响范围	
超出社区	5
周围社区	3
场界内	1
b. 影响程度	
严重	5
一般	3
轻微	1
c. 产生量	
加强管理可明显见效	5
改造工艺可明显见效	3
较难节约	1
d. 发生频次	
持续发生	5
间断发生	3
偶然发生	1
e. 法规符合性	
超标	5
接近标准	3
未超标准	1
f. 社区关注度	
非常	5
一般	3
基本不关注	1

2）污染物、噪声及产生量的重大环境因素评价标准：

当 $a=5$ 或 $b=5$ 或 $c=5$ 或 $d=5$ 或 $e=5$ 或 $f=5$ 总分 $\sum=a+b+c+d+e+f \geqslant 15$ 时，确定为重要环境因素。

6　相关文件和记录

《环境因素调查表》

《环境因素清单》

《环境因素评价表》

《重要环境因素清单》

实训

实训主题：编写啤酒企业的环境管理体系手册、程序文件。

专业技能点：①学习文件编制、排版能力；②语言理解能力。

职业素养技能点：①调研能力；②沟通能力。

实训组织：带领学生到啤酒企业实地考察，体验企业对环境控制所采取的方法，从而进一步了解企业的环境管理理念，为下一步的环境管理手册的编制的策划及实施做准备。

将学生分组，在课堂上让学生扮演"企业领导、部门负责人及其他负有相应责任的员工"，学生经历了对企业的实地考察，能很快的进入角色，表演"企业领导及员工"进行环境管理手册编写策划的情景。

表演策划结束后，组织其他学生讨论环境管理手册、程序文件的策划步骤是怎样的？（以参与表演的学生为主，尽可能的让更多的学生参与），按照策划的步骤和编制内容，把本企业的环境管理手册、程序文件按照既定的时间节点编制出来。

内容可以包含：

（1）环境管理手册、程序文件的作用：明确组织各部门及全体员工的职责及其相互关系，向组织员工和相关方展示本组织环境管理的总框架等。

（2）环境管理手册的内容：环境方针、环境因素、目标、指标和环境管理方案，实施与运行直至环境评审等，与环境管理、执行、审核或评审有关的机构的人员的职责、权限及相互关系等。

（3）环境管理手册、程序文件的结构与格式。

实训评价：教师对学生的表演和他们编制的环境管理手册、程序文件进行点评（表8-1），必要时邀请企业的环境管理人员参加。

表 8-1　实训效果考核

学生姓名	标准理解的准确性（30分）	文件与标准及法律法规要求的符合性（20分）	文件的完整性、充分性、适宜性、可操作性（30分）	其他（20分）

想一想

1. 环境管理体系文件包括有哪些？
2. 如何编制环境管理体系手册及相关的程序文件？
3. 编制企业的环境管理体系文件需要注意哪些问题？
4. 如何增强体系文件的可操作性？

查一查

1. 中国质量新闻网：http：//www.cqn.com.cn/news/zggmsb/2007/158677.html。
2. 中国计量出版社，《GB/T 24001—2004 环境管理体系文件的编写》。

任务四　指导啤酒企业推行环境管理体系

任务目标：

能够指导啤酒企业推行环境管理体系的运行。

📖 **学一学**

一、环境管理体系概述

组织建立、实施 ISO 14001 环境管理体系的步骤如下：

（1）体系建立的准备阶段。

（2）初始环境评审。

（3）体系策划与设计。

（4）环境管理体系文件的编制。

（5）体系试运行。

（6）内部审核。

（7）管理评审。

二、建立环境管理体系的准备阶段

初始建立环境管理体系之前，需做好以下几方面准备工作：

1. 最高管理者的决策与支持

建立环境管理体系是企业的一项重大决策，需要企业投入大量的人力、物力资源和财力。因此，必须得到最高管理者（层）的明确承诺和支持。最高管理者贯彻始终的承诺和领导对环境管理体系的实施具有决定性作用。

2. 建立完善的组织结构

（1）最高管理者任命管理者代表，明确其职责和权限，保证此项工作的领导作用。

（2）根据企业的不同规模和情况，企业组建一个推进环境管理体系的建立和维护的工作机构。明确各个部门的职责，并授予足够的权限。

3. 人员培训

对企业有关人员进行培训，包括环境意识、标准内容，内审员与体系的建立、实施和维护的关系更为密切，在培训时要加强初始环境评审和文件编写方法和要求等多方面的培训，培训的目的是确保员工具有必要的环境意识和能力，使企业人员了解和有能力从事环境管理体系的建立、实施与维护工作。

三、初始环境评审

（一）什么是初始环境评审

初始环境评审是建立环境管理体系的基础，可以说是"规划阶段"的准备性程序，对第一次建立环境管理体系的企业显得尤为必要。通过考虑组织活动、产品和服务中的环境因素，作为建立环境管理体系的基础。

已经建立环境管理体系的组织可以进行这一评审，但这样的评审可以帮助组织改进环境管理体系。

（二）初始环境评审的任务

（1）识别和判断组织的环境因素和重大环境影响。

（2）识别和获取适于组织的法律、法规和其他要求，进行合规性评价，判断其对有关法律、法规遵循情况。

（3）通过调查研究，总结环境管理的经验和教训，发现存在的问题（含潜在问题）及组织的环境风验和经营机遇，了解和掌握组织在同行业中的环境表现和地位。

（4）为组织制定环境方针、目标和管理方案等提供最基本的信息。

（三）初始环境评审的内容

（1）识别环境因素，包括正常运行状况、异常状况（包括启动和停机）、紧急状况和事故有关的环境因素。

（2）识别适用的法律法规和其他要求。

（3）评审现行的环境管理实践和程序，包括与采购和合同活动相关的时间和程序。

（4）对以往紧急情况和事故的评价。

（5）组织对环境绩效有正面和负面影响的其他体系等。

评审结果可用来帮助组织确定其管理体系的范围，制定或改进环境方针，建立环境目标、指标，确定保持符合适用的法律法规和其他要求方法的有效性。

（四）初始环境评审的一般步骤

1. 准备工作

（1）建立初始环境评审小组　初始环境评审是一项专业性很强的调查研究活动，因而要求不仅小组成员应具备一定的环境专业知识和管理经验，而且人员构成要考虑到能够充分满足评审工作的需要。

另外，评审小组成员要进行必要的培训，使全组成员对初始评审的目的、范围、评审要求、评审方法、表格的填写以及相关的法规和标准的要求等有较为深刻的理解。

（2）编制评审计划或评审大纲及各种调查表

① 评审计划是指导评审小组完成评审任务的指导性文件，不仅要求计划内容详细、具体，而且要经过企业领导审批。编制评审计划时，可从以下几方面考虑：评审时间；评审范围；详细规定对每一部门、岗位评审的重点内容、访问对象和评审方法等，评审组内部要做好分工。

② 调查、分析用表的设计　介绍环境因素调查及评价如表 8 - 2 所示，环境因素识别、评价及对策如表8 - 3 所示，供设计时参考。

表 8 - 2　环境因素调查、评价表

编号：　　　　　　调查部门：各部门　　　　　　No：

序号	产品/服务、活动/过程	环境因素调查			
		环境因素描述	环境影响	时态	状态
1	生活饮用水	水的消耗	能源的消耗	现在	正常
2	办公用电、水	水、电的消耗	能源的消耗	现在	正常
3	照明、办公	烟尘的排放	污染空气	将来	紧急
4	用电火灾	固体废弃物的排放	污染土地	将来	紧急
5	照明、办公用电	废灯管（泡）的丢弃	污染土地	现在	正常
6	电脑的使用	电的消耗	能源的消耗	现在	正常
7		电的消耗	能源的消耗	现在	正常
8	打印机的使用、维修	固体废弃物的丢弃	污染土地	现在	正常
9		废色带的丢弃	污染土地	现在	正常
10		噪声的排放	噪声污染	现在	正常
11	纸张的使用、丢弃	能源的消耗	能源的消耗	现在	正常
12		废纸张的丢弃	污染土地	现在	正常

注：序号5~12在"产品/服务、活动/过程"栏左侧合并为"办公活动"。

序号		产品/服务、活动/过程	环境因素描述	环境影响	时态	状态
			环境因素调查			
13		清洁用具的丢弃	清洁用具的丢弃	污染土地	现在	正常
14		拖把、抹布的清洗	污水排放	污染水体	现在	正常
15		垃圾的运输	垃圾的遗撒	污染土地	现在	正常
16		清扫地面卫生	粉尘的排放	污染空气	现在	正常
17		午餐饭盒的丢弃	包装盒的丢弃	污染土地	现在	正常
18		电池的使用	废电池的丢弃	污染土地	现在	正常
19		办公用笔	废笔的丢弃	污染土地	现在	正常
20		办公用 U 盘	废旧 U 盘的丢弃	污染土地	现在	正常
21		一次性纸杯的使用	能源的消耗	能源消耗	现在	正常
22			废纸杯的丢弃	污染土地	现在	正常
23		办公室清洁	抹布的丢弃	污染土地	现在	正常
24			电的消耗	能源消耗	现在	正常
25		复印机的使用	臭氧的排放	污染空气	现在	正常
26			噪声的排放	噪声污染	现在	正常
27		复印机的维修（护）	墨粉的遗洒	污染空气、土地	现在	正常
28		废复印机的处理	报废复印机的处理	污染土地	现在	正常
29	办公活动	茶用具的清洗	含酸清洁剂的污水排放	污染水体	现在	正常
30		便池的酸洗、冲洗	含酸污水的排放	污染水体	现在	正常
31		便池的酸洗、冲洗	水的消耗	能源消耗	现在	正常
32		各种清洁剂的使用	含酸污水的排放	污染水体	现在	正常
33		烟头未掐灭引发火灾	气体的排放	污染空气	将来	异常
34		吸烟	烟蒂的丢弃	污染土地	将来	紧急
35			烟尘的排放	污染空气	现在	正常
36		空调的使用	电的消耗	能源浪费	现在	正常
37			运转时噪声的排放	噪声污染	现在	正常
38			氟里昂的泄漏	污染空气	现在	正常
39		空调、暖气的维修	废空调的处理	污染土地	现在	正常
40			水的泄漏	能源浪费、污染水体	现在	正常
41		办公用车的使用	油的消耗	能源的消耗	现在	正常
42			噪声的排放	噪声污染	现在	正常
43		废办公设施的处理	油的泄漏	污染土地	现在	正常
44			固体废弃物的处理	污染土地	现在	正常
45		灭火器的使用	干粉的排放	污染空气	现在	正常
46		饮水机的使用	水的消耗	能源的浪费	现在	正常
47		电源的使用	电的消耗	能源的浪费	现在	正常
48		一次性餐巾纸的使用	能源的消耗	能源消耗	现在	正常
49			废餐巾纸的处理	污染土地	现在	正常
50		塑料袋的使用	能源的浪费	土地污染	现在	正常
51		废塑料文件夹的处理	能源的浪费	污染空气	现在	正常
52		报纸的处理	废弃物的处理	污染土地	现在	正常

表8-3 环境因素识别、评价及对策表

部门：冷冻工段

序号	部门或地点	产品、活动或服务	环境因素	影响范围 a	影响程度 b	产生量 c	发生频次 d	法规符合性 e	社区关注度 f	合计Σ	控制措施
1	冷冻车间	冷冻机运行	冷却水排放	3	1	3	5	1	1	14	处理后回用
2			润滑油泄漏	3	1	1	3	1	1	10	减少泄漏集中回收
3			噪声排放	3	3	3	5	1	1	16	配发并佩戴耳塞
4			废水排放	3	3	1	2	1	1	11	废水集中处理
5			氨气泄漏	3	3	1	1	1	3	12	减少泄漏、减少排放
6			废油抹布废弃	2	3	1	3	1	1	11	集中回收
7			固体垃圾排放	3	1	1	1	1	1	8	回收至指定地点、分类存放
8			水的消耗	3	1	1	1	1	1	8	节约用水
9			电的消耗	3	1	1	2	1	1	9	节约用电
10			冷媒贮罐排放	3	1	1	1	1	1	8	减少排放量、排放频次
11			冷媒贮罐泄漏	3	1	1	1	1	1	8	定时巡检、防止泄漏
12			贮氨罐泄漏	3	1	1	1	1	1	8	定时巡检、防止泄漏
13		二氧化碳回收	冷却水排放	3	1	3	5	1	1	14	处理后回用
14			润滑油泄漏	1	1	1	1	1	1	6	减少泄漏、集中回收
15			噪声排放	3	3	3	5	1	1	16	戴耳塞
16			氨气泄漏	3	3	1	1	1	3	12	减少泄漏、减少排放
17			水的消耗	3	1	1	1	1	1	8	节约用水
18			电的消耗	3	1	1	3	1	1	10	节约用电
19			CO_2排放	3	3	3	3	1	1	12	减少排放
20			废水排放	3	3	1	3	1	1	12	进入公司废水处理站
21			固体垃圾排放	3	1	1	1	1	1	8	放到公司指定地点
22		空压机运行	冷却水排放	3	1	1	5	1	1	12	处理后回用
23			润滑油泄漏	2	1	1	3	1	1	9	减少泄漏、集中回收
24			噪声排放	3	3	3	5	1	1	16	配发并佩戴耳塞

（续表）

				部门：冷冻工段							
序号	部门或地点	产品、活动或服务	环境因素	影响范围 a	影响程度 b	产生量 c	发生频次 d	法规符合性 e	社区关注度 f	合计 Σ	控制措施
25			废水排放	3	3	1	1	1	1	10	废水集中处理
26			废抹布废弃	1	3	1	3	1	1	10	放到指定地点
27			固体垃圾排放	3	1	1	1	1	1	8	放到公司指定地点
28			水的消耗	3	1	1	1	1	1	8	节约用水
29			电的消耗	3	1	1	2	1	1	9	节约用电
30			氟里昂泄漏	3	1	1	1	1	1	8	日常检查与维护

（3）收集有关信息、资料（法规、记录、报告、规章制度等）。

收集资料和信息应力求齐全、系统，同时要注意，必须根据初始评审的任务和大纲的要求，有目的、有重点地收集相关资料。现场评审时，发现有价值的资料也要收集。

2. 现场调查，收集客观证据

信息收集不能代替现场调查。在实际运作中，现场调查可与调查表同时并用，也可交叉进行。通常用调查表收集汇总全面的信息，现场调查则侧重关键环节。这种做法既可以保证全面覆盖又突出重点。

现场调查的方法包括：现场采访、面谈、实地测量与检查、基准参照、问卷调查。

3. 分析、评价

（1）汇总与组织的活动、产品或服务相关的法律法规条文，分析组织遵守适用的法律法规的情况。

（2）环境因素识别、环境因素登记、重要环境因素判定并确定优先顺序。

（3）其他方面的分析、评价，如规章制度、管理经验等。

4. 编写初始环境评审报告

初始环境评审报告的主要内容：

（1）概述：包括有组织概况、初始评审的目的、初始评审的范围、评审时间（起止时间）和参加评审的人员及分工情况。

（2）评审工作的全过程：评审的实施经过（概述）和程序或计划的执行情况。

（3）组织的环境状况（评价性概述）。

（4）存在的问题：已有或潜在的重大环境因素及其影响和适用的法律、法规遵守情况。

（5）急需解决的优先项问题。

（6）关于建立和完善环境管理体系的建议：对领导承诺和制定环境方针的建议、对制定环境目标、指标的建议等。

（7）结论。

（8）附件：包括《环境法律、法规和其他要求清单》、《环境因素及重要环境因素清单》、《环境因素登记表》等。

四、体系策划与设计

体系的策划与设计阶段有两大任务，一是在领导承诺基础上制定环境方针，二是为了保证方针的实现进行策划。

1. 环境方针

环境方针为组织确定了一个总的指导方向和行动准则。它为组织确立全部环境职责和行为要求设立了总体目标。制定环境方针是引导企业开展环境管理，建立环境管理体系的纲领。建立环境管理体系的直接目的就是保证环境方针的实现。

2. 策划

方针制定后，就需要针对如何保证方针的实施进行策划，使方针中的承诺得以落实。策划的具体内容为依据环境方针和初始环境评审的结果进一步拟定环境目标和指标以及为保证目标、指标的实现而必须实施的环境管理方案。

五、环境管理体系文件的编制

同 ISO 9001 一样，ISO 14001 环境管理体系也要求文件化，一般可分为管理手册、程序文件和作业指导书等层次。企业应根据 ISO 14001 标准的要求，结合自身的特点和实际编制出一套适合于自身运行的体系文件，满足体系持续有效运行的要求。

编写体系文件的要点是"写你要做的、做你所写的、记你所做的。"也就是说，标准和法律法规要求的要写到，文件写到的要做到，做到的要有证据且有效。在进行文件编写时，应按照标准条款的要求编写，同时要密切结合组织活动、产品和服务的具体特点，要与组织原有的管理制度、管理程序相协调，避免相互矛盾。

六、体系试运行

体系文件编写完成后，环境管理体系就进入试运行阶段。试运行是组织与体系的磨合期，试运行的目的是要在实践中体验体系的适宜性、充分性和有效性，通过实施管理手册、程序文件和作业文件，充分发挥体系本身的各项功能，及时发现问题，找出问题的根源，采取纠正措施和预防措施，纠正各种不符合，达到体系持续改进的目的。

试运行阶段，首先，组织应按照培训程序的要求对全体员工培训体系文件，通过培训，要使高层管理人员掌握环境管理体系文件的原理、原则、功能及控制的方法；中层管理人员掌握手册、程序文件等体系文件的工作内容；一般员工掌握各自岗位的操作程序、标准和规定。

按照标准规定，企业应检查体系文件的适用性和执行情况，环境目标、指标和管理方案的完成情况，职责的履行情况，环境测量是否按规定执行，重要环境因素的控制情况，法律、法规及其他要求符合性等。如果发现有不符合，应及时分析产生的原因和采取有效的纠正措施，必要时采取预防措施。各岗位不仅应了解和掌握应急处理的方法，更重要的是要明确出现问题或事故的报告途径，必要时，按文件规定进行应急程序的试验和演习。

体系的运行涉及企业各个部门，组织的环境管理活动难免会发生偏离要求的现象，针对这些问题，企业要利用信息管理系统对异常信息反馈和处理，对体系运行进行动态管理，对出现的问题及时加以协调、改进，完善并保证体系的持续有效运行。

七、内部审核

为判定组织的环境管理体系是否符合预定安排和规范要求，是否有效地实施和保持，组织应建立定期开展环境管理体系内部审核的方案和程序。

审核方案（包括时间表）的制定，要依据所涉及的活动的环境重要性和以前审核的结果。

审核程序应具全面性，内容一般包括：审核范围、频次和方法，以及实施审核和报告结果的职责与要求。

八、管理评审

管理评审由最高管理者主持，按规定的时间间隔，依据内审的结果、方针和目标的实现情况以及针对企业客观环境的不断变化对体系的整体状态做出全面地评价，目的是确保体系的持续适用性、充分性和有效性，并提出新的要求，以实现体系的持续改进。

实训一

实训主题：识别啤酒企业的环境因素。

专业技能点：①学习文件编制、排版能力；②环境相关知识。

职业素养技能点：①调研能力；②沟通能力。

实训组织：带领学生到啤酒企业实地考察，体验企业对环境控制所采取的方法，从而进一步了解企业生产、活动和服务中涉及的环境因素，为下一步的环境因素的识别及对策的策划做准备。

将学生分组，根据本章讲述的环境因素识别的方法，每组按自己的兴趣选择啤酒企业的某一个部门或工序进行环境因素识别，将识别的结果填入《环境因素调查、评价表》。

每组选出一名代表向全班汇报本组环境因素的识别情况，其他同学可以提问质疑。

教师点评各组环境因素识别的充分性和合理性（表8－4）。

表8－4　识别环境因素实训效果考核表

学生姓名	环境因素识别的准确性（30分）	环境因素识别的充分性、合理性（20分）	相应对策的可操作性（30分）	其他（20分）

实训二

实训主题：对识别出的啤酒企业环境因素的评价。

专业技能点：①学习文件编制、排版能力；②环境相关知识。

职业素养技能点：①调研能力；②沟通能力。

实训组织：带领学生到啤酒企业实地考察，体验企业对环境控制所采取的方法，从而进一步了解企业生产、活动和服务中涉及到的环境因素，为下一步的环境因素的识别及对策的策划做准备。

将学生分组，根据本章讲述的环境因素评价的方法，每组将识别出的环境因素进行，将评价的结果填入《环境因素评价及对策表》。

每组选出一名代表向全班汇报本组环境因素的评价情况，其他同学可以提问质疑。

教师点评各组环境因素评价的充分性和合理性（表8－5）。

表 8 − 5　识别环境因素评价表

学生姓名	环境因素评价的准确性（30 分）	相应对策的合理性（20 分）	重要环境因素判定的合理性（30 分）	其他（20 分）

实训三

实训主题：识别啤酒企业环境因素涉及的环境法律、法规及其他要求。

专业技能点：法律、法规及其他要求收集、更新的渠道。

职业素养技能点：①调研能力；②沟通能力。

实训组织：将学生分组，根据本章讲述的企业产品、服务和过程中的环境因素涉及的环境法律、法规及其他要求的收集、更新的要求，每组将识别出的环境因素对应的法律、法规及其他可能的要求进行收集，将收集的结果填入《法律、法规及其他要求清单》。

每组选出一名代表向全班汇报本组进行的法律、法规及其他要求收集情况，其他同学可以提问质疑。

教师点评各组法律、法规及其他要求收集的充分性和合理性（表 8 − 6）。

表 8 − 6　识别法律、法规及其他要求评价表

学生姓名	法律、法规的充分性（30 分）	法律、法规识别的时效性（20 分）	法律法规及其他要求收集的详略程度（30 分）	其他（20 分）

想一想

1. 企业如何推行环境管理体系？具体步骤如何？
2. 企业推行环境管理体系的重点和难点是什么？
3. 如何识别环境因素？怎么判定重要环境因素？
4. 如何增强环境管理体系运行的有效性？

查一查

1. 李怀林．环境管理体系国家注册审核员培训教程．北京：中国计量出版社，2006.
2. 凯达国际标准认证咨询有限公司编．　ISO 14001 环境管理体系的理解与运行．北京：中国电力出版社，2007.

任务五　指导啤酒进行环境管理体系认证

任务目标：

能够指导啤酒企业进行环境管理体系的认证。

学一学

一、审核要求的确定

食品企业确定环境管理体系认证机构后，在咨询老师指导下，编写好相关体系文件，体系运行至少3个月以上，进行过管理体系内部审核、管理评审后，即可向认证公司提交相关资料，提出审核要求。认证公司了解有关内容，如受审核方的基本情况、审核目的、审核范围和类型、涉及的法律法规要求、审核时间需求、是否已具备实施审核的基础和条件等后，授权审核方案管理人员，准备启动审核。

收到委托方正式的审核申请文件后，审核方案管理人员组织相关人员对该项审核的要求进行评审，符合规定后，认证机构与委托方签订环境管理体系认证注册协议书。按计划时间启动审核。

二、现场审核的准备

环境管理体系认证的初审分为两个阶段，第一阶段审核的目的：了解受审核方的环境管理体系概况，确定第二阶段审核可行性和审核重点。审核范围：受审核方的环境管理体系文件和有关资料，与重要环境因素相关的现场。审核内容：主要是标准中的管理要素，包括4.4.1 4.2 4.3.1 4.3.2 4.3.3 4.4.3 4.5.1 4.5.2 4.5.5 4.6，主要审核部门包括管理者、管理者代表、管理体系策划和维护部门。第二阶段审核目的则是评价受审核方的环境管理体系是否符合审核准则的要求并有效实施，以决定是否推荐环境管理体系认证注册，审核范围：经确定的认证范围内的所有现场、部门及有关资料，审核内容：标准中的全部管理要求，体系覆盖的所有层次和部门。

因此，对一、二阶段的审核准备的侧重点不同。应根据两个阶段审核目的分别予以准备。

三、审核的后续活动、监督审核及复评

对审核组现场审核中开具的不符合报告，受审核方应在规定的期限内采取纠正和纠正措施并加以实施，审核组对其实施情况的有效性给予验证。

为验证获证组织的环境管理体系是否持续运行，并考虑组织运行的变化可能对其环境管理体系产生的影响，确认组织管理体系对认证要求的持续符合性，以决定是否保持认证证书或变更审核范围。对组织的环境管理体系的监督通常至少每年进行一次，在初审之后的第一次监督审核的日期一般从初审完成日期开始安排。

环境管理体系认证证书有效期为三年，证书有效期届满时，应重新提出认证申请，认证机构受理后，重新对组织进行审核，也称之为复评。复评的方法与初审中的第二阶段审核相同，覆盖受审核方的环境管理体系的所有部门和标准的所有管理要求，但现场抽样数量略有减少。

四、认证证书和标志使用规则

不同的认证机构，对本机构颁发的管理体系认证证书和标志均有要求，获证组织应按认证机构的要求，如管理体系认证标志不允许在产品上、产品标签上、产品说明书上使用，在认证资格被暂停期间、注销或撤销后不得继续使用，不得转让给其他组织使用等。因此，获证组织应将证书和标志的使用纳入组织的体系管理，认真学习并严格执行认证机构的相关规定。

实训

实训主题：指导啤酒企业迎接环境管理体系第三方审核。

专业技能点：①企业的中层管理能力；②关于审核的相关知识。

职业素养技能点：①管理能力；②沟通能力。

实训组织：将学生分组，根据本章讲述的环境管理体系认证的相关知识，选择某一部门，策划如何指导该部门迎接环境管理体系第一阶段和第二阶段审核，并形成报告。

每组选出一名代表向全班体系汇报本组迎接审核的准备工作，其他同学可以提问质疑。教师点评各组报告的充分性和合理性。

想一想

1. 环境管理体系初审中第一阶段、第二阶段审核有什么区别？

2. 环境管理体系证书和标志的使用有什么要求？

3. 如何顺利通过环境管理体系第三方审核？

4. 如何保持环境管理体系证书？

查一查

1. 方圆标志认证集团．认证证书和标志、认可标识使用规则：http：//www. cqm. com. cn/ Chine senew/gongkaiwj/neirong. asp？uid＝158。

2. 北京恩格威认证中心．认证证书和标志的使用：http：//www. ngv. org. cn/menudetail5. aspx？menuId＝0. 5&id＝0. 5. 6. 16。

3. 北京恩格威认证中心．批准、保持、扩大、缩小、暂停、恢复、注销、撤销、更新认证资格的规定：http：//www. ngv. org. cn/menudetail5. aspx？menuId＝0. 5&id＝0. 5. 6. 3。

【项目小结】

本项目讲述了环境管理体系标准、啤酒企业环境管理体系认证公司选择、环境管理体系文件编制方法，环境管理体系建立方法等。

【拓展学习】

一、本项目涉及与需要拓展学习的文件

（1）ISO14001：2004《环境管理体系 要求及使用指南》。

（2）ISO19011：2011《管理体系审核指南》。

二、学习腐乳企业环境管理体系建立、实施和认证方法。

项目九　学习食品企业管理体系内部审核方法

【知识目标】

熟悉掌握食品企业内部审核依据。

熟悉掌握食品企业内部审核流程。

熟练掌握食品企业内部审核要点。

熟练掌握食品企业内部审核审核计划、审核报告等文件的结构要素。

【技能目标】

能够帮助食品企业制定内部审核计划、提供内部审核方案。

能够参与食品企业的内部审核。

能够指导食品企业应对的内部审核。

能够针对食品企业内部审核进行咨询。

【项目概述】

根据项目 4 的例子，北京市某酸乳生产企业成立后，分别建立了生产技术部、品管部、人力资源部、研发部、供销部、工程部、财务部、办公室等职能部门，在获得食品生产许可证前，为了了解该酸乳生产企业的 HACCP 体系的符合性、有效性，确定是否提请第三方认证。

任务一　学习酸乳企业食品质量安全管理内部审核的重要意义

任务目标：

能够认识酸乳企业内部审核的意义，能够编制酸乳企业内部审核的年度审核计划。

学一学

一、认识食品企业管理体系的内部审核

什么是食品企业管理体系的内部审核，由企业内部组织进行的企业自身的管理体系的审核活动，称内部核审，又称第一方审核。首先审核是为了获得审核证据并对其进行客观的评价，以确定满足审核准则的程度所进行的系统的、独立的并形成文件的过程。而审核通常分为如下两种：

（1）内部食品企业管理体系审核，也称第一方审核，是组织的自我审核，由组织自己或以组织的名义进行，用于管理评审和其他内部目的，可作为组织自我合格声明的基础。在许多情况下，尤其在小型组织内，可以由与受审核活动无责任关系的人员进行，以证实独立性。

（2）外部食品企业管理体系审核，包括第二方和第三方审核。第二方审核是组织的相关方对组织进行的审核，如顾客对组织的审核；第三方审核一般是指审核机构等第三方机构对组织进行的审核。

两者的区别见表9-1。

表9-1　内部、外部食品企业管理体系审核的区别

项目	内部食品企业管理体系审核	外部食品企业管理体系审核
目的	审核食品企业管理体系的符合性、有效性，采取纠正措施，使体系正常运行和持续改进	第二方：选择合适的合作伙伴；证实合作方持续满足规定要求；促进合作方改进食品管理体系 第三方：导致认证，注册
审核方	第一方	第二方，第三方
依据	HACCP标准、ISO22000标准、ISO9001标准、ISO14001标准企业食品安全管理体系文件适用于组织的有关的食品安全法规及其他要求	第二方：合同，企业食品安全管理体系文件；适用于受审核方的食品安全法规及其他要求 第三方：HACCP标准、ISO22000标准；ISO9001标准；ISO14001标准；企业食品管理体系文件；适用于受审核方的食品安全法规及其他要求
审核方案	集中/滚动式审核	集中式审核
审核员	有资格的内审员，也可聘外部审核员	第二方：自己或外聘审核员 第三方：国家注册审核员
文件审查	根据需要安排	必须进行
审核报告	提交不符合项报告和采取纠正措施建议	只提不符合项报告
纠正措施	重视纠正措施。对纠正措施计划不作具体咨询，但可提方向性意见供参考。对纠正措施完成情况不仅要跟踪验证，还要分析研究其有效性	对纠正不能作咨询，对纠正措施计划的实施要跟踪验证
监督检查	无此内容	认证或认可后，每年至少进行1次监督检查

二、内部核审的特点

内审是组织内部一项有效的管理活动，其特点有：

①内审是企业为检查自身的管理体系是否得到有效地实施而进行。

②内审是为了向管理机构表明申请审核的可行性，并向客户表明本企业产品的可靠性。

③内部核审的根本目的在于改进。

④内审主要动力来自管理者，必须得到管理者的全面支持。

⑤内审操作比外审灵活，但内容要求更加全面、细致和深入。

三、内部审核的目的

（1）食品企业的管理体系建立后，进行初次内部审核的目的：确定管理体系的有效性，完善管理体系。

（2）为迎接外部审核（即第二方或第三方）做好自查工作，认真查找体系运行中的不符合项，及时加以纠正和预防，不断改进和完善管理体系。

（3）内部审核是维持、完善、改进管理体系的需要。

四、内部审核的流程

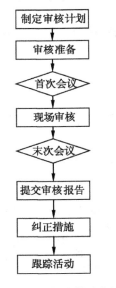

图 9 – 1　内部审核流程图

食品企业在建立 ISO9001、ISO14001、ISO22000 管理体系时，或通过 ISO9001、ISO14001、ISO22000 管理体系认证后，为了评价管理体系的符合性和有效性，要对管理体系进行内部审核，内部审核流程如图 9 – 1 所示。内部审核通常从审核方案的策划开始，然后进行内部审核前的准备，召开首次会议，进行现场审核，末次会议，提交审核报告，对不符合项提出纠正措施并跟踪。

五、内部审核方案的策划

当食品企业要进行内部审核时，首先要制定好审核计划，即食品企业要依据管理体系内部审核控制程序文件和管理体系现状，进行内部审核方案的策划。审核方案的内容包括审核准则、审核范围、审核频次、审核方法、审核时间、资源需求等。一般一年策划一次审核方案，即"年度内部管理体系审核方案"。审核方案一般由管理者代表（食品安全小组组长）编制，由总经理批准后实施。

1. 审核方式

审核方式通常分为部门审核的方式和要素审核的方式两种。

（1）按部门审核的方式：按部门审核的方式就是在某一部门针对其涉及的管理体系中各要素的要求进行审核。该方式审核时间较为集中，所以审核效率高，对受审核方正常的生产经营活动影响小，但缺点是审核内容比较分散，要素的覆盖可能不够全面。

（2）按要素审核的方式：按要素审核就是以要素为线索进行审核，即针对同一要素的不同环节到各个部门进行审核，以便作出对该要素的审核结论。这种方式的优点是目标集中，判断清晰，能较好地把握体系中各个要素的运行状况；缺点是审核效率低，对受审核方正常的生产经营活动影响较大，审核一个要素往往要涉及许多部门，因而各个部门要重复受多次审核才能完成任务。

对比以上两种审核方式，为了提高审核效率，管理体系的内部审核通常采用部门审核的方式，而在追踪某一要素实施情况时，就采用要素审核的方式。

2. 审核日程计划

年度审核计划是审核方案表现形式，是针对特定时间段所策划，并具有特定目的的一组（一次或多次）审核。审核日程计划有两种形式：

（1）集中式年度审核日程计划：集中式年度审核日程计划的特点：审核在计划的某段限定的时间内进行；适用于中、小型企业、无专职机构及人员的情况。

集中式年度审核日程计划适用于第一、第二、第三方审核。

【案例 9 - 1　集中式年度审核日程计划】

2013 年度内部食品安全管理体系审核方案

编号：NS2013

1. 审核目的

　　检查酸乳企业中 HACCP 体系是否正常运行，评价其 HACCP 体系的有效性和符合性。

2. 审核范围

　　食品安全管理手册覆盖的所有部门和生产现场。

3. 审核准则

　　（1）GBTGB/ T 27341—2009　危害分析与关键控制点体系食品生产企业通用要求。

　　（2）GBTGB/ T 27342—2009　危害分析与关键控制点（HACCP）体系　乳制品生产企业要求。

　　（3）GB 12693—2010　食品安全国家标准　乳制品良好生产规范。

4. 审核日程安排

月份\部门	1	2	3	4	5	6	7	8	9	10	11	12
总经理					√						√	
办公室					√						√	
研发部					√						√	
品管部					√						√	◇
生产技术部					√	◇					√	
供销部					√						√	
工程部					√						√	
人力资源部					√						√	

注 1. 具体的审核时间在每一次的审核实施计划中确定。

2. 计划：√；审核已进行：■；纠正措施已制定：◇；纠正措施已验证：◆。

　　　编制日期：　　　　　审核日期：　　　　　批准日期：

　　（2）滚动式年度审核日程计划　滚动式年度审核日程计划特点：审核持续时间较长；审核和审核后的纠正行动及其跟踪措施陆续展开；在一个审核周期内应保证所有要素及相关部门得到审核；重要的要素和部门的审核频次要安排多次；适用于大、中型企业，设有专门内部审核机构或专职人员的情况。

　　滚动式年度审核日程计划只适用于内审，不适用于第二、第三方审核。

【案例9－2　滚动式年度审核日程计划】

2013 年度内部食品安全管理体系审核方案

编号：NS2013

1. 审核目的

　　检查酸乳企业中 HACCP 体系是否正常运行，评价其 HACCP 体系的有效性和符合性。

2. 审核范围

　　食品安全管理手册覆盖的所有部门和生产现场。

3. 审核准则

　　（1）GBTGB/ T 27341—2009　危害分析与关键控制点体系食品生产企业通用要求。

　　（2）GBTGB/ T 27342—2009　危害分析与关键控制点（HACCP）体系 乳制品生产企业要求。

　　（3）GB 12693—2010　食品安全国家标准 乳制品良好生产规范。

4. 审核日程安排

月份 / 部门	1	2	3	4	5	6	7	8	9	10	11	12
总经理	√				√				√			
办公室		√					√					
研发部			√					√				
品管部			√					√				
生产技术部				√							√	
供销部							√					√
工程部					√					√		
人力资源部			√								√	

注 1. 具体的审核时间在每一次的审核实施计划中确定。

　2. 计划：√；审核已进行：■；纠正措施已制定：◇；纠正措施已验证：◆

　　　　编制日期：　　　　　　审核日期：　　　　　　批准日期：

实训

实训主题：完成酸乳企业内部审核的《年度审核日程计划》。

专业技能点：编写年度审核日程计划能力。

职业素养技能点：①计划能力；②沟通能力。

实训组织：对学生进行分组，每个组参照学—学相关知识及利用网络资源，分别写出一份集中式和滚动式的酸乳企业《年度审核日程计划》。

实训成果：提交一份酸乳企业内部审核的《年度审核日程计划》。

实训评价：由酸乳企业质量负责人或主讲教师进行评价。（评价表格，主讲教师结合项目自行设计）。

想一想

1. 什么是内部核审？内部核审有什么特点？其目的是什么？

2. 内部审核的"年度审核日程计划"有几种形式？分别有什么特点？

查一查

1. 国家食品药品监督管理总局 http：//www. sda. gov. cn/WS01/CL0001／。

2. 各省食品药品监督管理局。

3. 通过各种搜索引擎查阅"年度审核日程计划"案例。

任务二 学习酸乳企业食品质量安全管理内部审核实施方法

任务目标：

认识酸乳食品企业内部审核的流程，能够指导酸乳企业进行内部审核。

学一学

一、审核准备

在进行内部审核之前，需要做好审核人员、文件资料和其他资源的准备工作。

（一）组成审核组

内部审核前，从接受过内审员培训并获得内审员资格的人员中选拔内审员组成审核小组。要选拔独立于受审核部门的内审员。根据部门规模和内部审核天数决定审核组成员人数，并从中任命审核组长组成审核组。

1. 对审核组的要求

审核组通常由审核组长及审核员组成。审核组的组建应保持其具备实施审核的全面经验与技术。组建审核组时，应考虑以下几点要求：

（1）对审核组成员应有一定的资格要求，应满足所规定的教育与工作经历，个人素质与能力，职业戒律等要求，并经过正规培训和在岗培训。

（2）审核组成员应熟悉组织的产品、活动与服务。

（3）审核员与被审部门无直接责任关系。

2. 对审核员的职责要求

（1）听从审核组长的指示，支持审核组长的工作。

（2）在确定的审核范围内按计划有效、高效、客观地进行工作。

（3）收集和分析与受审核的管理体系有关的，并足以对其下结论的审核证据。

（4）按照审核组长的指示编写检查表，将观察结果整理成书面资料。

（5）验证由审核结果而提出的纠正措施的有效性。

（6）收存、保管和呈送与审核有关的文件。

（7）协助审核报告书的编写。

（8）保守审核文件的机密。

（9）谨慎处理特殊的信息。

（10）遵守职业道德，保持客观公正。

3. 对审核组长的职责要求

（1）审核组长全面负责审核各阶段的工作。

（2）协助选择审核组的成员，检查组或审核组的人员与受审方有无利害关系。

（3）制定审核计划、起草工作文件、给审核组成员布置工作。

（4）代表审核组与受审核方领导接触。

（5）及时向受审核方报告关键性的不符合情况，通报已确定的不符合的审核发现。

（6）报告审核过程中遇到的重大障碍。

（7）审核组长有权对审核工作的开展和审核观察结果做出最后的决定。

（8）清晰、明确报告审核结果，不无故拖延。

（9）追踪验证纠正措施的实施情况。

（二）文件收集与审查

内部审核是该组织在已经建立了文件化的管理体系下，并且该管理体系在正常运行的情况下进行的，所以内审时，对文件的审查，重点是审查与受审部门有关的程序文件、作业指导书等。以食品安全管理手册、HACCP 计划、合同和有关法律法规为依据，对手册、程序文件等进行审查。文件审查时，应同时检查受审部门与其他部门的接口，在文件中是否明确，内容是否协调。

（三）编制审核实施计划

审核实施计划是安排审核日程、审核人员分工等内容的文件。这个计划不同于年度审核方案，是每次审核的具体计划，由审核组长编写，管理者代表批准。审核实施计划应包括以下的内容，见案例 9 - 3。

案例 9 - 3：内审计划   编号：

2013 年第一次内部 CNCA/CTS 0026 ~ 2008 管理体系审核实施计划

一、审核目的

为确保本公司 HACCP 体系的持续适宜性、充分性和有效性，从而如期实现本公司的食品安全方针和目标。充分发挥本公司 HACCP 体系持续改进的能力。

二、审核范围

HACCP 体系所要求的相关活动及各有关职能部门，包括总经理、办公室、研发部、品管部、生产技术部、供销部、工程部、人力资源部。

三、审核准则

（1）HACCP 标准。

（2）食品安全手册、程序文件及其他相关文件。

（3）组织适用的食品安全法规，及其他要求。

四、审核组成员

审核组长：陈××

审核员：杨××、林××（第一组，A）；黄××、张××（第二组，B）；陈××、王××（第三组，C）。

五、审核时间

2013 年 11 月 12 日

六、审核报告发布日期及范围

审核报告将于 2013 年 11 月 15 日发布，发放范围为公司正、副总经理、各部门经理/主管、管理者代表及审核组各成员。

七、审核日程安排

日期/时间		审核小组	受审部门	主要活动与涉及的标准条款
11 月 12 日	8：00 ~ 8：30	A、B、C	所有部门	首次会议
	8：30 ~ 11：30	A	总经理、办公室	5.1；5.2；5.3 等
		B	研发部、品管部	7.5；7.6；7.7 等
		C	生产技术部	（略）
	11：30 ~ 14：00			午餐、中午休息
	14：00 ~ 16：00	A	供销部	（略）
		B	工程部	（略）
		C	人力资源部	（略）
	16：00 ~ 16：30	A、B、C		审核组内部会议、整理审核结果（不符合项报告）
	16：30 ~ 17：00	A、B、C	所有部门	末次会议

编制/日期：   审核/日期：   批准/日期：

（四）编写检查表

编写检查表的目的是：使审核正规化、保持审核目标的清晰、作为审核的记录。所以在编写检查表时，应该依据 ISO14001 标准的要素、或是 ISO9001 标准的要素、或是 ISO22000 标准的要素、或是 HACCP 标准的要素来编制检查表，或是依据组织部门编制检查表。内部审核检查表应包括以下内容，见案例 9 - 4。

【案例 9 - 4　内部审核检查表】 　　　　　　　　　　编号：

受审核部门		生产部	部门负责人		
审核员			审核日期		
审核条款	审核内容	审核方法		审核记录	判定
4、6.3、6.6	基础设施	（1）公司提供了哪些资源以建立和保持实现生产要求所需的基础设施？			
		（2）提供的基础设施是否满足要求？			
		（3）是否制订设备年度检修计划并定期进行维修保养？			
		（4）基础设施和维护方案是否满足要求？			
6.4	工作环境	（1）生产车间是否具备合适的工作环境？			
		（2）工作环境是否得到了管理？			
		（3）工作环境是否按照前提方案或操作性前提方案要求建立和实施？			
5、6、7	操作性前提方案	查看现场操作是否按照操作性前提方案要求，是否有不符合项，又是如何处理的？			
7.5、7.6	CCP 监控	查阅文件、现场查看			
6.7、9	标识和可追溯性控制可追溯性系统	（1）是否有文件规定以适当的方式对产品进行标识？			
		（2）是否在进料接受、生产、安装、交付等阶段对产品进行标识？			
		（3）标识的方法、方式是否有明确规定？			
		（4）产品、物料移动后是否能及时移植标识（必要时），是否作出了规定？是否有效实施？			
		（5）对标识的管理（如标签、印章等的管理）是否作出了明确的规定？是否有效实施？			
		（6）对有可追溯性的场合，是否对每个或每批产品进行惟一性标识？			
		（7）对于可追溯性标识是否有规定性记录？是否做了记录，是否能够达到追溯的目的？			

（五）通知受审部门

审核组长在审核前 3～5 天与受审部门的领导接触，协商确定审核的具体时间，受审部门的陪同人员，以及审核中双方关心的其他问题等，以使审核工作顺利进行。商妥后，即发出书面审核通知。

二、首次会议

首次会议是现场审核开始前，内审组与受审核方进行审核过程安排方面的信息交流会议，由审核组长主持。

1. 召开首次会议的目的

（1）审核组成员与受审方的有关人员见面。

（2）阐明审核的目的和范围，确认审核计划。

（3）简要介绍审核的方法和程序。

（4）建立审核组与受审方的正式联系。

（5）落实审核组需要的资源和设施。

（6）确认审核组和受审核方领导之间末次会议和中间数次会议的日期和时间。

（7）澄清审核实施计划中不明确的内容（如限制的区域和人员、保密申明等）。

2. 首次会议要求

（1）首次会议应准时、简短、明了。

（2）首次会议时间以不超过半小时为宜。

（3）应获得受审部门的理解与支持。

（4）与会人员都要签名。

3. 参加首次会议的人员

（1）审核组全体成员。

（2）高层管理者（必要时）。

（3）管理者代表。

（4）受审核部门领导及主要工作人员。

（5）陪同人员。

（6）来自其他部门的观察员（应征得受审核方的同意）。

4. 首次会议内容和程序

（1）会议开始。由审核组长主持首次会议。参加会议的人员在签到单上签到。审核组长宣布会议开始。

（2）人员介绍。由审核组长介绍审核员组成及分工。各受审部门分别介绍将要参加陪同工作的人员。（注：内审中，大家比较熟悉时，可不必多加介绍）

（3）阐明审核的目的和范围。由审核组长阐明审核的目的、审核准则、以及审核将涉及的部门，并得到确认。

（4）说明审核的原则、方法和程序。着重说明审核是按部门或过程进行的、审核是抽样的过程，强调说明相互配合的重要性、客观公正的原则。提出不符合的报告形式（需受审部门确认，并提出纠正措施）。

（5）落实后勤安排。诸如：作息时间、办公地点、就餐等的安排。

（6）其他事宜。确定审核过程中各次会议的时间、地点、出席人员等；明确审核实施计划中不明确的问题；保密原则的声明；安全措施；说明需要限制的区域及有关人员；审核时间的再确认。

三、现场审核

现场审核是内部审核重要的过程，是通过收集审核证据，并且与审核准则进行对照，以此来评价体系的符合性和有效性，得出审核发现和审核结果的过程。

（一）审核证据的收集

审核证据定义：与审核准则有关的并且能够证实的记录、事实陈述或其他信息。审核证据可以是定性的或定量的。

1. 审核证据的获得

审核证据可以通过在审核范围内所进行的面谈、查阅文件和记录（包括数据的汇总、分析、图表和业绩指标等）、对现场的观察、对实际活动和结果的验证、测量与试验结果来、自其他方面的报告（如顾客反馈、外部报告）、职能部门之间的接口信息等渠道获得。

2. 审核证据的形式

审核证据通常以存在的客观事实、被访问人员的口述、现存文件记录等形式存在。

审核准则定义：用作依据的一组方针、程序或要求。如：ISO9001—2008 标准、ISO14001—2004 标准、GB/T22004—2007 食品安全管理体系、质量手册、程序文件、工作指导书、质量计划、企业内部编制的与体系有关的管理性文件、技术文件、合同、国家有关的法律、法规等。

（二）审核的控制

在内部审核过程中，为了使审核能顺利地进行，要注意以下的控制：

（1）审核实施计划的控制。首先要依照计划和检查表进行审核；如确实因为某些原因需要修改计划时，需要与受审核方商量；在可能出现严重不符合时，经审核组长同意，可超出审核范围审查。

（2）审核进度的控制。审核的进度应按照规定的时间完成。如果出现不能按预定时间完成的情况，审核组长应及时做出调整。

（3）审核气氛的控制。审核气氛对审核的顺利进行十分重要，当审核中出现的紧张气氛时必须做适当的调节；对于草率行事，应及时纠正。

（4）审核客观性的控制。审核组长应每天对审核组成员发现的审核证据进行审查，凡是不确实或不够明确的，不应作为审核证据予以记录。

（5）审核范围的控制。在内审时，常会发现扩大审核范围的情况，如果要改变审核范围时，应征得审核组长同意，并与受审核方沟通后才能进行。

（6）审核纪律的控制。审核组长应关注审核员的工作，及时纠正违反审核纪律的现象和不利于审核正常进行的言行。

（7）审核结论的控制。在作出审核结论以前，审核组长应组织全组进行讨论。审核结论必须公正、客观和适宜，应避免错误或不恰当的结论。

（三）审核中的注意事项

在内部审核中，首先要相信样本；随机抽样时，样本的选择要有代表性；要依靠检查表，调整检查表时要小心；要把重点放在显著危害及其所在的现场；要注意关键岗位和体系运行的主要问题；要注意收集体系运行有效性的证据。

在内部审核中，不仅要关注体系的符合性，还应关注体系的有效性，以便持续改进，不断地改善食品安全绩效。

在内部审核中，常常从问题的各种表现形式去寻找问题，对发现的不符合项，要追溯到必要的深度。要与被审方负责人共同确认事实。注意有效地控制审核时间，始终保持客观、公正和有礼貌。

（四）审核发现

审核发现的定义：将收集到的审核证据对照审核准则进行评价的结果。审核发现能表明是否符合审核准则，也能指出改进的机会。审核发现是编写审核报告的基础。

1. 审核发现的提出

审核发现是根据审核准则，对所收集的审核证据进行评价而形成的。审核发现常以审核员或审核小组的名义提出。

2. 审核发现的评审

审核发现的评审是在审核的适当阶段或现场审核结束时进行。由审核组对审核结果进行评审，审核组长在听取审核组意见，仔细核对审核证据的基础上，确定哪些项目作为不符合项。

3. 审核发现的内容

审核发现的内容包括符合项和不符合项。

（五）现场审核记录

审核员在审核过程中，应认真记录审核的进行情况。

1. 审核记录的作用

现场审核的记录是便于以后需要时查阅；便于核实审核证据时查阅；便于同事进行调查时参阅；便于有连续性线索的继续审核。

2. 审核记录的要求

审核记录应清楚、全面、易懂、便于查阅；记录应准确，例如什么文件、陈述人职位和工作岗位等；记录的格式由内审员自定。

（六）每日审核组内部会议

每天审核结束前，审核组内部要召开会议，交流一天来审核中的情况，整理审核结果，完成当天的不符合报告，审核组长总结一天来的工作情况，必要时对下一审核日的工作及人员进行调整。

（七）不符合项报告

1. 确定不符合项的原则

不符合项的确定，应严格遵守依据审核证据的原则。凡依据不足的，不能判为不符合；有意见分歧的不符合项，可通过协商和重新审核来决定。

2. 不符合项的形成

不符合项由以下任何一种情况所形成：体系文件的规定不符合标准的（即该说的没说到）；现状不符合体系文件规定的（即说到的没做到）；效果不符合体系文件规定的要求（即做到的没有效果）。

3. 不符合项报告的内容

不符合报告的内容包括：受审核方名称、受审核方的部门或人员；审核员、陪同人员；日期；对不符合事实描述的内容要具体，如事情发生的地点、时间、当事人、涉及的文件号、记录号等；文字要简明扼要；不符合结论（违反文件的章节号或条文，如违反 HACCP 某要素的要求等）；受审核方的确认；不符合原因分析；拟采取的纠正措施及完成的日期；纠正措施完成情况及验证。内部审核不符合项报告应包括以下内容，见案例 9-5。

【案例 9 - 5　内部审核不符合项报告】　　　　　　　　　　　　　　编号：

受审核部门		审核员	黄××	审核日期	2013 年 5 月 16 日

不合格事实描述：
　　　　　　外来文件未设别，《乳制品工业产业政策（2009 年修订）》
不符合 GB/T27341 - 2009 GB/T27342 - 2009 标准条款号：4.2.3f)

严重程度	一般□	严重□	受审核部门负责人签字		叶××

对不合格的纠正：立即纠正□　　　已过时效无须纠正□　　审核员/日期：
纠正情况（责任部门填写）：
　　　　　　　立即上网收集。
　　　　　　部门责任人/日期：叶××　2013 年 5 月 16 日

对同类不合格的举一反三及纠正情况；
　　　　　　未发现其他为收集的外来文件。
　　　　　　责任部门负责人/日期：叶××　2013 年 5 月 16 日

不合格原因分析（参加分析人员）：
疏忽未能及时识别。
叶××、张××

对应原因拟采取的防止再发生的纠正措施：
　　　　　　对叶××培训食品相关外来文件的管理方法。
　　　　　　　　　　　纠正措施制订人：
审核组长/日期：陈××

纠正措施实施的自我检查：
　　　　　　　　　　　　　完成。
　　　　　　　　　　　负责人：叶××

跟踪验证结论	原因分析是否准确	□是	□否	审核员签字
	处置是否有效	□是	□否	
	纠正措施是否有效	□是	□否	

（八）审核组总结会议

在现场审核结束，末次会议召开前，审核组要召开一次总结会议，对审核结果作一次汇总分析，以便在末次会议上对审核结果发表结论性意见。会议时间大约 1h，会议的目的是确定所有不符合报告。

审核组总结会议，首先由审核员汇报自己所审核区域的工作总结，然后对审核结果进行汇总分析。对于滚动式年度审核日程计划来说，汇总分析是针对某一个部门的或某个要素的。在年度计划完成后，应进行一次全年的总分析，并且写出一份全面的审核报告。对于集中式年度审核日程计划来说，汇总分析是针对整个体系的，应就此对整个体系的运行情况进行判断。如体系对于标准的符合程度、实施的有效程度等。

四、末次会议

在现场审核结束后，要召开末次会议，会议由审核组长主持，时间不超过 1 小时。

1. 末次会议的目的

（1）向审核方领导介绍审核方发现的情况，以使他们能够清楚地理解审核结论。

（2）宣布审核结论。

（3）提出后续工作要求（纠正措施、跟踪、监督）。

（4）宣布结束现场审核。

2. 末次会议内容和程序

（1）参加会议的人员在签到单上签到。

（2）致谢。审核组长宣布开会，并以审核组名义感谢受审方的配合与支持。

（3）重申审核的目的和范围。

（4）说明抽样的局限性。

（5）对不符合报告的说明。包括：说明不符合报告的数量和分布；宣读不符合报告（选择重要部门）；提交书面不符合报告。

（6）提出纠正措施要求。包括：受审核方对纠正措施计划的答复时间；完成纠正措施的期限；验证的要求。

（7）宣读审核结论。审核结论是审核组考虑了审核目标和所有审核发现后得出的最终审核结果。由审核组长宣读根据审核发现所得出的审核结论，并且说明发布审核报告的时间、方式及后续工作的要求。

（8）受审核方领导讲话。首先受审核方领导要对此次的内审工作表示感谢。其次受审核方领导要对审核结论和纠正措施做出简单的表态，并对改进做出承诺。

（9）末次会议结束。审核组长再次表示感谢，并宣布末次会议结束。

末次会议参加人员包括受审核方领导、受审核方部门负责人、代表、陪同人员、管理者代表、最高管理者（必要时）、审核组全体人员等；末次会议应做好记录并保存，记录包括与会人员签到表；使受审核方了解审核结论。

五、审核报告

审核组在审核结束后，要向受审核组织的最高管理者提交审核报告。审核报告见案例9-4。

审核结论是在审核组系统分析和研究了所有的审核发现后，对食品安全管理体系或环境管理体系总体运行情况做出的综合性评价。所以审核结论应包括如下内容：

（1）管理体系的符合性。即管理体系是否符合审核准则（如：ISO9001 标准、ISO14001 标准、ISO22000 标准、管理手册、程序文件及其他相关文件、组织适用的食品安全法律法规、环境法规及其他要求等）。

（2）管理体系的有效性。体系的方针是否得到贯彻；体系的目标是否得到落实；体系的中主要过程、关键活动、CCP 是否得到有效的控制；整体食品安全绩效及持续改进情况等。

（3）内部审核结论常常需要指出采取纠正、预防或改进的措施。

【案例 9－6　内审审核报告】

编号：

审核目的：
　　1. 审核 ISO22000/ISO9001 体系的符合性、有效性进行审核。
　　2. 是否提请第三方认证。

审核范围：质量/食品安全管理体系涉及的所有部门。

审核依据：
　　1. GBTGB/T 27341—2009 危害分析与关键控制点体系食品生产企业通用要求。
　　2. GBTGB/T 27342—2009 危害分析与关键控制点（HACCP）体系 乳制品生产企业要求。
　　3. GB 12693—2010 食品安全国家标准 乳制品良好生产规范。
　　4. 体系文件

受审核部门：
　　办公室/生产技术部/品管部/人力资源部/研发部/供销部/工程部

审核日期：2013 年 7 月 10 日

审核组长：陈×× 　　　审核员：高××

审核计划实施情况综述：基本按照审核计划进行。

不符合描述：
　　开具一个不符合在办公室，外来文件未设别，《乳制品工业产业政策（2009 年修订)》

HACCP 体系总体评价：
　　HACCP 体系策划完善，组织架构合理。各文件策划合理，具有一定的操作性，符合国家法律、法规、标准要求。各相关部门能够认真执行职责内操作性文件。
　　建立了工艺流程图、工艺操作规程、作业指导书和检验规程等文件，指导生产和检验。
　　厂区及车间现场卫生环境、人流、物流符合发酵乳生产企业卫生要求，配备了制冷空压等生产动力设施，车间配有均质机等生产设备。能够满足生产需要。
　　公司所用原辅料均来自具有资质的企业，查验了检验报告，有效的进行了控制，符合质量管理体系控制要求，产品的安全性持续稳定。
　　方针目标合理。
　　体系运行能够控制食品安全危害。

审核结论：
　　具备迎接第三方审核条件，可以与认证公司沟通，联系外部审核。

　审核组长：陈××　　　　　审核：林××　　　　　　　批准：张××

六、纠正措施的实施跟踪

　　审核组在现场审核中发现不符合项时，除要求受审部门负责人确认不符合项事实外，还要求他们调查分析造成不符合项的原因，并且提出纠正措施的建议，其中包括完成纠正措施的期限。

　　1. 纠正措施的提出

　　受审部门负责人提出的纠正措施的建议首先要经过审核组的认可，经过审核员认可的纠正措施还要经过管理者代表的批准，经批准后，纠正措施建议变成正式的纠正措施计划。

　　2. 纠正措施计划的实施

　　内部质量体系审核中对纠正措施计划的实施期限规定视各单位情况而定，一般为 15 天。

　　纠正措施实施如发生问题不能按期完成，须由受审部门向管理者代表说明原因，请求延期，管理者代表批准后，应通知管理部门修改纠正措施计划。若在实施中发生困难，一个部门难以解决，应向管理者代表提出，请最高领导解决。若在实施中，几个有关部门之间对实施问题有争执，难以解决也应提请管理者代表协调或仲裁。应保存纠正措施实施中的有关记录。

3. 纠正措施的跟踪和验证

纠正措施的跟踪是审核的继续，即对受审核方的纠正措施进行评审。审核组应对纠正措施实施情况进行跟踪，当纠正措施完成后，审核员应对纠正措施完成情况进行验证。

验证内容包括：计划是否按规定日期完成；计划中的各项措施是否都已完成；完成后的效果如何，是否还有类似不符合项发生；实施情况是否有记录可查、记录是否按规定编号保存；如果引起了程序的修改，则是否通知了管理部门，按文件控制规定办理了修改批准和发放手续，并加以记录，该程序是否已坚持执行。

纠正措施的跟踪和验证方式和记录分为：书面和现场。书面跟踪是以书面文件的形式提供给审核员作为已进行了纠正和预防措施的证据。现场跟踪是审核员到现场进行跟踪验证。

如果某些效果要更长时间才能体现，可保留问题待下一次例行审查时再检查。审核员验证并认为纠正措施计划已完成后，在不符合项报告验证一栏中签名，这项不符合项就得到了纠正，内部审核工作至此全部完成。

实训一

实训主题：完成酸乳企业内部审核的《实施计划》书。

专业技能点：编写内部审核《实施计划》书的能力。

职业素养技能点：①计划能力；②沟通能力。

实训组织：对学生进行分组，每个组参照学一学相关知识及利用网络资源，写出一份酸乳企业内部审核的《实施计划》书。

实训成果：提交一份酸乳企业内部审核的《实施计划》书。

实训评价：由酸乳企业质量负责人或主讲教师进行评价。（主讲教师结合项目自行设计评价表格）。

实训二

实训主题：编制酸乳企业内部审核某一部门的《部门审核检查表》。

专业技能点：编写内部审核《部门审核检查表》的能力。

职业素养技能点：①计划能力；②沟通能力。

实训组织：对学生进行分组，每个组参照学一学相关知识及利用网络资源，写出一份酸乳企业某一部门的《部门审核检查表》。

实训成果：提交一份酸乳企业内部审核时某一部门的《部门审核检查表》。

实训评价：由酸乳企业质量负责人或主讲教师进行评价。（主讲教师结合项目自行设计评价表格）。

实训三

实训主题：模拟酸乳企业内部审核的"首次会议"。

实训提升技能点：认识内部审核"首次会议"的程序，内部审核"首次会议"的技巧。

专业技能点：内部审核"首次会议"的程序和技巧。

职业素养技能点：①计划能力；②沟通能力；③观察能力；④协作能力。

实训组织：对学生进行分组，每个组参照<u>学一学</u>相关知识及利用网络资源，让学生扮演"首次会议"中审核员和被审核的对象等不同的角色，按内部审核"首次会议"的程序，进行"现场"表演。

实训成果：完成模拟一场酸乳企业内部审核的"首次会议"。

实训评价：由酸乳企业质量负责人或主讲教师进行评价。（主讲教师结合项目自行设计评价表格）。

实训四

实训主题：编制酸乳企业内部审核某一部门的《不符合项报告》。

实训提升技能点：内部审核《不符合项报告》的编制。

专业技能点：编写内部审核《不符合项报告》的能力。

职业素养技能点：①写作能力；②沟通能力；③总结能力。

实训组织：对学生进行分组，每个组参照<u>学一学</u>相关知识及利用网络资源，写出一份酸乳企业内部审核的《不符合项报告》。

实训成果：提交一份酸乳企业内部审核的《不符合项报告》。

实训评价：由酸乳企业质量负责人或主讲教师进行评价。（主讲教师结合项目自行设计评价表格）

实训五

实训主题：模拟酸乳企业内部审核的"末次会议"。

实训提升技能点：认识内部审核"末次会议"的程序，内部审核"末次会议"的技巧。

专业技能点：内部审核"末次会议"的程序和技巧。

职业素养技能点：①观察能力；②沟通能力；③总结能力；④协作能力。

实训组织：对学生进行分组，每个组参照<u>学一学</u>相关知识及利用网络资源，扮演"末次会议"中审核员和被审核的对象等不同的角色，按内部审核"末次会议"的程序，进行"现场"表演。

实训成果：完成模拟一场酸乳企业内部审核的"末次会议"。

实训评价：由酸乳企业质量负责人或主讲教师进行评价。（主讲教师结合项目自行设计评价表格）

实训六

实训主题：编制酸乳企业内部审核某一部门的《内部审核报告》。

实训提升技能点：内部审核《内部审核报告》的编制。

专业技能点：编写内部审核《内部审核报告》的能力。

职业素养技能点：①写作能力；②沟通能力；③总结能力。

实训组织：对学生进行分组，每个组参照<u>学一学</u>相关知识及利用网络资源，写出一份酸乳企业内部审核的《内部审核报告》。

实训成果：提交一份酸乳企业某一部门的《内部审核报告》。

实训评价：由酸乳企业质量负责人或主讲教师进行评价。（主讲教师结合项目自行设计评价表格）。

想一想

1. 编写内部审核方案时应考虑哪些因素？
2. 编写内部审核不符合项报告时应考虑哪些因素？
3. 编写内部审核报告时应考虑哪些因素？
4. 首次会议和末次会议的目的与程序是怎样的？
5. 现场审核要注意哪些事项？

查一查

1. 国家食品药品监督管理总局 http：//www. sda. gov. cn/WS01/CL0001/。
2. 各省食品药品监督管理局。
3. 通过各种搜索引擎查阅食品企业"内部审核"案例。

任务三　了解食品质量安全内审员

任务目标：

认识食品质量安全内审员的要求，学习内部审核员的审核技巧。

学一学

一、什么是食品企业管理体系内部审核员

食品企业为了确定其食品安全管理体系符合管理体系的要求和标准的要求，而开展的经常性的内部审核工作，从而不断自我完善食品企业自身的管理体系，改进产品质量，从事这类工作的人员就称为内部管理体系审核员（简称内审员）。

所有内审员需经国家认监委认可的培训机构培训，考核合格获得内审员资格证书，即可从事所学体系的内审员工作。培训机构有北京国英卓越技术培训中心、启龙认证培训（北京）有限公司等。内审员所从事的主要工作是对本单位的管理体系进行审核，即所谓第一方审核，内审员也常常担任对供方的管理体系进行第二方审核。食品企业应当有一定数量的内审员，以满足例行的和特殊的内部管理体系审核的任务、以及派往本组织的供方去作第二方审核工作的需要。

二、内部审核员在食品企业管理体系起什么作用

（1）内审员在食品企业管理体系的运行过程中就起到监督作用，及时发现问题加以解决。

（2）在内部审核时，内审员对食品企业管理体系的保持和改进起参谋作用，他可以在审核中针对发现的不符合项帮助受审部门分析原因，提出改进措施和建议。

（3）内审员在内部审核中与各部门的员工有着广泛的交流和接触，在食品企业管理方面起沟通领导与员工之间的渠道和纽带作用。

（4）在第二、三方审核中，起内外接口的作用。内审员在第三方审核中往往担任联络员、陪同人员等，不仅可以提供情况，而且可以把外审员的意见传递给组织领导，得以迅速改进。

（5）由于内审员一般在企业的各部门都有自己的本职工作，在食品企业管理体系的有效实施方面起着宣传解释、带头作用。

三、内审员资格——《内审员证书》

高职学生可以在校期间考取内审员资格证书。目前内审员证书已经成为高职学生"三证书"之一，即毕业证、食品检验工证和内审员证书。

内审员证书分为 ISO9001 质量管理体系内审员证书、ISO22000 食品安全管理体系内审员证书、ISO14001 环境管理体系内审员证书和 HACCP 危害分析与关键控制点内审员证书。

实训

实训主题：模拟内部现场审核。

专业技能点：①审核工作方法；②审核技巧。

职业素养技能点：①观察能力；②沟通能力；③总结能力。

实训组织：对学生进行分组，让学生扮演"现场审核"中审核员和被审核的对象等不同的角色，按编制的检查表，进行"现场审核"表演。

实训成果：完成一场内部现场模拟审核。

实训评价：由审核组组长或主讲教师进行评价。（主讲教师结合项目自行设计评价表格）

想一想

1. 一名合格的内部审核员应具备哪些条件？

2. 作为内审员在实施内部审核时，应注意哪些审核技巧？

查一查

1. 国家食品药品监督管理总局 http：//www. sda. gov. cn/WS01/CL0001/。

2. 各省食品药品监督管理局。

3. 通过各种搜索引擎查阅"内部审核员素养"和"审核技巧"案例。

【项目小结】

本项目以酸乳企业为例讲述了内审的意义、程序、方法及内审员的价值。

【拓展学习】

一、ISO22000 内审员培训相关知识。内审员资格证书见图 9-2。

二、学习罐头企业内部审核工作。

启龙认证培训（北京）有限公司
QILONG CERTIFICATION TRAINING (BEIJING)CO.,LTD.

张三

通过GB/T190012008质量管理体系、GB/T24001：2004环境管理体系内部审核员课程培训，考试合格，特发此证。

姓名：_____ 性别：_____
培训日期：_____
身份证号码：_____

授予时间：
证书编号：
监督电话：4000-600-508
证书查询网址：www. qlitt. com

图 9-2　食品安全管理体系内审员资格证书

项目十　学习中国认证认可制度

【知识目标】

熟悉中国认证认可内涵、分类与认可机构组成。

熟悉中国认证认可机构设立的条件及基本要求。

熟悉认证机构认证人员的基本规定和审核人员聘用的基本要求。

熟练掌握认证变更的条件和第三方对认证机构投诉、申诉处理的程序和基本步骤。

熟练掌握食品质量安全管理认证的基本步骤。

【技能目标】

能够帮助认证机构、检查机构和实验室完成职业资格认可。

能够指导从事评审、审核等认证活动人员认证能力进行认可。

能够指导企业、行业投诉、申诉食品安全管理认证机构、检查机构等。

【项目概述】

请利用中国认证认可相关制度，指导企业正确认识认监委、认证机构等部门的分管职责。

【项目导放案例】

某高职食品专业学生毕业后在国家认监委工作，他需要了解哪些认证认可知识？

任务一　了解中国的认证认可制度

任务目标：

让学生分清认证和认可。

学一学

一、认识认证认可制度

认证和认可的定义：

"认证"（certification）的英文原意指的是出具证明文件的合格评定活动。在 ISO/IEC 17000《符合性评定——词汇和基本原理》（2004）中，关于认证的定义是："有关产品、过程、体系或人员的第三方证明"，证明是指根据复核后作出的决定而出具的说明，以证实规定要求已得到满足。其中的规定要求则指的是由法规、标准与技术规范予以明确表达的需求和期望。

我国国内监管层对认证的界定则来自于《中华人民共和国认证认可条例》。其中，认证的定义是："认证是指由认证机构证明产品、服务、管理体系符合相关技术规范、相关技术规范的强制性要求或者标准的合格评定活动。"

在《条例》中，认可被界定为"由认可机构对认证机构、检查机构、实验室以及从事评审、审核等认证活动人员的能力和执业资格，予以承认的合格评定活动。"

政府的授权和认可机构自身的技术能力是认可机构的权威来源。认可机构开展活动按照国家法规、国际标准和惯例来执行。由此可知，认可的含义是"依据相关法律法规、标准、技术规范，由国家确定的权威机构对认证机构、检查机构、检测机构（实验室）的能力进行的符合性评价，并通过出具书面证明对评价结果予以确认的活动。"

因此，认可机构具有政府授权的特点，而认证机构的能力和信用需要认可的确认。虽然认证与认可是合格评定领域中并行的两大体系，但是在地位上，认可要高于认证。

二、中国的认证认可结构

中国国家认证认可管理委员会（CNCA）负责全国认证认可监督管理，具体管理认证机构，认可结构和认证人员。认可机构为中国合格评定国家认可委员会（CNAS/）。认证人员有中国认证认可协会（CCAA）进行管理。

✈ 实训

实训主题：浏览"中国合格评定国家认可委员会"。

专业技能点：认可相关知识。

职业素养技能点：①网络查找知识能力；②自学能力。

实训组织：将学生分组，浏览"中国合格评定国家认可委员会"，学习"中国合格评定国家认可委员会"的职能、认证机构认可、实验室认可等内容，每组制作幻灯片，汇报学习到的内容。

实训成果："中国合格评定国家认可委员会"知识学习幻灯片。

实训评价：主讲教师进行评价。（评价表格，主讲教师结合项目自行设计）

∞ 想一想

1. 认可作用？
2. 认可范围？
3. "中国国家认证认可监督管理委员会"职责？
4. 认证和认可区别？
5. 中国认证认可协会（CCAA）职责？

🔍 查一查

"中国合格评定国家认可委员会" http：//www．cnas．org．cn/。

任务二　了解认证机构

任务目标：

让学生了解认证公司的定义及作用。

一、认证机构定义

认证机构是经国务院认证认可监督管理部门批准，并依法取得法人资格，有某种资质，可从事批准范围内的认证活动的机构（根据中华人民共和国认证认可条例）。

二、认证公司介绍

国内知名的认证公司有北京新世纪检验认证有限公司、北京中大华远认证中心、北京五洲恒通认证有限公司。

实训一

实训主题：浏览"中国国家认证认可监督管理委员会"。

专业技能点：中国国家认证认可监督管理委员会相关知识。

职业素养技能点：①网络查找知识能力；②自学能力。

实训组织：将学生分组，浏览"中国国家认证认可监督管理委员会"，学习"中国国家认证认可监督管理委员会"的职能、认证机构管理等内容，每组制作幻灯片，汇报学习到的内容。

实训成果："中国国家认证认可监督管理委员会"知识学习幻灯片。

实训评价：主讲教师进行评价。（评价表格，主讲教师结合项目自行设计）

实训二

实训主题：浏览"北京新世纪检验认证有限公司"。

专业技能点：认证机构相关知识。

职业素养技能点：①网络查找知识能力；②自学能力。

实训组织：将学生分组，浏览"北京新世纪检验认证有限公司"，学习"北京新世纪检验认证有限公司"的职能、认证受理等内容，每组制作幻灯片，汇报学习到的内容。

实训成果："北京新世纪检验认证有限公司"知识学习幻灯片。

实训评价：主讲教师进行评价。（主讲教师结合项目自行设计评价表格）

想一想

认证公司职责？

查一查

1. 中国国家认证认可监督管理委员会 www. cnca. gov. cn。
2. 北京新世纪检验认证有限公司 www. bcc. com. cn。
3. 通过各种搜索引擎查阅"内部审核员素养"和"审核技巧"案例。

【项目小结】

本项目讲述了认证、认可、认监委、认可委、认证认可协会、认证机构、审核员等相关知识。

【拓展学习】

学习《中华人民共和国认证认可条例》。

项目十一　内审员试题

任务一　ISO9001 内审员培训试题

一、选择题 20 分（共 20 题，每题 1 分）

1. 以下哪个标准属于 ISO9000 族的核心标准 （　　　）

   A. ISO9000　　　　B. ISO9001　　　　C. ISO9004　　　　D. ISO19011　　E. A + B + C + D

2. 以下文件哪类不属于质量管理体系受控范围的文件 （　　　）

   A. 质量手册与程序文件　　　　　　B. 质量计划

   C. 财务报表　　　　　　　　　　　D. 操作规程与作业指导书

3. 由认证机构对组织进行审核是 （　　　）

   A. 第三方审核　　B. 第二方审核　　C. 第一方审核　　D. 管理评审

4. "要求"包括 （　　　）

   A. 明示要求　　　B. 隐含要求　　　C. 法律法规要求 D. A + B + C

5. 质量方针 （　　　）

   A. 与组织的宗旨相适应　　　　　　B. 在组织内得到沟通和理解

   C. 在持续适宜性方法得到评审　　　D. A + B + C

6. 一组将输入转化为输出的相互关联和相互作用的活动是 （　　　）

   A. 产品　　　　　B. 过程　　　　　C. 程序　　　　　D. 质量

7. 获证企业业绩的评价和测量可以使用的方法有：（　　　）

   A. 对质量及经营目标实现情况的测量、评定　　　B. 顾客满意度的测量

   C. 测量相关方的满意度　　　　　　　　　　　　D. A + B

8. 资源可包括 （　　　）

   A. 人力资源　　　B. 基础设施　　　C. 工作环境　　　D. A + B + C

9. 产品的类别有 （　　　）

   A. 硬件　　　　　B. 软件　　　　　C. 服务　　　　　D. 以上均是

10. 最高管理者应按策划的时间间隔评审管理体系，以确保其持续的 （　　　）

    A. 适宜性　　　　B. 充分性　　　　C. 有效性　　　　D. 以上均是

11. 以下属于 ISO9000 族标准中八项原则的内容 （　　　）

    A. 持续改进、供方互利、管理职责

    B. 过程方法、持续改进、全员参与

    C. 管理的系统方法、资源管理、全员参与

    D. 以顾客为关注焦点、统计技术、领导作用

12. 对管理体系过程评价的主要内容是 （　　　）

    A. 过程是否已被识别和适当规定　　　　　　　　B. 职责是否明确并给予落实

C. 在实现所要求的结果方面是否达到预期效果　　　D. A + B + C

13. 设计确认的目的是（　　　）

A. 确保产品能够满足规定的使用要求　　　B. 确保输出满足输入的要求

C. 确保满足法律法规要求　　　D. 确认评审结果的有效性

14. 质量管理体系的质量目标应是（　　　）

A. 能够测量的　　　B. 与组织的总目标一致

C. 在预期时间段内能够实现的　　　D. A + B + C

15. ISO9001 标准鼓励组织在建立、实施质量管理体系以及改进其有效性时采用（　　　）方法

A. 控制　　　B. 监督　　　C. 过程　　　D. 统计

16. 顾客满意是指（　　　）

A. 顾客未提出申诉　　　B. 未发生顾客退货情况

C. 顾客对满足自身要求的程度的感受　　　D. 顾客没有抱怨

17. 内审应审核哪些部门（　　　）

A. 管理层　　　B. 车间及班组　　　C. 相关的职能部门　　　D. A + B + C

18. 针对特定产品、合同或项目的质量管理体系的过程和资源做出规定的文件是（　　　）

A. 质量目标　　　B. 质量计划　　　C. 质量手册　　　D. 程序文件

19. 下列哪项应作为管理评审的输入（　　　）

A. 审核的结果　　　B. 顾客反馈　　　C. 改进的建议　　　D. A + B + C

20. 组织可以通过（　　　）而达到顾客满意

A. 满足合同条件下顾客明示与隐含的要求　　　B. 相关方要求

C. 适用的法律法规要求　　　D. A + C

二、判断题20分（共20题，每题1分）正确写"T"，错误的写"F"。

1. ISO9001 标准规定了组织可以使用删减的原则所以不是通用标准。（　　　）

2. ISO9001《质量管理体系　要求》所规定的要求，是对产品要求的补充。（　　　）

3. 质量管理体系标准遵循 PDCA 持续改进的运行模式。（　　　）

4. 顾客的财产可包括、图纸、样件、数据、材料、知识产权等。（　　　）

5. 组织所确定的质量管理体系所需的外来文件不需经过批准，不需控制其分发。（　　　）

6. 验证就是通过提供客观证据对规定的要求已得到满足的认定。（　　　）

7. 内审的结果不用输入管理评审。（　　　）

8. 开展有效的管理评审，是质量管理体系持续改进的有效方式之一。（　　　）

9. 组织应评审采取纠正措施的有效性。（　　　）

10. 必须编制每一个生产和服务提供过程的作业指导书。（　　　）

11. 对发现的潜在不合格，组织应采取预防措施（　　　）

12. 没发生顾客投诉就说明顾客是满意的。（　　　）

13. 产品要求可以是顾客规定的，也可以是组织通过预测顾客要求规定的，也可以是法规规定的（　　　）

14. 互利的供方关系的运用可以使组织与供方共同受益。（　　　）

15. 质量方针为质量目标的建立和评价提供框架（　　　）。

16. 组织应对产品的特性进行监视和测量。（　　　）

17. 企业对员工不仅要进行培训，还应评价提供培训的有效性。（　　　）

18. 组织应针对质量管理体系活动中发现的所有不合格采取纠正措施。（　　　）

19. 记录不是质量管理体系中的控制文件。（　　　）

20. 内审开出的不符合报告不需要跟踪验证。（　　　）

21. 八项质量管理原则是 ISO9001《质量管理体系　要求》的理论基础。（　　　）。

三、简答题 20 分（共 5 题，自选 4 题，每题 5 分）

1. 纠正措施与预防措施的区别是什么？

2. ISO9001 标准中哪些条款中体现了"以顾客为关注焦点"的原则，请至少举出 2 个条款，并简要说明。

3. 请描述你单位的产品及"产品要求"。（可举例 1～2 种）

4. 评审、验证和确认的区别？

5. 内部审核与管理评审的区别？

四、填空题 20 分（每题 2 分），请指出 GB/T19001 标准中适用于下述情景的某项条款，将条款号填在横线上。

1）"检验员在车间对加工完成的零件进行检测，并记录检测结果。"

　　适用于这一情况的条款是：_____

2）"某批外观不符合要求的产品经重新表面处理后，检验员正在检查该批产品的外观是否符合要求。"

　　适用于这一情景的条款是：_____

3）"质检员正在测试某顾客提供的电子元器件的绝缘电阻。"

　　适用于这一情景的条款是：_____

4）"供应部部长每个月对库房管理情况进行一次检查。"

　　适用于这一情景的条款是：_____

5）"烘干车间的工人正在按规定监测烘箱的温度。"

　　适用于这一情景的条款是：_____

6）"供应部采购某关键零件时，在合同中写明了在供方现场进行验收的要求和方法。"

　　适用于这一情景的条款是：_____

7）"质检部正在组织编制新产品的检验规程。"

　　适用于这一情景的条款是：_____

8）"设计科正在讨论并编制新产品的设计方案。"

　　适用于这一情景的条款是：_____

9）"培训机构举办的内审员培训班上教师正在授课。"

　　适用于这一情景的条款是：_____

10）"某企业请来的培训机构的教师正在给内审员授课。"

　　适用于这一情景的条款是：_____

五、案例题 20 分（共 5 题，自选 4 题，每题 5 分）

（1）描述的不符合的事实 2 分；（2）判断不符合标准条款并说明理由 2 分；（3）对不合格性质（严重程度）进行判定 1 分。

1. 查×××公司 2008 年质量管理体系的内审计划，没有安排对总经理、管理者代表的审核。审核员问体系主管部门负责人，为何不安排对总经理、管理者代表的审核？该负责人说："谁敢对总经理、管理者代表的审核啊？再说，也不知道怎么审"。审核员查上年度的内审记录，对领导层的审核只有"制定了方针……制定了质量目标……"，未见其他内容。

2. 在业务部，审核员发现过去半年里有 30% 的交货期没有满足顾客的要求，其中有一半的原因是因为半导体的供应商没有定期交货而造成的．审核员从采购经理那里了解到，此半导体厂是顾客指定的，所以没有办法更改。审核员从厂内所发出的纠正措施要求中找不到有关对此供应商所提的纠正措施要求。

3. 在一家电子工厂的资材部，业务员把过去 2 个月从台北总公司来的订单让审核员看，订单上都写明了型号及交货期，审核员问业务员，订单的评审是如何进行的，业务员回答说除非有特殊要求，一般若订单上的交货期在两星期后，他就签字接受。由于总公司已知道这要求，因此不会把交货期定短于 14 天。因此评审可以很简单，不需要看其他资料。

4. 查×××公司质量目标中顾客满意率的统计，2008 年度顾客满意率为 100%。统计依据为：发放出的 32 份《顾客满意率调查表》，反馈的信息都是"满意"和"较满意"。但是在该公司成品库的退货记录中记载全年 135 批发货记录中，有 31 批退/换货记录。销售部经理解释说：所有的退/换货都达到了顾客满意；我们每年的顾客满意率统计就是根据调查表的信息，这是程序文件规定的。

5. 在 BBB 公司某项目部施工现场，审核时发现以下现象：

（1）项目经理未接受过 ISO9001 标准培训，专业施工队劳务人员进场的教育仅有三级安全教育的记录，项目经理解释：工程质量主要靠技术管理人员来保证，他们参加过体系培训；施工人员只要听话服从指挥就行了。

（2）提供的钢结构焊接的专项施工方案和作业指导书中，都未注明焊接时的电流、电压工艺参数。项目经理解释：土木工程上的焊接都是粗活，把钢筋焊结实就行了，不需要管得那么细。

任务二　ISO22000 内审员培训试题

一、判断题（每题 1 分，共 20 分）
下列各题中，你认为正确的在（　）中写"T"，错误的写"F"
（　）1. 食品安全与消费时食品中食源性危害的存在和水平有关。因此只与食品加工和消费阶段有关。
（　）2. 食品安全是指食品危害不造成消费者伤害的条件。
（　）3. 饮料厂的罐装区域、奶粉厂的接粉区罐装区域同其他区域的洁净要求相同。
（　）4. 高洁净区一般应有二次洗手消毒设施、二次更衣设施或单独更衣室。
（　）5. 组织的食品安全方针应得到对其持续适宜性的评审。
（　）6. 食品安全管理体系的文件必须由手册、程序、和记录组成。
（　）7. 验证是指通过提供客观证据对特定的预期用途或应用要求已得到满足的认定。
（　）8. 在超出关键限值的条件下，生产的产品是潜在不安全产品。
（　）9. HACCP 计划应得到食品安全小组的批准，前提方案可得到食品安全小组的批准。

（　　）10. 对内包装材料如聚乙烯膜应索要符合相应卫生标准的证据。

（　　）11. 组织的食品安全方针应符合与顾客商定的食品安全要求和法律法规要求。

（　　）12. 组织要有相关的记录来证实食品安全小组具备食品安全管理体系范围内的产品、过程、设备有关的食品危害的知识和经验。

（　　）13. 过程流程图必须标出废弃物的排放点。

（　　）14. 对危害进行评价时，应考虑安全危害造成不良健康后果的严重性及发生的可能性。

（　　）15. 从事生制品加工的工人的工作服和从事熟制品加工的工人的工作服可在一起清洗。

（　　）16. 食品企业地面大面积积水只要加强清扫即可。

（　　）17. 操作性前提方案不应包括对污水排水系统的管理。

（　　）18. 熟肉制品包装区是洁净区。

（　　）19. 生产企业对使用的食品原料、辅料的卫生指标如重金属等必须本企业进行检验控制。

（　　）20. 召回的原因、范围和结果应向最高管理者报告。

二、选择题（每题 1 分，共 20 分）

从以下每题的几个答案中选择一个你认为最合适的，并将答案代号填入（　　）中。

（　　）1. ISO22000 标准不适用于_____组织。

　　　A. 添加剂　　　B. 运输和仓储经营者　　　C. 零售分包商　　　D. 卫生主管部门

（　　）2. 消毒方法不包括（　　　　　）。

　　　A. 加热　　　B. 化学药剂　　　C. 辐照　　　D. 水清洗　　　E. 熏蒸

（　　）3. 操作性前提方案是指为控制食品安全危害，_____所制定的前提方案。

　　　A. 引入的可能性　　　　　　　　B. 在产品中污染或扩散的可能性

　　　C. 或加工环境中污染或扩散的可能性　　　D. 以上都是

（　　）4. 食品安全管理体系的范围包括：

　　　A. 产品或产品类别　　　　　B. 产品和加工

　　　C. 产品、加工和场地　　　　D. 体系中涉及的产品或产品类别、加工和生产场地

（　　）5. 可能影响组织有关食品安全的潜在紧急情况和事故应由____考虑，并证实如何进行管理。

　　　A. 最高管理者　　　　　　　　　B. HACCP 小组成员和技术专家

　　　C. HACCP 组长　　　　　　　　　D. 生产部主管

（　　）6. 人员不应参加食品加工_____。

　　　A. 肝炎　　　B. 细菌性痢疾　　　C. 受外伤　　　D. 以上都是

（　　）7. 危害识别应基于以下方面_____。

　　　A. 预备信息和数据　　　　　　B. 经验

　　　C. 流行病学调查和其他历史数据　　　D. 以上全是

（　　）8. 在加工过程中消除金属危害时，加工线上的_____可以作为 CCP。

　　　A. 磁铁　　　B. 筛选机　　　C. 金属探测器　　　D. 以上都是

（　　）9. HACCP 计划可不包括_____。

A. HACCP 计划所要控制的危害　　B. 已确定危害将得到被控制的关键控制点

C. 关键限值　　D. 负责执行每个监视程序的人员的培训内容

（　　）10. 审核证据包括_____。

A. 与审核准则有关的经证实的事实陈述　　B. 现场观察结果

C. 经证实的记录　　D. 以上都是

（　　）11. 召回方案有效性验证的办法包括_____。

A. 模拟召回　　B. 实际召回　　C. 验证性实验　　D. 以上都是

（　　）12. 下列_____种因素中不可能产生化学危害：

A. 环境中的有机废物　　B. 兽用药品残留

C. 诺沃克病毒　　D. 生长在谷物上的霉菌

（　　）13. 食品添加剂的使用应符合_____的规定。

A. GB2760　　B. GB14880　　C. GB2715　　D. GB14881

（　　）14. 经检验检疫确定为不适合人类食用或不符合兽医卫生要求的动物、屠体、胴体、内脏或动物的其他部分进行无害化处理的方法包括_____。

A. 高温　　B. 焚烧　　C. 深埋　　D. 以上都对

（　　）15. 下列哪些参数是常用的关键限值_____。

A. 温度和时间　　B. 细菌数量　　C. 水活度　　D. 蛋白质含量

（　　）16. 10～15 平方米安装一支 30 瓦紫外灯，紫外线照射消毒的时间一般不少于_____。

A. 2 小时　　B. 4 小时　　C. 30 分钟　　D. 过夜

（　　）17. 洗手液的余氯浓度一般应控制在（　　）左右。

A. 100mg/kg　　B. 50mg/kg　　C. 200mg/kg　　D. 400mg/kg

（　　）18. 任命有权限启动召回的人员和负责执行召回的人员。

A. 最高管理者　　B. HACCP 小组长　　C. HACCP 小组　　D. 技术质量部门

（　　）19. 加工人员的人流应_____。

A. 就近进入　　B. 从高洁净区向低洁净区

C. 从低洁净区向高洁净区　　D. 成品出口一致

（　　）20. 农药、兽药的残留是由_____产生的。

A. 加工过程　　B. 储藏　　C. 运输　　D. 初级生产

三、简答题（每题 8 分，共 40 分）

1. 简述单项验证结果评价。

2. 简述验证策划。

3. 简述建立 HACCP 体系的 12 个步骤。

4. 简述控制措施组合确认。

5. 简述食品控制措施的选择和评价。

四、案例分析题（三选二，每题 10 分，共 20 分）

请根据所述情况判断：如能判断有不合格项，请写出不符合 ISO22000：2005 标准的条款号和内容，并写出不合格事实和严重程度。

（1）审核员对某糕点企业审核监视和测量时，发现某些糕点食品安全特性是通过感官进行检查的，审核员询问了检查员有无发现问题后就结束了审核，这位审核员的做法是否全面，你遇到这种情况应如何做？并叙述理由。

（2）审核供应部时发现，2013 年 11 月 3 日购进的面粉随批检验报告全部为英语。原料面粉进货验收人员说自己中学毕业不认识英语，但这批原料是进口的，肯定合格。审核员查阅该公司 HACCP 计划书，规定面粉进货验收是 CCP 点，由进货验收人员核对每批产品的随批检验报告中重金属是否合格。

（3）某审核员在面包食品公司生产部进行审核时发现，HACCP 计划对其中一个关键控制点设立监控程序，规定监控频次为每两小时巡查一次，审核员："请您提供一下您最近一周的巡查记录，好吗？"巡查员："我们认为监控频次过于频繁，况且也没有意义，您想想关键控制点我们公司都规定有生产现场操作人员进行随时监控，作为我们巡查员只是对关键控制点的监控是否到位进行监督，您说我们还有记录的必要吗？"请问有无不符合？若有，请编写不合格报告。

任务三　ISO14001 内审员培训试题

一、单项选择题，在下列各题中选择一个你认为最适合的答案，填到括号中。

（每题 2 分，共计 20 分）

1. 环境方针的内容应（　　）

    A. 与组织的性质、规模和环境影响相适应

    B. 包含对持续改进、污染预防和守法的承诺的内容

    C. 为建立和评审目标指标提供框架

    D. a + b + c

2. 评价重要环境因素和重大环境影响时应考虑？（　　）

    A. 环境影响的程度　　　　　　　　B. 适用的法律法规

    C. 内、外部相关方的关注　　　　　D. 以上全部

3. 适用于对固态废物的污染防治。（　　）

    A. 中华人民共和国水污染防治法　　　　B. 中华人民共和国大气污染防治法

    C. 中华人民共和国固体废物污染环境防治法　　D. 中华人民共和国水法

4. 评价重要环境因素和重大环境影响时应考虑（　　）

    A. 环境影响的程度　　　　　　　　B. 适用的法律法规

    C. 内、外部相关方的关注　　　　　D. 以上全部

5. 活性污泥法属于（　　）

    A. 污水处理生化法　　　　　　　　B. 固体废弃物处理方法

    C. 湿式氧化法　　　　　　　　　　D. 污水处理化学法

6. 按照 GB/T 24001—2004 标准的要求，组织应就将其环境方针进行传达，传达的范围应为（　　）。

    A. 组织内的所有员工　　　　　　　B. 组织内的所有员工和所有的相关方

    C. 组织内的所有员工以及所有代表组织工作的人员

    D. 组织所使用的产品或服务所涉及的相关方

7. 噪声控制的方法（　　）
  A. 消声和吸声　　　　　　　　B. 消声和隔声
  C. 吸声和隔声　　　　　　　　D. 以上都不是

8. 重要环境因素可以通过（　　）方式控制。
  A. 环境目标、指标和方案　　　B. 运行控制
  C. 应急准备和响应　　　　　　D. 以上全部

9. 属于组织相关方的是（　　）
  A. 组织的投资者　　　　　　　B. 受组织污染物排放影响的社区居民
  C. 政府机构　　　　　　　　　D. 以上全部

10. 行为属于污染预防（　　）。
  A. 加装除尘装置　　　　　　　B. 用可回收包装材料取代一次性包装
  C. 提高原材料的利用率　　　　D. A + B + C

二、判断题，你认为正确的写"T"，错误的写"F"。（每题2分，共50分）

1. 分散在大气中的微小液滴是气态污染物。（　　）

2. 水、电等资源的节约和有效利用是污染预防的一种方式。（　　）

3. 环境因素所产生的环境影响都是有害的，组织应采取措施加以消减。（　　）

4. GB/T 24001—2004 标准中监测和测量就是指对环境绩效的监测和测量。（　　）

5. 组织应对所有与重要环境因素有关的运行活动制定形成文件的程序。（　　）

6. 环境影响报告书中，应当有该建设项目所在地单位和居民的意见（　　）

7. GB/T 24001—2004 标准中的信息交流是指组织与相关方的信息交流（　　）

8. GB/T 24001—2004 标准是非强制性标准。因此，实施并申请 GB/T 24001—2004 认证的组织不必对标准规定的所有条款予以满足。（　　）

9. 通过压实技术来缩小固体废物的体积，不能称为固体废物处置。（　　）

10. 在城区施工，因特殊需要必须夜间作业的，可以视情况公告附近居民。（　　）

11. 程序可以形成文件，也可以不形成文件。（　　）

12. 组织应评价采取纠正措施和预防措施的需求，并实施所制定的适当措施。（　　）

13. 组织应评审所采取纠正措施的有效性。（　　）

14. 可持续发展是指既满足当代人的需要，又不对后代人满足其需要的能力构成危害的发展。（　　）

15. 组织必须对应急准备和响应程序定期评审和修订。（　　）

16. 一个组织只能指定一名管理者代表。（　　）

17. 根据 GB/T 24001—2004 标准，组织必须对重要环境因素涉及的过程进行策划。（　　）

18. "谁污染谁治理、谁开发谁保护"是我国环境保护的一项基本原则。（　　）

19. 根据 GB/T 24001—2004 中 4、5、4 "记录控制"条款，组织应建立并保持必要的记录，但并不要求为此而建立程序。（　　）

20. 燃油锅炉的烟尘可以用静电除尘器去除。（　　）

三、填空题，请将正确得到内容或适用于下述情景的 GB/T 24001—2001 标准中的某项条款号填在横线上。（每题2分，共20分）

1. "2005 年 7 月审核员在某工厂审核时，看见该工厂的《环境法律法规和其他要求清

单》上列出的《中华人民共和国固体废物污染环境防治法》注明是 1995 年版的。"

  适用于这一情景的条款是 （ ）

 2. "化学品仓库针对内审中提出的不符合项，对《化学品仓库管理规定》进行了修改。"

  适用于这一情景的条款是 （ ）

 3. "公司通过新闻媒体向公众宣传公司的环境方针。"

  适用于这一情景的条款是 （ ）

 4. "车间主任在车间员工大会上传达环境方针。"

  适用于这一情景的条款是 （ ）

 5. "环保科正在对 pH 值测定仪进行校准。"

  适用于这一情景的条款是 （ ）

 6. "某物业公司在小区的公告栏上张贴灭虫通知。"

  适用于这一情景的条款是 （ ）

 7. 某化工厂现场正在对硫酸储罐砌围堰 （ ）

 8. GB/T 24001—2004 标准的名称是 （ ）

 9. GB/T 24001—2004 标准的 4、5、1 的名称？（ ）

 10. 组织的环境管理手册的附录包括了一份程序文件清单 （ ）

 四、简答题（每题 10 分，共 10 分）。

 如果某组织仅获取了相关的法律法规清单，没有识别具体适用于其环境因素的要求，你认为是否符合标准 GB/T 24001—2004 中 4、3、2 的要求，为什么？

参 考 文 献

1. 王云 . 国家食品质量安全市场准入指导 . 北京：中国计量出版社，2004.

2. 国家质量监督检验检疫总局产品质量监督司编 . 食品质量安全市场准入审查指南 . 北京：中国标准出版社，2005.

3. 臧大存 . 食品质量与安全 . 北京：中国农业出版社，2006.

4. 中国认证人员与培训机构国家认可委员会编 . 食品安全管理体系审核员培训教程 . 北京：中国计量出版社，2006.

5. 莫慧平 . 食品卫生与安全管理 . 北京：中国轻工业出版社，2007.

6. 南海娟 . 食品质量管理 . 北京：化学工业出版社，2008.

7. 包大跃 . 食品安全危害与控制 . 北京：化学工业出版社，2006.

8. 钱和，王文捷 . HACCP 原理与实施 . 北京：中国轻工业出版社，2006.

9. 裴山 . 最新国际标准 ISO22000：2005 食品安全管理体系建立与实施指南 . 北京：中国标准出版社，2006.

10. 陈宗道，刘金福，陈绍军 . 食品质量管理 . 北京：中国农业大学出版社，2003.

11. 贺国铭，张欣 . HACCP 体系内审员教程 . 北京：化学工业出版社，2004.

12. 姜南，张欣，贺国铭 . 危害分析贺关键控制点（HACCP）及在食品生产中的应用 . 北京：化学工业出版社，2003.

13. 李怀林 . 食品安全控制体系（HACCP）通用教程 . 北京：中国标准出版社，2002.

14. 张国农 . 食品工厂设计与环境保护 . 北京：中国轻工业出版社，2005.

15. 曾庆孝 . GMP 与现代食品工厂设计 . 北京：化学工业出版社，2006.

16. 吴思方 . 发酵工厂工艺设计概述 . 北京：中国轻工业出版社，2002.

17. 黄毅 . 食品质量安全市场准入指南 . 北京：中国轻工业出版社，2005.

18. 李任卿 . GB/T 19001—2008 质量管理体系内审员培训教程 . 北京：中国环境科学出版社，2006.

19. 中国标准化研究院 . GB/T 22000—2006《食品安全管理体系食品链中各类组织的要求》. 北京：中国环标准出版社，2007.

20. 杨志坚等 . 2008 新版 ISO9000 食品行业实践指南 . 北京：国防工业出版社，2004.

21. 赵晨霞 . 安全食品标准与认证 . 北京：中国环境科学出版社，2007.

22. 季任天 . 食品安全管理体系实施与认证 . 北京：中国计量出版社，2007.

23. 刘生明 . 食品企业 ISO22000ISO9001ISO14001 一体化管理体系实施要点 . 北京：中国计量出版社，2006.

24. 赵新栋 . 论中国的认证认可体制改革 . 中山大学学报论丛，2003，4，84～88.

25. 郭瑞慧，刘宏 . ISO14001：2004 环境管理体系建立与实施 . 北京：化工出版社，2006.

26. 李怀林 . ISO14001：2004 环境管理体系国家注册审核员培训教程 . 北京：中国计量出版社，2005.